"十三五"国家重点图书出版规划项目

能源地下结构与工程丛书

国家自然科学基金面上项目(51278378)

国家高技术研究发展计划(863 计划)项目(2012AA05 ̶ ̶ ̶ ̶)

压缩空气储能的地下岩石内衬洞室关键技术

夏才初　周舒威　周　瑜　张平阳　著

同济大学 出版社

TONGJI UNIVERSITY PRESS

·上海·

内 容 简 介

本书主要介绍了压缩空气储能的概念和形式,压缩空气储能的地下岩石内衬洞室在高内压和温度耦合作用下的受力变形特征、长期稳定性、耐久性和密封性的计算理论及多场耦合计算方法,高分子材料密封层和钢衬密封层在压缩空气储能的地下岩石内衬洞室中的适用性,压缩空气储能的地下岩石内衬洞室的设计准则和方法等。

本书主要读者对象为隧道与地下工程、热能工程、岩土工程、地质工程等专业从事岩石洞室稳定性、压缩空气储能、石油和天然气地下储存、气垫式调压井等领域的勘察、设计、施工、测试和研究的人员,以及相关专业的研究生。对从事压缩空气储能与地下岩石内衬洞室设计、建设和研究的相关设计院、研究机构、高等院校、企业等均具有实际指导意义。

图书在版编目(CIP)数据

压缩空气储能的地下岩石内衬洞室关键技术 / 夏才初等著. —上海:同济大学出版社,2021.11(2024.8重印)
　(能源地下结构与工程丛书)
　ISBN 978-7-5608-9273-3

　Ⅰ. ①压… Ⅱ. ①夏… Ⅲ. ①压缩空气-储能-应用-地下洞室-研究 Ⅳ. ①TU929

中国版本图书馆 CIP 数据核字(2020)第 100368 号

压缩空气储能的地下岩石内衬洞室关键技术
夏才初　周舒威　周　瑜　张平阳　**著**

责任编辑 李 杰　　**责任校对** 徐春莲　　**封面设计** 陈益平

出版发行	同济大学出版社	www.tongjipress.com.cn
	(地址:上海市四平路 1239 号　邮编:200092　电话:021-65985622)	
经　销	全国各地新华书店	
排　版	南京文脉图文设计制作有限公司	
印　刷	苏州市古得堡数码印刷有限公司	
开　本	787 mm×1092 mm　1/16	
印　张	16.25	
字　数	406 000	
版　次	2021 年 11 月第 1 版	
印　次	2024 年 8 月第 3 次印刷	
书　号	ISBN 978-7-5608-9273-3	

定　价　98.00 元

序

　　压缩空气储能是一种具有广阔应用前景的储能和发电技术,它是利用电网中富余的电能驱动压缩机将空气压缩储存于储气库中,发电时,将被压缩的高压空气从储气库释放并送入透平机中膨胀做功,带动发电机发电,以供电网使用。近几年,世界各国都在大力研究和开发利用风能和太阳能等可再生绿色新能源,以风电为例,我国风电装机容量目前已经超过美国,跃居全球第一。但是,由于风电的间歇性和随机波动性,大规模风电并网时会对电网的稳定运行产生冲击而形成一定的安全风险,通常因电网无法消纳过多的风电而限制其并网,即限电弃风。压缩空气储能可以解决风电大规模开发中存在的上述技术瓶颈,在可再生绿色新能源大规模开发的地区建设压缩空气储能电站,利用其双调节功能,在用电低谷期,将多余的电能用于储能,减少风电弃风,在用电高峰期,将储存起来的能量用于发电,为电网快速提供优质的调峰电源,增强电网调峰能力,进而增强电网运行的稳定性和安全性,提高新能源发电机组的利用率。压缩空气储能电站特别适合缺乏自然条件建造抽水蓄能电站的电网进行大规模储能,如我国的西北、华北和东北地区,对促进可再生新能源的开发具有极其重要的意义。

　　地下储气洞室是压缩空气储能电站的主要组成部分,既是电站建设成本和选址的决定因素,也是其运行能效和安全性的技术关键。本书在应力和温度循环耦合反复作用下围岩的力学性质以及围岩与衬砌的稳定性、密封性和耐久性等方面的开创性研究具有重大的学术价值,而压缩空气储能的地下岩石内衬洞室和密封结构的计算理论和设计方法以及相关的设计准则等内容具有极其重要的应用价值。这些研究成果来自作者研究团队完成的国家自然科学基金面上项目(51278378)、国家高技术研究发展计划(2012AA052501)等项目的创新性科研成果。本书创新性地建立了压缩空气储能的地下岩石内衬洞室的计算理论和设计方法、高内压洞室围岩与衬砌的稳定性分析方法、高内压洞室密封结构及其密封性的计算理论和设计方法,成果处于国际领先水平。

　　能源储存技术被称为本世纪有望改变生活、商业和全球经济的12大新兴颠覆技术之一。压缩空气储能的岩石地下内衬洞室关键技术是进行大规模压缩空气储能的核心技术之一,本书的出版将提高公众对压缩空气储能技术的认识,促进相关科研人员对该技术的深入研究和开发,并将对大规模压缩空气储能电站的建设和推广具有重大的推动作用。

为此,我写了以上的一点文字,是为序。

中国科学院院士
同济大学教授

孙钧

2020 年中秋,于同济园

前　言

　　风能和太阳能是很好的可再生绿色能源,是近几年世界各国都在大力研究和开发利用的新能源。我国风电装机容量目前已经超过美国,跃居全球第一。在"十二五"能源发展规划进行期间,我国风电并网容量以平均每年 1 500 万 kW 的开发建设速度快速发展。由于风电和光伏发电的间歇性和随机波动性,大规模风电并网会对电网的安全稳定运行带来很大风险,这使得电网无法消纳过多的风电而限制其并网,即限电弃风。为解决风电大规模开发的技术难题,减小风电的间歇性和波动性对电网稳定性的影响,需要在风电集中开发的地区建设大规模储能电站。利用储能电站的双调节功能,在用电低谷时,将风电和电网中多余的电力用于储能,减少风电弃风,在用电高峰期将储存起来的能量用于发电,为电网快速提供优质的调峰电源,增强电网调峰能力,进而提高电网运行的安全稳定性和风电机组利用率。

　　目前,可以实现大容量蓄能并且技术成熟的系统只有抽水蓄能和压缩空气储能。抽水蓄能是目前使用最广泛的储能技术,我国已建成十多座抽水蓄能电站,但其选址受到水资源分布、建设周期长等条件的制约。压缩空气储能(Compressed Air Energy Storage, CAES)是一种具有广阔应用前景的储能和发电技术,它是利用风能等富余的电量(即电力系统低谷时段)驱动压气机将空气压缩并储存在储气库中,发电时,释放储气库的压缩空气,将压缩后的高压空气送入燃烧室与喷入的燃料混合燃烧产生高温、高压燃气,进入燃气透平机中膨胀做功,直接带动发电机发电,供电网使用。压缩空气储能特别适合缺乏自然条件建造抽水蓄能电站的电网进行大规模蓄能,在我国的西北、华北和东北("三北")地区,风能资源丰富,水文条件差,自然蒸发量大,建设抽水蓄能电站的条件缺乏。而国家规划的甘肃酒泉、新疆哈密、河北、吉林、蒙东、蒙西等多个"千万千瓦级风电基地"都处于该地区,在上述地区建设压缩空气储能电站是目前最有前景的蓄能方式。

　　压缩空气储能的地下构筑物按照地理构造的不同可分为已开采或专门开凿的盐岩溶腔、已开采完的贮气和贮油的地质构造、地下含水层、人工开挖的硬岩地下洞室等。前三种地质构造经过勘探后可直接用于储存压缩气体,但由于地质条件比较特殊,往往可遇而不可求;人工开挖的硬岩地下洞室采用水幕或内衬等方式也可实现对高压气体的密封,但相对前三者来说投资较大。

　　本书是作者课题组近几年对压缩空气储能的地下岩石内衬洞室在高内压和温度反复耦合作用下的长期稳定性、耐久性和密封性研究成果的总结,对建立与压缩空气储能洞室特点相同的地下洞室设计理论具有重要的科学意义,对推动压缩空气储能技术在我国尤其是我国三北地区的应用具有重要的战略意义,并有很好的应用前景。可减少风电弃风和提高清洁能源发电比例,对进一步优化能源结构、缓解国家节能减排压力将起到积极的推动作用。

全书共 7 章,第 1 章介绍压缩空气储能的概念和方式以及需要解决的关键科学和技术问题,国内外工程和研究进展;第 2 章介绍压缩空气储能内衬洞室的受力特性和稳定性;第 3 章介绍高内压和温度耦合作用下压缩空气储能内衬洞室的受力变形特征,包括压缩空气储能内衬洞室温度场解析解、温度和内压引起的压缩空气储能内衬洞室力学响应解析解、压缩空气储能内衬洞室热力耦合数值模型、不同密封形式下内衬洞室的温度场和力学响应;第 4 章介绍压缩空气储能地下岩石内衬洞室的长期稳定性,包括应力和温度反复变化耦合作用下围岩长期力学性质、长期运营时内衬洞室疲劳损伤演化规律和稳定性;第 5 章介绍压缩空气储能内衬洞室密封性能的多场耦合计算方法,包括压缩空气储能内衬洞室温度与压力变动的热力学解,温度、压力、泄漏率以及应力场和位移场的迭代计算方法,多场耦合数值解及算例验证;第 6 章介绍高分子材料密封层和钢衬密封层的密封性和耐久性;第 7 章介绍压缩空气储能内衬洞室的稳定性、耐久性和密封性的设计准则和方法。

本书所呈现的内容是课题组所有成员共同努力的成果,感谢课题组的所有成员,感谢国内外同行的支持与帮助,课题得到了国家自然科学基金面上项目"压缩空气储能岩石地下内衬洞室的稳定性和密封性研究"(课题编号:51278378)和国家高技术研究发展计划(863 计划)项目"适用于风电的大规模压缩空气储能电站成套技术开发与工程示范"(课题编号:2012AA052501)的资助,正是由于这些项目的资助才保证研究得以顺利进行,在此深表感谢!

受作者的水平和能力等因素的限制,本书所涉及的内容难免存在一些遗漏和不足之处,敬请广大读者给予指正。

著 者

2020 年 9 月

目　录

第1章　绪　论

麦肯锡 2013 年发布研究报告,罗列了有望改变生活、商业和全球经济的 12 大新兴颠覆技术,分别是移动互联网、人工智能、物联网、云计算、机器人、次世代基因组技术、自动化交通、能源储存技术、3D 打印、次世代材料技术、非常规油气勘采和资源再利用。能源储存技术位列第八。

2018 年上半年,国家能源局出台的《关于促进储能技术与产业发展的指导意见》首次明确支持储能系统直接接入电网,并指出,在 2020 年之前,建成一批不同技术类型、不同应用场景的试点示范项目,培育一批有竞争力的市场主体;到 2025 年,储能项目广泛应用,形成较为完整的产业体系,成为能源领域经济新增长点。中国能源研究会储能专业委员会主任陈海生指出,中国的储能装机到"十四五"末,应该在 50～60 GW,到 2050 年应该在 200 GW 以上,200 GW 就相当于两万亿元的市场规模。

1.1　可再生能源与储能技术

可再生能源是指原材料可以再生的能源,如水力发电、风力发电、太阳能、生物能(沼气)、地热能和海潮能这些能源。可再生能源不存在能源耗竭的可能,因此,可再生能源的开发利用日益受到许多国家的重视,尤其是能源短缺的国家,是近几年世界各国都在大力研究和开发利用的新能源。截至 2017 年年底,中国可再生能源发电量 1.7 万亿 kW·h,占全部发电量的 26.4%,可再生能源发电装机达 6.5 亿 kW,占全部电力装机的 36.6%。具体来看,在发电量方面,水电达 11 945 亿 kW·h,同比增长 1.7%;风电 3 057 亿 kW·h,同比增长 26.3%;光伏发电 1 182 亿 kW·h,同比增长 78.6%;生物质发电 794 亿 kW·h,同比增长 22.7%。在发电装机方面,水电装机 3.41 亿 kW,风电装机 1.64 亿 kW,光伏发电装机 1.3 亿 kW,生物质发电装机 1 488 万 kW,分别同比增长 2.7%,10.5%,68.7% 和 22.6%。根据国家发展和改革委员会能源研究所发布的《中国风电发展路线图 2050》:到 2050 年,中国风电装机容量将达到 10 亿 kW,将满足国内 17% 的电力需求。可再生能源作为清洁能源的替代作用日益明显。

近年来,我国大力发展清洁可再生能源,调整能源结构,但也出现了大量弃风、弃光、弃水的现象。绿色可再生能源(如风电、光伏电等)具有清洁不污染环境,取之不尽、用之不竭等许多优点,但是风电和光伏电等具有明显的波动性,在某一时段发电量会比较大,而在另一些时段完全不发电。由于风电和光伏电的波动性问题,其大规模并网会对电网的安全稳定运行造成很大的风险,电网因无法消纳过多的风电和光伏电等电量而限制其并网,即限电弃风、弃光。在我国风电和光伏电资源丰富的地区,每年由于集中时段产生的电量超过电网输送能力而放弃了大量的电量。2017 年全年弃水电量 515 亿 kW·h,弃水率4%;弃风电量419亿kW·h,弃风率12%;弃光电量73亿kW·h,弃光率6%。弃风、弃光、弃水电量总计1 007亿kW·h,按居民用电0.5元/(kW·h)计算,每年损失约500亿元,相当惊人!尤其是弃风率高达12%。我国内蒙古电网,风电占总电网电量的20%左右,但风电限电比例更是高达20%以上,造成风力发电资源的极大浪费。弃风、弃光问题严重阻碍了可再生能源的健康快速发展。为解决风力发电和光伏发电大规模开发的技术难题,减小风力发电和光伏发电的间歇性和波动性对电网稳定性的影响,需要在风力发电和光伏发电集中开发的地区建设大规模储能电站。压缩空气储能技术可以将光伏太阳能或风能等间歇性可再生能源超过电网需求、原本要放弃掉的部分储存起来,利用储能电站的双调节功能,在用电低谷时将风电和电网中多余的电力用于储能,减少风电和光电的弃风、弃光,在用电高峰期将储存起来的能量用于发电,为电网快速提供优质的调峰电源,起到"削峰填谷"调节电网的作用,增强电网调峰能力,进而提高电网运行的安全稳定性和风电机组利用率,可以解决新能源弃风、弃光的问题。压缩空气储能技术对可再生新能源的应用具有极其重要的意义。

目前,可以实现大容量蓄能并且技术成熟的系统只有抽水蓄能和压缩空气储能。抽水蓄能电站是目前使用最广泛的储能技术(程时杰 等,2005),我国已建成十多座抽水蓄能电站,但其受到水资源分布、选址条件、环境保护、建设周期长等条件的制约,同时还受到投入费用等的限制。压缩空气储能(Compressed Air Energy Storage, CAES)(以下简称"压气储能")是一种具有广阔应用前景的储能和发电技术,与抽水蓄能等其他储能方式相比,具有资金投入和维护费用低的优点(Raju和Khaitan,2012;Kushnir等,2012a)。压气储能特别适合缺乏自然条件建造抽水蓄能电站的电网进行大规模蓄能。在我国的西北、华北、东北("三北")地区,风能资源丰富,水文条件差,自然蒸发量大,受水资源分布和地形地质等选址条件的制约,适合建设抽水蓄能电站的场址很有限,无法满足电网因风电快速发展而日益增加的储能和调峰需求。国家规划的甘肃酒泉、新疆哈密、河北、吉林、蒙东、蒙西等多个"千万千瓦级风电基地"即处于我国的"三北"地区,在这些风电基地建设压气储能电站是目前最好的蓄能形式。但我国对压气储能电站的开发尚处于基础研究阶段,目前还没有一座商业运行的电站。

压气储能是一种利用压缩空气作为介质来储存能量和发电的技术。在用电低谷时,它用风电和电网中多余的电能驱动空气压缩机,把电能转化为压缩空气内能在地下洞室中储存起来,到用电高峰时,释放高压空气,并与少量的气体燃料混合在汽轮机燃烧室中燃烧而迅速膨胀做功,进而带动发电机发电。

压气储能技术特别适合我国北方风能资源富集而水资源稀缺的地区。压气储能电站的地下储气构造物是压气储能电站的主要组成部分,既是电站选址的决定因素,也是电站运行性能和可靠性的技术关键,它一般是利用已开采完的贮气和贮油的地质构造、地下含水层、已开采或专门开凿的盐岩溶腔、硬岩中人工开挖的地下洞室等。前三种都是利用特殊的地质构造,经过勘探后可直接用于储存压缩气体,但是,由于地质条件比较特殊,在风能富集或用电需求量大而需建压气储能电站的地区不一定碰巧能找到这样的地质构造,因此,在岩石中人工开挖地下洞室便成为这些地区压气储能电站最可能选择的地下构造物方案。压气储能电站地下洞室的规模大(数十万立方米到数千万立方米)、空气压力高

(5～10 MPa或更大)、密封性要求严(24小时泄漏率不大于0.5%～1%),此外,压气储能电站在储能和发电过程中,压缩空气反复循环作用在洞室内壁,并且还有温度的变化,因而与一般的地下岩石洞室在建设理念和设计方法上都有很大的不同。随着压气储能电站相关技术的不断发展和完善,压气储能电站在选址、建设费用、发电成本等若干方面均会优于抽水蓄能电站,将成为另一种技术可行、经济合理、推广应用前景广阔的储能技术。

1.2　压气储能的原理和工程实例

压缩空气储能简称压气储(蓄)能,是近年来国际上备受关注的一种大型能源储存技术,具有规模大、响应快的特点。压气储能的基本原理如图1-1所示。压气储能系统蓄能时利用风能和太阳能等富余的电量(即电力系统低谷时段)驱动压气机将空气压缩并储存在储气库中;发电时,释放储气库中的压缩空气,将压缩后的高压空气送入燃烧室与喷入的燃料混合燃烧产生高温、高压燃气,进入燃气透平机中膨胀做功,直接带动发电机发电,供电网使用。储能时,将电能转化为压缩气体的弹性能,由于压缩时间短,空气温度会升高,并且处于高压状态,因此对储气库密封性要求很高;发电时,高压空气被释放,膨胀做功用于发电,压缩气体的弹性能又转化为电能。目前发电效率大概在54%,理论上可以达到70%(Luo等,2015;Mahlia等,2014)。

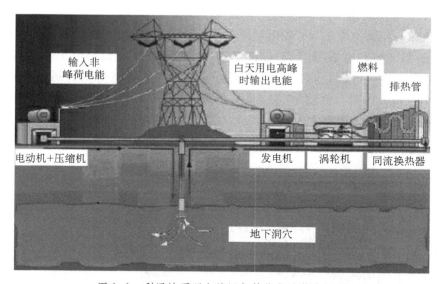

图1-1　利用地下洞穴的压气储能电站基本原理

压气储能技术可以很好地与风能、光伏能等可再生能源发电结合起来,解决其间歇性问题。

按照储气方式的不同,压气储能地下构造物可分为常压式和变压式两类,如图1-2所示。主要区别在于,前者在运行过程中保持洞室内压不变,因释放压缩空气而损失的压力通过地表水头补偿实现。常压式储存方式能保持内压稳定,对洞室稳定性有利,但是需要有充足的地面水补给,对于缺水地区来说难以实现。

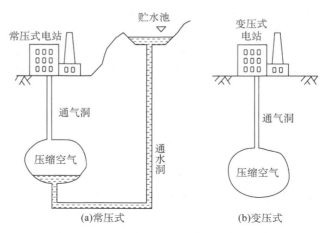

图 1-2 压气储能原理示意图(李仲奎 等,2003)

　　压气储能电站是 20 世纪 50 年代发展起来的新型能量储存系统,在 20 世纪 90 年代开始随着相关技术的逐步完善,以及各国对能源质量、环境保护的更高要求,一些国家开始重视压气储能的研究工作。迄今为止,世界上仅建成了两座商业化运行的压气储能电站,德国的亨托夫(Huntorf)电站(290 MW)和美国阿拉巴马州的麦金托什(McIntosh)电站(110 MW),它们的地下构造物都是利用岩盐溶腔。

　　世界上第一座商业性压气储能电站是 Nordwest Deutsche Kraftwerke 公司在德国北部的亨托夫(Huntorf)电站(图 1-3),其技术参数列于表 1-1。1973 年开始设计,1974 年开挖洞室,于 1978 年建成。该电站额定装机发电能力为 290 MW,每天运行 1 个周期,期间充电 8 h,发电 2 h,电厂能效 86.3%,启动可靠率 97.6%。其储气地下构造物是将一个盐岩溶腔扩建成两个体积均为 159 000 m³ 的储气洞穴,尽管一个洞穴就可以满足总发电容量的用气,但将容量分配给两个洞穴的好处是:①便于洞穴的维护;②主运行的洞穴比

图 1-3 德国亨托夫压气储能电站航拍照片

"合二为一"的独立洞穴能更快减至常压,重新充满气体也相对容易;③增加了调峰的灵活性与快捷性。洞穴深度不小于600 m,保证储存的空气在几个月内是稳定的,且不超过额定的最高压力10 MPa。30余年的运行表明,该电站每天运行1周期是可靠的,在1979年1月1日至1991年12月31日期间共启动并网5 145次,成功5 026次(发电方式2 342次,其他方式2 684次),仅失败119次,平均启动可靠率97.6%,平均可用率86.3%,容量系数为33.0%~46.9%,从运行经验中得知压缩机的启动压力至少需要1.3 MPa。

表1-1　　　　　　　　　　　德国亨托夫压气储能电站技术参数

技术参数名称		英文名称	技术参数
输出功率	透平机	Output of turbine operation	290 MW(≤3 h)
	压缩机	Output of compressor operation	60 MW(≤12 h)
最大空气重量流速	透平机运行	Turbine operation	417 kg/s
	压缩机运行	Compressor operation	108 kg/s
	空气量流速比	Air mass flow ratio in/out	1/4
洞室个数		Number of air caverns	2
单个洞室容量	洞室(1)	Single air caverns volumes	140 000 m³
	洞室(2)		170 000 m³
洞室总容量		Total cavern volume	310 000 m³
洞室位置	顶部位置	Location of caverns-top	650 m
	底部位置	Location of caverns-bottom	800 m
洞室最大直径		Maximum diameter	60 m
洞室间距		Well spacing	220 m
洞室压力	最小允许压力	Minimum permissible	1 bar
	最小运行压力 特殊情况	Minimum operational(exceptional)	20 bar
	最小运行压力 正常情况	Minimum operational(regular)	43 bar
	最大允许压力和运行压力	Maximum permissible & operational	70 bar
最大压力减小率		Maximum pressure reduction rate	15 bar/h

注:1 bar=100 kPa。

世界上第二座商业性压气储能电站是美国阿拉巴马州电力公司在该州建设的麦金托什电站,于1991年建成。该电站额定装机发电能力为110 MW,可以供电26 h,常规启动时间为9~13 min。其储气地下构造物是由淡水溶浸盐丘所成,近似圆柱形的岩盐溶腔,深300 m,直径80 m(容积538 020 m³),气压为4.5~7.4 MPa,是现有压气储能发电系统最大的洞穴,能提供26 h发电所需的压缩气体。麦金托什电站在德国亨托夫电站的基础

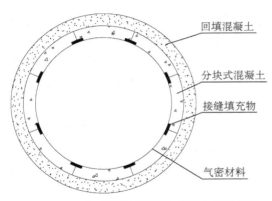

图 1-4 日本 KUNAGAWA 项目中压气储能
洞室的内衬密封结构(Ishihata，1997)

回填混凝土

分块式混凝土

接缝填充物

气密材料

上改进了废热回收系统，可以节省 25% 的燃料。

日本、韩国和中国相继开展了人工开挖地下岩石洞室作为压气储能地下储气构造物的小规模试验。日本在埋深为 200～500 m 的结晶岩中进行了两个压气储能电站的小规模试验，其中一个电站的地下储气构造物采用水幕密封的无衬砌洞室，另一个是利用老矿井的有衬砌洞室。利用老矿井的有衬砌洞室是由日本新能源财团于 1990 年委托开发研究，并于 1998 年 1 月开工建造，位于北海道空知郡上砂川町的三井砂川矿坑，压气储能洞室和 2 MW 输出功率的压气储能电站于 2001 年投入运行。其洞室直径 6 m，长 57 m，容积为 1 600 m³，设在地下深 450 m 处的岩体中，洞室内壁采用橡胶内衬密封。机组发电时间 4 h，压缩空气充气时间 10 h，空气压力为变压式，在 4.0～8.0 MPa 之间变化。该试验洞室的结构与有衬砌岩石洞室类似，但用丁基橡胶板代替了钢衬，采用分块式衬砌代替了传统的钢筋混凝土衬砌，在衬砌与衬砌之间的接缝处设置接缝填充物，以避免密封层受到高压挤入缝隙而被破坏(图 1-4)。初次现场试验的结果并不理想，在 0.9 MPa 的空气压力作用下，橡胶板与衬砌的接合处发生破坏，导致空气泄漏率较大(0.57%/d)。改进之后，在 4～8 MPa 的空气压力作用下，洞室空气泄漏率降为 0.2%/d(Shidahara，2001)。另外，Nakata 等(1998a)还尝试使用喷涂施工的方法施作橡胶沥青作为密封层，但在现场试验时，密封层在 2 MPa 的空气压力作用下就发生了破裂。该小规模试验电站是为更大容量机组(400 MW)的电站在安全性、实用性及经济性等方面进行的真机试验，经过估算，每千瓦的建设费与抽水蓄能电站大致相同，而且在以后的施工等方面还可以使建设费进一步降低。为减少建设费用，相关学者正在探索研究取消橡胶内衬。日本没有成本低的岩盐地层，甚至连滞水地层也很少，就压气储能地下洞室来说，日本可供选址的地质条件是不利的，主要是硬岩地层，地下岩石洞室开挖难度也较大。

韩国地质矿产资源研究院(Korea Institute of Geoscience and Mineral Resources，KIGAM)的 Kim 等与美国劳伦斯伯克利国家实验室(Lawrence Berkeley National Laboratory，LBNL)的 Rutqvist 等(2012a)联合开展了浅埋(约 100 m)压气储能地下岩石内衬洞室(图 1-5)的研究。在 Jongson 地下 100 m 深处的石灰岩层中开挖一个直径为 5 m 的圆柱形隧道，做一个压气储能地下岩石内衬洞室的小型试验，最大空气压力为 5 MPa。先对两个方案进行数值模拟研究。方案 1：洞室长

图 1-5 韩国地质矿产资源研究院的压气储能
内衬洞室示意图(Kim 等，2012a)

度10 m,钢筋混凝土衬砌,用丁基橡胶板作为密封层,楔形堵头;方案2:洞室长度20 m,素混凝土衬砌,用钢衬作为密封层,锥形堵头。最终采用方案1进行最大压力为3.5 MPa的储水密封试验(Song,2015)。

2012年,中国大唐集团新能源股份有限公司获得了国家科技部题为"适用于风电的大规模压缩空气储能电站成套技术开发与工程示范"的国家863研究计划课题(2012AA052501),拟就包括地下洞室在内的用于风电的大规模压气储能电站成套技术进行开发研究,并初步选址内蒙古自治区巴彦淖尔市,拟建设示范工程(地下洞室容积10万 m^3,最高空气压力10 MPa,洞室空气泄漏率为0.5%/d),并对技术开发和示范工程设计中的一些基本问题开展了研究,但因经济等方面原因,示范工程还没有开始建设。

中国电建集团中南勘测设计研究院有限公司开展了名为"地下储气库洞室稳定性及密封技术"的科技开发项目的研究。2017年在湖南省平江抽水蓄能电站地下厂房勘探平硐(PD4)内建造了压气储能地下储气实验洞室。勘探平硐(PD4)进尺1 310 m,洞室围岩主要由花岗岩、花岗片麻岩组成,围岩以Ⅱ~Ⅲ类为主;平硐内局部地段(洞深532~633 m处)围岩由无蚀变的完整微风化~新鲜岩体、坚硬岩、结构面不发育的岩石组成,可归为Ⅰ类围岩。实验洞室埋深110 m,位于勘探平硐(PD4)内洞深0+600 m处,实验洞室毛洞洞径4.0 m,长度5.0 m,内衬厚度0.5 m,堵头长度4.0 m。储气洞室运行周期按1 d考虑。一个循环内充、放气及储气持续时间:0—8时为充气阶段,8—12时为高压储气阶段,12—16时为放气阶段,16—24时为低压储气阶段。储气洞室充、放气过程中,对压缩空气的压力进行严格控制,即通过调节充气速率将储气库内压缩空气的压力值控制在10.0 MPa以内。目前,该试验尚在进行中。

虽然目前还没有利用岩石洞室的商业化压气储能电站,但由于硬岩洞室具有广泛的场地选择空间,许多国家已经对硬岩洞室的储气可能性进行了较多尝试。1981年计划的美国伊利诺伊州Soyland压气储能项目原是世界上首个设计在硬岩中建造压气储能地下洞室的常压式压气储能电站项目(Salter等,1984),该项目的装机容量为220 MW,拟建在埋深600 m的硬质白云岩中,地下洞室容积为24.5万 m^3,由一系列平行的隧道组成,全长1 830 m,方案示意图见图1-6。计划储存的压缩空气压力为5.86 MPa,容许的空气泄

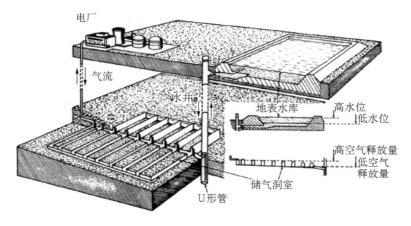

图1-6 Soyland压气储能项目地下储气构造示意图(Salter等,1984)

漏率为不超过 1%/d。对水幕、注浆和内衬三种地下洞室的密封方式进行了研究,认为洞室外排水和柔性水幕衬砌是经济合理且技术可行的方案。但该项目最终因选址区的岩性不合适和电力需求下降而被取消。美国还曾规划在俄亥俄州建一个发电量为 2 700 MW,利用埋深为 700 m,容积为 1 000 万 m³ 的石灰岩洞作为气压达到 10 MPa 的压气储能洞室,但因美国页岩气开发技术的突破,该项目暂时缓建。

芬兰技术研究中心曾做过将芬兰的 Pyhasalmi 锌矿改建成压气储能电站的可行性研究,以取代抽水蓄能电站的建设(Sipila 和 Wistbacka,1994)。就利用最底部的老矿井作为压气储能地下洞室和在井下开挖新洞室两个方案做了比较研究,从技术和经济两方面考虑,认为后者更有可行性,因为前者隔离封堵产生的堵头和注浆费用太高了。另外还进行了岩体在压力和温度循环作用下物理力学性质试验,最后,建议做一个 1:10 的试验工程(试验工程容积 3 000 m³,采用截面积为 150 m² 的隧道),但此后未见进一步报道。

此外,俄罗斯在顿巴斯利用废旧矿井建造了三套容量均为 350 MW 的压气储能装置。瑞士计划建设发电量为 440 MW 的压气储能电站,在硬岩中建造洞室,气压达到 3.3 MPa,采用水幕密封方式密封。以色列也计划建设发电量为 100 MW 的压气储能电站,采用含水层洞穴作为地下储气构造物。

综上所述,岩石内衬洞室作为储存压缩空气的地下构造物能够成为未来压气储能发展的一个重要趋势。

1.3　高内气压地下岩石洞室类型

压气储能地下洞室承受较高的内气压,与之相似的承受高内气压的地下岩石洞室还有水电站中的气垫式调压室和压缩天然气(Compressed Natural Gas,CNG)地下储气库,尤其是压缩天然气地下储气库,它们都需要高达 10 MPa 的运行压力。其选址一般需要有一定深度和范围的完整致密的硬岩,地应力分布有利于洞室稳定和气体密闭。其技术关键是高压气体泄漏的控制,主要有地下水控制和渗透性控制两大类。地下水控制又分为天然地下水控制和水幕控制:天然地下水控制是将洞室建于天然地下水水头大于高压气体压力的深处(贮气和贮油的地质构造、地下含水层、盐岩溶腔也属于天然地下水控制的方式);水幕控制是在洞室周围人工充入高于洞室内空气压力的高压水以控制气体的泄漏。地下水控制方式需要富含地下水的特殊地质条件,水电站的气垫式调压室有条件的大多采用水幕控制,而在我国水资源稀缺的西北和北方地区,很难找到满足水幕要求的场址。渗透性控制方法是确保洞室周围的岩体或衬砌有足够低的渗透性,从而控制高压空气的泄漏率在允许的范围内,主要有选择足够紧密的岩体、围岩内注浆和采用衬砌等方式。

注浆密封成本高、施工控制难度大,天然地下水控制要有特殊的水文地质和工程地质条件,所以,地下岩石高气压洞室根据其密封方式主要有水幕密封无衬砌洞室和内衬洞室,内衬洞室又分为钢板衬砌洞室和柔性密封层衬砌洞室。

1.3.1　水幕密封无衬砌洞室

水幕是在无衬砌洞室周围岩体中布置一系列钻孔,在钻孔内充入高压水,使围岩中的地下水具有较高的压力,从而增强阻止气漏的能力,围岩中的地下水水压要高于洞室内最大空气压力(图1-7)。在控制天然地下水水压高于洞室内最大空气压力时也可以用天然地下水而不需要用人工水幕。水幕的主要设计要素有孔距、水幕与洞室间的距离、水幕的范围、水幕水压与洞室内气体压力的压差等。水幕阻气的效果依赖于地下水压力与洞室内气体压力的压差。水幕的布置以封住洞室使气体在水幕压力下不外泄为原则。水幕可以设置在洞室上部的专门廊道中,以倾斜向下的伞形布置钻孔,也可以不设置专门的水幕廊道,而在洞室顶部和边墙上部布置钻孔。水幕技术可能是处理大型无衬砌洞室漏气问题最经济有效的方法,但它不适合水资源稀缺的地区。此外,高内气压无衬砌岩石洞室,由于没有采用内衬,对围岩的要求比较苛刻,岩体的渗透系数(对水而言)小于8~10 m/s才能满足储存气体的密封要求。

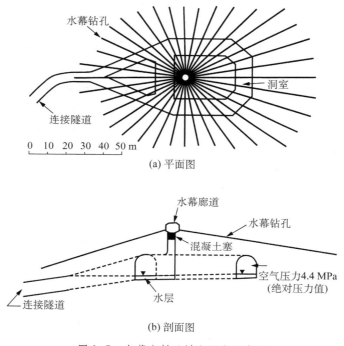

(a) 平面图

(b) 剖面图

图1-7 水幕密封无衬砌洞室示意图

除了水电站中的气垫式调压室采用水幕密封无衬砌洞室外,捷克共和国已经建成了世界上唯一一座采用水幕密封的无衬砌岩洞的储气库用于储存压缩天然气,该岩石洞室埋深850 m,工作压力为9.5~12.5 MPa,洞室断面面积为12~15 m²,洞室总长约45 km,总容积6.2×10⁵ m³。

1.3.2 钢板衬砌洞室

钢板衬砌(钢衬)洞室是在衬砌内侧或多层衬砌结构中间设钢板。钢衬一般起密封作用,当钢衬厚度较大时,也可以作为受力结构。目前没有将钢衬运用于压气储能洞室的案例,但是与压气储能结构特点类似的内衬岩洞储气库和气垫式调压室都有采用钢衬进行

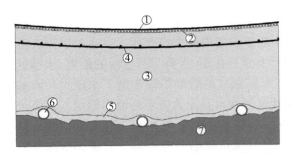

①—钢衬；②—滑动层；③—混凝土层；④—焊接钢筋网；
⑤—混凝土喷层；⑥—排水系统；⑦—围岩。

图 1-8　有衬砌岩石洞室的密封结构
(Johansson，2003)

密封的案例。

20 世纪 90 年代，瑞典发展了一种采用钢衬的有衬砌岩石洞室（Lined Rock Cavern，LRC）的地下气体储存结构，其洞室结构主要由钢衬、滑动层、混凝土层、焊接钢筋网、混凝土喷层、排水系统等组成（图 1-8）。钢衬厚度一般为 10～15 mm，钢衬仅仅是起密封作用，并不承担压力，钢衬受力通过混凝土衬砌传递到围岩中，它可以覆盖住混凝土中的细小裂纹。在钢衬和混凝土之间设有沥青滑动层，其主要作用是减少摩擦以及为钢衬提供防腐保护。位于钢衬和围岩中间的混凝土层也不是高内压的主要承担者，其主要作用是将洞室内高压气体的压力传递到围岩体上，均衡地分散变形，同时为钢衬提供平整的基面。钢筋网的作用是分散切向应变，使混凝土层不产生过大裂纹。低强度渗水混凝土是保护排水系统，改善排水系统与围岩之间的水力联系，减少混凝土层与岩石表面的互锁。当洞室内压力降低或检修时，排水系统可使钢衬承受的水压力降低，避免钢衬变形。围岩体是高内压的主要承担者，承载混凝土传来的荷载。钢衬岩洞储气库是一个完全密闭的系统，气体一直被封闭在管道和钢衬洞室内，不与围岩接触。作为压缩天然气的地下储存结构，每座岩石洞室的开挖形状类似于直立的圆柱体，拱顶呈半圆形，底部呈稍扁半圆形。最大储存压力取决于场地岩石条件，一般在 15～30 MPa 之间。在岩石条件较好的情况下，洞室直径一般在 35～45 m 之间，高 60～100 m，单个洞室的工作气体达到 1 200 万～5 000 万 m^3。瑞典成功建成了一座商业的有衬砌的地下压缩天然气储气库(Johansson，2003)，其岩石洞室呈圆筒形，筒顶深度为 115 m，直径 35 m，高 50 m，设计与测试工作压力均为 20 MPa，试验和运行验证了其良好的密封效果。

水利水电工程中使用的调压室是一种抑制水锤和波涌的装置。调压室与压气储能洞室特点相似，受到高内压作用，需要对高内压进行密封。陈五一等(2006)发明了罩式气垫式调压室(图 1-9)。其主要原理是利用密闭的罩体封闭气室内所形成的气垫中的气体，

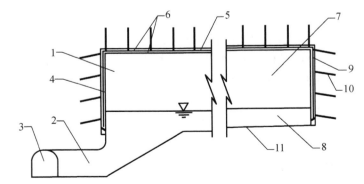

1—气室；2—连接隧道；3—压力水道；4—罩体；5—芯层；6—钢筋混凝土支护层；
7—气垫；8—水垫；9—平压管网；10—平压孔管；11—底板。

图 1-9　罩式气垫式调压室示意图

从而避免气体从围岩中泄漏出去,降低了气垫式调压室对围岩渗漏性的要求。罩体周边和顶部的外侧设置了平压管网与水垫连通,以达到平衡罩体内、外压力的目的。芯层采用焊接金属板,并在内、外侧设置钢筋混凝土支护层。钢筋混凝土不仅用于固定钢板,还要承受由机组增减负荷引起的气室内外压力差。

1.3.3 柔性密封层衬砌洞室

柔性密封层衬砌洞室在混凝土衬砌内侧设气体密封层,或将衬砌制作成含密封层的多层结构,多层结构中至少设置一层为气体密封层。这样,利用气体密封层起到密封气体的作用,其余各层可以分别设置为防腐层、保证其强度要求的结构层等,以降低制作成本。气体密封层可以通过喷涂高分子材料、焊接钢板或采用橡胶、塑料、复合层结构的材料等形成。

例如,采用密封焊接的金属板的芯层作为气体密封层,在气体密封层的内、外两侧设置钢筋混凝土支护层,钢筋混凝土起固定钢板和承受洞室内外压力差的作用,利用钢板制作的芯层结合钢筋混凝土支护层,起到密闭气体的作用。再例如,气体密封层可以设置在衬砌的内侧,密封层的外侧设置钢筋混凝土支护层。这种结构形式有利于工程施工,对保证施工质量、降低施工成本以及方便维护保养等较为有利。

Salter 等(1984)最早提出可以在压气储能洞室中使用内衬密封结构实现气体密封,他比较了压气储能洞室水幕和内衬等密封技术,认为最经济、可行的密封方式是内衬密封,并提出一种采用不透水柔性薄膜作为密封层,在不透水柔性膜与衬砌之间填有填充材料,衬砌外侧设置排水措施的柔性密封衬砌洞室(图1-10)。

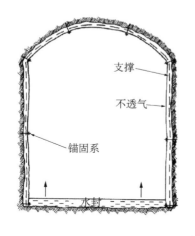

图1-10 Salter 等(1984)提出的柔性
密封层衬砌结构

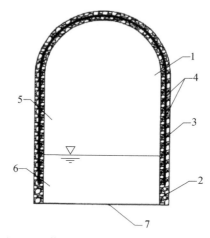

1—气室;2—罩体;3—密封芯层;4—钢筋混凝土支护层;
5—气垫;6—水垫;7—敞口。

图1-11 气垫式调压室密封罩(郝元麟 等,2007)

美国 Soyland 项目计划采用在常规混凝土衬砌的内侧固定柔性密封材料的方案。将不透水层固定在洞壁上,其外侧设置钢筋混凝土衬砌,该结构形式不仅有利于工程施工,而且有利于保证施工质量、降低施工成本以及方便维护保养等。由于压气储能地下洞室的密封性要求较高,要求混凝土衬砌为限裂衬砌甚至抗裂衬砌。

郝元麟等(2007)设计了混凝土衬砌气垫式调压室密封罩,如图 1-11 所示,该专利的高分子材料密封层夹在两层衬砌中间,可以起到密封和防水两种作用。

内衬洞室不受地质条件的限制,可以就近建设在风力、太阳能发电站的附近,节约了发电站到储气洞室之间输电线路的电力损耗,因此,内衬洞室具有广阔的应用前景。钢衬洞室的密封材料是钢材,其密封方式虽然可靠有效,但大规模洞室的建设成本比较高。在石油天然气行业,储存石油和天然气的地下岩石钢衬洞室要比地面上的油气罐成本低,所以,经济上是可行的。调压井只是水电站土建工程的很小一部分,采用钢衬后,调压井成本的增加对整个水电站投资影响不大。但就压气储能电站来说,地下储气构造物是其成本的主要部分,相对于利用储气和储油的地质构造、地下含水层、盐岩溶腔的地质构造物,地下岩石内衬洞室的开挖费用会较高,如要采用钢衬,就可能因为投资成本太高而失去投资价值。所以,需大力开展对柔性密封层内衬洞室的研究。

钢衬和高分子材料密封层衬砌洞室能否成功在压气储能洞室中应用,最关键的是它们在洞室反复充、放气条件下能否保证足够的密封性能。钢衬虽然已经在储存石油和压缩天然气洞室、水电站的气垫式调压室等有衬砌洞室中有较多成功应用的工程实例,但在压气储能洞室运营条件下的力学性能还需进一步检验。日本学者的研究虽然证明了高分子材料密封层的可行性,但还没有工程实例,尤其是对运营过程中高分子材料密封层的应力应变、泄漏特征及其影响因素还缺乏系统的研究。

第2章 压气储能内衬洞室的极限稳定性和抗裂性

2.1 压气储能内衬洞室的极限稳定性

采用新开挖的硬岩洞室作为压气储能电站的地下结构时,地下洞室的形式根据压气储能需求、地质条件等影响因素确定。压气储能地下洞室选型的前提是洞室围岩的极限稳定性。在压气储能洞室稳定性的研究中,Allen 等(1982)采用有限元法,考虑了洞室尺寸、间距和侧压力系数对开挖后压气储能洞室围岩塑性区的影响,得出在 750 m 埋深下,对于高宽比为 1.5 或 2 的城门洞形洞室,围岩侧压力系数不宜大于 1.5。Zimmels 等(2002)用 FLAC 3D 对侧压力系数为 0.75、衬砌厚度为 1 m 的压气储能圆形洞室的围岩塑性区进行计算,分析了埋深、开挖半径、内压、洞室间距等因素对洞室稳定性的影响。此外还应考虑开挖和充气两种工况,对内压、地层性质、洞室埋深、洞形和洞室空间展布等影响因素展开研究,并从塑性区、洞周应变等多个角度评价洞室稳定性。

首先针对圆形洞室,分析其围岩在开挖过程中和极限内压作用下的受力变形特征。随后考虑洞室稳定性的影响因素,进一步对不同形式洞室围岩的稳定性进行分析。选择不同的地层性质、不同的洞室埋深、不同的洞形、不同的洞室空间展布等,研究这些因素对高内气压下压气储能洞室围岩的受力和变形特征的影响,获得洞室高内气压与围岩力学性质、埋深、洞形和空间展布的关系,即获得各种因素对压气储能洞室围岩的极限稳定性的影响规律。

2.1.1 压气储能内衬洞室极限稳定性的影响因素及分析

我国拟在内蒙古自治区投资建设压气储能电站,初拟装机规模 100 MW,储气体积约 10 万 m^3,储气压力 10 MPa。洞室稳定性主要有以下影响因素。

1. 围岩级别

压气储能洞室需承受高内压作用,因此,应选择岩石强度高、岩体较完整、洞室稳定性好的岩体布置压气储能洞室,避开不良地质构造。根据《水利水电工程地质勘察规范》(GB 50487—2008)对围岩的分级,Ⅰ,Ⅱ级围岩的地质条件能够满足要求,而内蒙古压气储能电站选址区为Ⅱ级围岩。

2. 地应力条件

围岩初始应力场由自重应力场和构造应力场组成,水平应力与竖向应力的比值(即侧压力系数)对洞室稳定性有显著的影响。根据内压作用下圆形洞室弹性解,可获得洞壁上的切向应力公式:

$$\sigma_\theta = -p_0(1+\lambda) - 2p_0(1-\lambda)\cos 2\theta + p \qquad (2-1)$$

式中　σ_θ——洞壁切向应力值;

　　　p_0——上覆岩石自重应力;

　　　λ——侧压力系数;

　　　θ——从水平轴起始,逆时针为正,顺时针为负,(°);

　　　p——作用在洞壁上的内压。

从式(2-1)可知:当 $\lambda < 1/3$ 时,顶拱内表面切向应力为拉应力;当 $\lambda > 3$ 时,侧壁内表面切向应力也为拉应力。为了保证压气储能洞室围岩的密封性,要求围岩不出现拉应力,即侧压力系数在 $1/3 \sim 3$ 之间。

选取侧压力系数为 $1/3$,1.0,1.5,分别对应自重应力场、静水应力场、以水平构造应力为主的应力场,对不同侧压力系数下的洞室稳定性进行分析,研究洞室对不同地应力条件的适应性。

　　3. 洞室埋深

对于内压洞室的合理埋深,水工隧洞的研究经验值得参考,主要有挪威准则、水力劈裂准则和最小主应力准则。挪威准则是挪威学者依据工程实践于 1970 年提出的,其原理是要求压力隧洞洞身部位上覆岩体重量不小于作用于洞身围岩面积上的垂直上抬压力。该经验准则用于压气储能洞室时可表示为

$$H = \frac{pF}{\gamma_R \cos \alpha} \qquad (2-2)$$

式中　H——岩体最小覆盖厚度,m;

　　　p——洞内气压,kPa;

　　　F——经验系数,一般取 $1.3 \sim 1.5$;

　　　γ_R——岩体重度,kN/m³;

　　　α——地面倾角,$\alpha > 60°$ 时取 $\alpha = 60°$。

岩体渗流主要发生在裂隙或节理中,设与隧洞相交裂隙的法向应力为 σ_n,当水压大于该法向应力时,裂隙张开,即水力劈裂。为避免水力劈裂而选取合理埋深的方法即水力劈裂准则,将水压改为洞内气压后,可作为压气储能洞室的设计准则。

1972 年,挪威德隆汉姆大学学者提出了更通用的设计准则,无衬砌压力隧洞的内水压力应小于围岩初始应力场最小主应力准则,该准则包含了挪威准则,将内水压力改为洞内气压时可表示为

$$pF \leqslant \sigma_{min} \qquad (2-3)$$

式中　p——洞内气压,kPa;

　　　F——安全系数,一般取 $1.3 \sim 1.5$;

　　　σ_{min}——隧洞周边围岩初始应力场最小主应力,kPa。

将式(2-3)中的 σ_{min} 定义为初始应力场最小主应力和裂隙法向应力的较小值,即可包含以上三条准则。水工隧洞一般不采取特殊的密封措施,主要依靠围压防止渗漏水。

压气储能洞室采用内衬密封,对围岩的密封性要求不高,因此采用式(2-3)作为设计准则过于保守,而且式(2-3)也没有考虑围岩强度和衬砌强度等有利因素,故所得埋深偏大。

采用圆形洞室弹性解,即式(2-1),要求围岩始终处于受压状态,则可获得满足要求的围岩自重应力:

$$p_0 \geqslant \begin{cases} \dfrac{p}{3\lambda - 1}, & \dfrac{1}{3} < \lambda < 1 \\[2mm] \dfrac{p}{3 - \lambda}, & 1 \leqslant \lambda < 3 \end{cases} \tag{2-4}$$

根据式(2-4),若要求围岩不出现拉应力,则当侧压力系数接近 1/3 或 3 时,埋深需要很大,这在经济上不可行。

4. 洞形和洞室空间展布

压气储能地下洞室选址区要求地质构造简单,岩体完整稳定。洞线与岩层层面、构造断裂面及软弱带走向最好垂直,或成较大夹角。当夹角过小时,必须采取相应工程措施。当洞室位于高地应力地区时,应考虑地应力对围岩稳定性的影响,宜使洞室轴线与最大水平地应力方向一致,或成较小夹角。相邻洞室间距参考《水工隧洞设计规范》(DL/T 5195—2004)中的要求,不宜小于 2 倍开挖洞径。

压气储能地下岩石内衬洞室的布置形式主要有两种:隧道式和大罐式(图 2-1)。隧道式洞室的代表有美国 Soyland 项目和韩国建设的压气储能项目(Song 等,2012),都是采用一系列平行的水平隧洞作为压气储能地下构造物,断面形式分别为城门洞形和圆形。大罐式洞室由一个或多个储气洞室、连接储气洞室的竖井和施工隧道组成,一般采用钢衬密封,目前多用于储存压缩天然气,内压可高达几十兆帕。每个洞室的开挖形状类似于煤气罐,一般从底部螺旋向上开挖,顶部基本呈半球形,底部呈椭球形。在岩石条件较好的情况下,大罐式洞室直径一般在 35～45 m 之间,高 60～100 m。

5. 运行内压

压气储能洞室围岩需满足最小地应力准则,即压缩空气气压应小于初始地应力场的最小主应力,可表示为

$$p < \frac{\sigma_{\min}}{F} \tag{2-5}$$

式中 p ——压缩空气气压,kPa;

$\sigma_{\min}$ ——洞室围岩初始地应力场的最小主应力,kPa;

F ——安全系数,一般取 1.3～1.5。

目前已有的洞室受力变形解析解大多是关于圆形洞室的,分析不规则洞形较为困难,而且解析解对先开挖后充气的多工况分析十分困难,所以,采用数值分析方法对工程方案进行分析。根据上述压气储能洞室稳定性的影响因素,对于 Ⅱ 级围岩,取埋深 200 m,300 m,400 m,500 m,内压 10 MPa,确定了需要模拟的洞室方案(表 2-1)。

(a) 隧道式

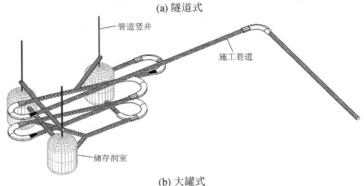

(b) 大罐式

图 2-1 压气储能硬岩地下洞室布置形式

表 2-1 压气储能洞室模拟方案

侧压力系数 λ	洞形			
	圆形	马蹄形	城门洞形	大罐式
1/3	直径 6 m，10 m，15 m	宽 7 m，12 m，18 m	宽 8 m，高 12 m	5 万 m³，10 万 m³
1	直径 10 m	宽 12 m	宽 8 m，高 12 m	5 万 m³
1.5	直径 10 m	宽 12 m	宽 8 m，高 12 m	5 万 m³

根据《水工隧洞设计规范》(SL 279—2016)的规定，自稳条件好、开挖后变形很快稳定的围岩，可不计围岩压力，压气储能洞室围岩性质较好，符合该情况，同时在运行工况中，围岩压力是有利条件，因此假定开挖引起的应力释放完全由围岩自身承担。

为了简化计算，同时又能充分考虑开挖和充气两个主要工况(图 2-2)：

(1) 开挖工况：洞室开挖，地应力重分布；

(2) 充气工况：待围岩变形稳定后浇筑衬砌，并在衬砌内表面施加 10 MPa 的高内气压。

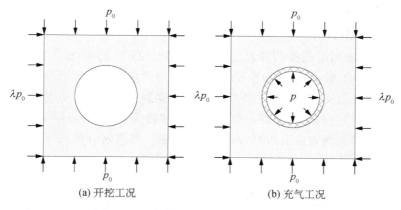

(a) 开挖工况 (b) 充气工况

图 2-2 压气储能洞室主要工况受力分析

2.1.2 圆形洞室的极限稳定性

采用 ABAQUS 有限元软件对洞室的受力变形进行计算分析。

1. 材料参数

假定围岩材料为理想弹塑性,采用莫尔-库仑屈服准则:

$$(\sigma_1 - \sigma_3) = 2c\cos\phi - (\sigma_1 + \sigma_3)\sin\phi \tag{2-6}$$

式中 σ_1——最大主应力,MPa;

σ_3——最小主应力,MPa;

c——岩石的内聚力,MPa;

ϕ——岩石的内摩擦角,(°)。

工程围岩分级为Ⅱ级,围岩物理力学参数取值参照《水利水电工程地质勘察规范》(GB 50487—2008)中的建议取值,混凝土衬砌假定为线弹塑性,在应力达到抗拉强度极限时进入塑性,参数详见表 2-2。

表 2-2 围岩和混凝土物理力学参数

类型	重度 γ/ (kN·m^{-3})	弹性模量 E/GPa	泊松比 μ	内摩擦角 ϕ/(°)	内聚力 c/MPa	剪胀角 φ/(°)	抗压强度 f_{ck}/MPa	抗拉强度 f_{tk}/MPa
Ⅱ级围岩	26	20	0.25	50	1.5	0		2
C40 混凝土	25	32.5	0.2				26.8	2.39
钢筋(HPB300)		210	0.3					270

2. 有限元模型

采用地层结构法对洞室进行模拟。隧道式压气储能内衬洞室选择埋深分别为200 m,300 m,400 m,500 m 的圆形、马蹄形、城门洞形三种截面洞室,洞室左右及下边界取 3 倍洞径,洞室上方取实际埋深。边界约束条件根据洞室实际受力情况,隧道断面在二维平面模拟中假定为平面应变。计算模型的左右边界分别受到 x 轴方向的位移约束,模型的地层下部边界受到 y 轴方向的位移约束,地表则为自由边界,未受任何约束。网格划分见图 2-3(a),(b),(c)。

大罐式压气储能洞室选择两种尺寸,一种由半径 25 m 的半球形顶面和底面以及高 25 m 的中间圆柱体组成,另一种由半径 20 m 的半球形顶面和底面以及高 20 m 的中间圆柱体组成,洞室上方取实际埋深。边界约束条件根据洞室实际受力情况,用轴对称模型进行模拟。计算模型的左右边界受到 x 轴方向的位移约束,模型的地层下部边界受到 y 轴方向的位移约束,地表则为自由边界,未受任何约束。网格划分见图 2-3(d)。本章中规定受拉为正,受压为负。

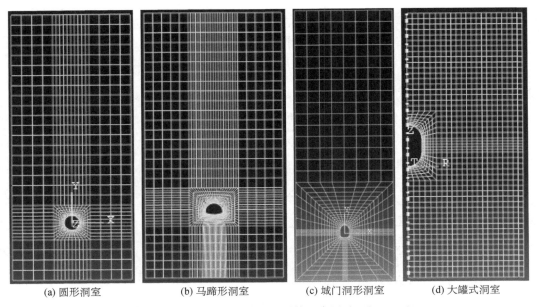

| (a) 圆形洞室 | (b) 马蹄形洞室 | (c) 城门洞形洞室 | (d) 大罐式洞室 |

图 2-3　压气储能洞室有限元网格示意图(埋深 300 m)

计算过程分为三步:第一步,初始地应力平衡;第二步,开挖工况,洞室开挖,围岩应力重分布,提取围岩受力变形值;第三步,充气工况,浇筑衬砌,在衬砌上施加 10 MPa 内压,获得围岩和衬砌的受力变形值。

3. 稳定性判据

围岩整体破坏按破坏形式可以分为受拉破坏、剪切破坏和拉剪复合破坏。采用第一主应力判断受拉破坏,采用剪切塑性区判断剪切破坏。剪切塑性区能反映围岩的危险区域,进而对围岩的稳定性作出评价。对于围岩的整体稳定性而言,局部的塑性不影响整体稳定。计算分析开挖和充气引起的塑性区大小和等效塑性应变的变化,作为各个工况下围岩危险程度的指标。压气储能洞室对密封性有严格的要求,因此,在洞室选型时应同时考虑密封性。压气储能内衬洞室的密封措施是在衬砌内表面布设高分子材料等密封层,因此,将衬砌切向应变作为气密稳定性的重要判据。

综上,对压气储能内衬洞室主要采用剪切塑性区和衬砌应变作为稳定性判据。

4. 圆形洞室的极限稳定性计算结果

针对侧压力系数为 1、埋深为 300 m、直径为 10 m 的圆形洞室进行分析(图 2-4)。开挖工况下,径向应力为受压状态,临空面处为零应力,深入围岩后趋向于初始地应力,距洞轴线 18 m 处围岩应力已达到初始地应力的 91.8%。切向应力为受压状态,临空面处应力值为 −8.42 MPa,随着与洞轴线距离的增加先增大后减小,其值在塑性与弹性交界面上达到最大值,在距洞轴线 5.6 m 处达到最大值 −14.84 MPa。随着与洞轴线距离的增加,切向应力最终趋向于初始地应力。另外,开挖后洞室竖直方向收敛 5.4 mm,水平方向收敛 5.0 mm,地表沉降 1.1 mm。

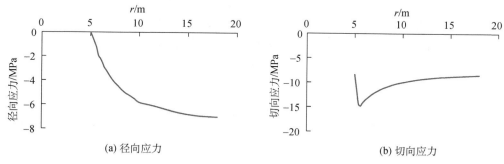

(a) 径向应力　　　　　　　　　　(b) 切向应力

图 2-4　开挖工况下的围岩应力与洞轴线距离 r 的关系

计算获得了充气状态下围岩的径向应力、切向应力(图 2-5)。充气后,围岩的径向应力仍为受压状态,随着与洞轴线距离的增加,振荡减小,并趋向于初始地应力。切向应力也处于受压状态,与衬砌接触处的围岩应力为 −0.2 MPa,在洞壁后 0.54 m 内迅速增加至 −6.23 MPa,随后缓慢增加至初始地应力。

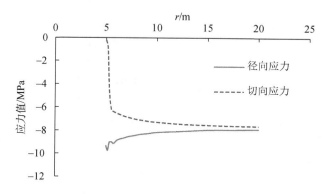

图 2-5　充气工况下围岩应力与洞轴线距离 r 的关系

充气后,洞室竖直方向收敛 −1.1 mm,即与开挖轮廓相比向外扩张,水平方向收敛 −1.1 mm,地表隆起 0.3 mm。充气后,衬砌切向应变为正值,表示为受拉状态,应变为 584～639 $\mu\varepsilon$,而一般混凝土开裂应变为 100 $\mu\varepsilon$。显然在该模拟方案下,充气会使衬砌出现开裂。

2.1.3 不同埋深下洞室的极限稳定性

在侧压力系数为1/3时,比较不同因素对洞室稳定性的影响,以获得合适的洞室形式。开挖工况下比较围岩塑性区,充气工况下比较围岩塑性区和衬砌切向应变。围岩塑性区越小,对洞室稳定越有利;衬砌切向应变越小,洞室密封性相对越好。

1. 圆形洞室

当初始应力场为自重应力场时(取侧压力系数1/3),不同直径的圆形洞室的塑性区大小与洞室开挖直径成正比。由于水平方向应力小于竖直方向应力,故开挖形成的塑性区集中在洞室侧壁上,而且随着埋深增加,塑性区区域不断增大。

当初始应力为自重应力场时(取侧压力系数1/3),塑性区面积与洞室直径大致成正比,充气造成的塑性区集中在洞室顶部和底部,而且随着埋深增加,塑性区区域不断减小。塑性区受洞径影响不明显,充气造成洞周受拉,最大拉应力为1.2 MPa,未出现张拉破坏(表2-3)。

表 2-3　　　　　　不同直径的圆形洞室围岩第一主应力最大值　　　　　　(单位:MPa)

埋深/m	直径/m		
	6	10	15
200	0.94	0.92	0.99
300	1.20	0.76	0.76
500	1.10	0.57	0.93

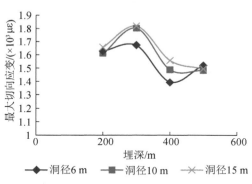

图 2-6　充气工况下圆形洞室最大切向应变
与埋深的关系

充气工况下,圆形洞室衬砌切向应变最大值都出现在洞室顶部和底部附近,最大值受埋深和洞径的影响见图2-6。200 m埋深下,6 m直径洞室切向应变为$1.627×10^3$ $\mu\varepsilon$,10 m直径洞室切向应变$1.607×10^3$ $\mu\varepsilon$,15 m直径洞室切向应变为$1.656×10^3$ $\mu\varepsilon$。三种洞径在200 m埋深下的切向应变相差不多。总体上看,直径较小的洞室切向应变较小。由于侧压力较小,同一洞室不同位置的切向应变相差较大,在200 m埋深下,衬砌切向应变最大值是最小值的6倍。当埋深从200 m增加至300 m甚至500 m时,切向应变减小量有限,当埋深从200 m增至500 m时,最大切向应变减小了4.6%。

2. 马蹄形洞室

在同一深度范围内,压气洞室形成的塑性区随开挖宽度的增大而成比例增加,塑性区主要集中在洞室拱脚和边墙上,并随着埋深增加而逐渐深入围岩。

充气后,塑性区主要出现在拱顶,当埋深较浅时(200 m和300 m),充气引起的塑性区比开挖引起的塑性区大;当埋深为 500 m 时,开挖引起的塑性区比充气引起的塑性区大。当洞宽为 7 m 和 12 m 时,洞室都出现了张拉破坏(表 2-4),可见在该地应力条件下不适合建造马蹄形洞室。

表 2-4　　不同埋深和跨度的马蹄形洞室围岩第一主应力最大值　　（单位:MPa）

埋深/m	跨度/m		
	7	12	18
200	13.0	9.0	1.20
300	4.0	8.4	0.87
500	5.3	6.5	0.93

　　充气工况下,马蹄形洞室衬砌最大切向应变出现在拱脚处。埋深较浅时(200 m),切向应变值相对较大,埋深增加至 400 m 后,最大切向应变随深度增加而减小的变化趋势不明显(图 2-7)。

　　3. 城门洞形

　　模拟的城门洞形截面尺寸为宽 8 m,高12 m。当埋深为 200 m 和 300 m 时,充气工况下的塑性区比开挖工况下的塑性区大,当埋深为 500 m 时,充气工况下的塑性区比开挖工况下的塑性区小。当埋深为 400 m 时,洞周围岩

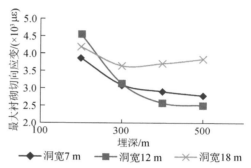

图 2-7　充气工况下马蹄形洞室衬砌最大切向应变与埋深的关系

的塑性发展比较平均。城门洞形洞室围岩没有出现张拉破坏(表 2-5)。

　　充气工况下,不同埋深下城门洞形衬砌切向应变最大值如图 2-8 所示,从图中可以看出,埋深在 400 m 时,切向应变最大值达到最小。在埋深较浅时(200 m 和 300 m),切向应变最大值出现在拱脚,埋深较深时(400 m 和 500 m),切向应变最大值出现在拱顶。

表 2-5　城门洞形洞室围岩第一主应力最大值

埋深/m	第一主应力最大值/MPa
200	0.76
300	0.59
400	0.43
500	0.32

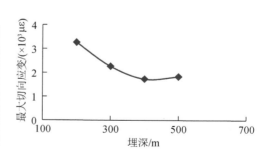

图 2-8　充气工况下城门洞形衬砌最大切向应变与埋深的关系

　　4. 大罐式洞室

　　开挖工况下,当埋深为 200 m 和 300 m 时,围岩基本处于弹性阶段,当埋深为 400 m 时,在边墙上出现塑性区,当埋深为 500 m 时,塑性更加严重。塑性区面积与开挖面积基

本成正比。

充气工况下,大罐式洞室剪切塑性区主要出现在洞室顶部和底部,这一特点与圆形洞室相同。当埋深为 200 m 和 300 m 时,充气形成的塑性区比开挖引起的塑性区大;当埋深为 400 m 时,充气形成的塑性区与开挖形成的塑性区面积十分接近;当埋深为 500 m 时,充气形成的塑性区比开挖引起的塑性区小。从等效塑性应变值来分析,200 m 和 500 m 的等效塑性应变值大于 300 m 和 400 m 的值,其中 300 m 时最小,故在埋深为 300 m 时考虑开挖和充气两种工况的最佳平衡点。两种容积的洞室等效塑性应变基本相同,塑性区面积与洞室面积成正比。不同容积的大罐式洞室围岩第一主应力最大值见表 2-6,从表中数据可以看出,洞周未出现张拉破坏。

表 2-6　　　　　　　　不同容积的大罐式洞室围岩第一主应力最大值　　　　　（单位:MPa）

埋深/m	容积/m³	
	$5×10^4$	$1.0×10^5$
200	0.97	0.99
300	0.76	0.79
500	0.56	0.60

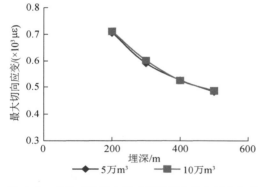

图 2-9　充气工况下大罐式洞室衬砌最大切向应变

充气工况下,两种容积的大罐式洞室衬砌切向应变基本一致,如图 2-9 所示。随着埋深增加,切向应变值明显减小,但是随着埋深增加,切向应变值减小的速率有所减缓。切向应变最大值出现在洞室顶部和底部,这与侧压力系数小于 1 有关。

5. 洞形、埋深比较

为了比较不同洞形的优势,将充气工况下围岩最大等效塑性应变值和衬砌最大切向应变值进行汇总(图 2-10)。

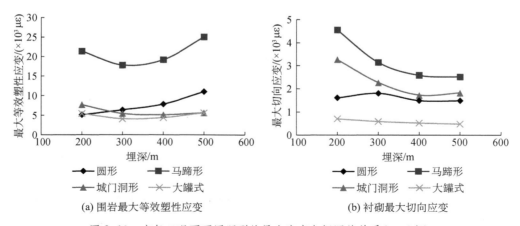

(a) 围岩最大等效塑性应变　　　　　　(b) 衬砌最大切向应变

图 2-10　充气工况下不同洞形的最大应变与埋深的关系($λ=1/3$)

从图 2-10 可以看出,马蹄形洞室在围岩稳定性和气密性方面都处于劣势,大罐式洞室围岩稳定性和气密性是四种洞形中最好的。从埋深来看,马蹄形和大罐式洞室在 300 m 埋深下塑性应变最小,圆形洞室在 200 m 埋深下塑性应变最小,城门洞形在 400 m 和 500 m 埋深下塑性应变最小;所有洞形在埋深 500 m 时衬砌环向变形最小。

2.1.4　不同侧压力系数和埋深下洞室衬砌的抗裂性

为了比较不同洞形的优势和最优埋深,将侧压力系数为 1 和 1.5 时充气工况下最大等效塑性应变值和最大衬砌切向应变值进行汇总,分别如图 2-11 和图 2-12 所示。

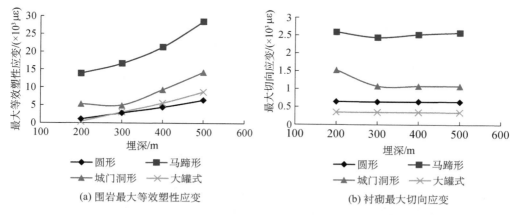

(a) 围岩最大等效塑性应变　　　　(b) 衬砌最大切向应变

图 2-11　充气工况下不同洞形的最大应变与埋深的关系($\lambda = 1$)

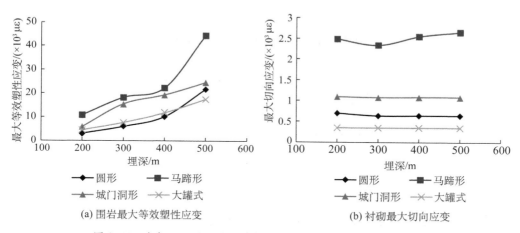

(a) 围岩最大等效塑性应变　　　　(b) 衬砌最大切向应变

图 2-12　充气工况下不同洞形的最大应变与埋深的关系($\lambda = 1.5$)

当侧压力系数为 1 时,200～500 m 埋深下不同洞形的塑性应变随埋深增加而增加,所以不同洞形的洞室围岩塑性区主要是开挖造成的,较侧压系数小于 1 时的塑性区成因有所区别。可以看出,马蹄形洞室在围岩稳定性和气密稳定性方面都处于劣势,圆形洞室和大罐式洞室为最优洞形。在该地应力条件下,所有洞形在埋深为 200 m 时围岩塑性应变最小,衬砌环向变形随埋深变化不明显。

当侧压力系数为 1.5 时，200～500 m 埋深下不同洞形的洞室围岩塑性应变随埋深增加而增加，故围岩塑性区主要是开挖造成的。从图中可以看出，马蹄形洞室在围岩稳定性和气密稳定性方面都处于劣势，圆形洞室和大罐式洞室的稳定性和密封性都较好。在该地应力条件下，所有洞形在埋深为 200 m 时围岩塑性应变最小，衬砌环向变形随埋深变化不明显。

参考《水工混凝土结构设计规范》(SL 191—2008) 中的裂缝宽度计算方法，求得压气储能洞室中衬砌最大裂缝宽度 w_{max}：

$$w_{max} = \frac{2.7\sigma_{sk}}{E_s}\left(30 + c + 0.07\frac{d}{\rho_{te}}\right) \tag{2-7}$$

式中　σ_{sk}——按荷载标准值计算的构件纵向受拉钢筋应力，N/mm^2；

$\quad\quad E_s$——纵向受拉钢筋的弹性模量，MPa；

$\quad\quad c$——最外层纵向受拉钢筋外边缘至受拉区边缘的距离（取 50 mm），mm；

$\quad\quad d$——钢筋直径，mm；

$\quad\quad \rho_{te}$——纵向受拉钢筋的有效配筋率。

计算获得了圆形洞室在不同埋深下衬砌的最大切向应变（表 2-7）。从表中可以看出，当侧压力系数为 1/3 时，圆形洞室的最大切向应变在 $1.48\times10^3 \sim 1.80\times10^3$ $\mu\varepsilon$ 之间，而当侧压力系数为 1 或 1.5 时，圆形洞室的最大切向应变在 640～700 $\mu\varepsilon$ 之间。若配置钢筋 22@100，则侧压力系数为 1/3 时，洞室在充气后的衬砌裂缝宽度至少为 0.72 mm，而侧压力系数为 1 或 1.5 时，衬砌裂缝宽度约 0.31 mm。由此可见，常规的混凝土衬砌无法满足限裂要求。

表 2-7　　　　　不同埋深和地应力条件下衬砌的最大切向应变($\times10^3$ $\mu\varepsilon$)

侧压力系数	埋深/m			
	200	300	400	500
1/3	1.607	1.802	1.489	1.483
1	0.642 1	0.638 5	0.639 2	0.640 6
1.5	0.697 1	0.636 8	0.639 2	0.638 5

2.1.5　多排压气储能内衬圆形洞室间距的影响

《水工隧洞设计规范》(DL/T 5195—2004) 中规定多个洞室间距不宜小于 2 倍开挖洞径，岩体较好时可适当减小，但不应小于 1 倍开挖洞径。压气储能洞室与水工隧道的受力特性类似。压气储能洞室需要考虑开挖时的稳定性和充气时的稳定性，为了快速找出合理的洞室间距，考虑最不利工况，分析 200 m 和 500 m 埋深下洞室的塑性区分布。洞室间距分别取 1 倍、2 倍和 3 倍洞径，通过洞室塑性区评价洞室稳定性。计算中分别考虑了侧压力系数为 1/3，1 和 1.5，洞室为圆形，直径 10 m，Ⅱ 级围岩，内压 10 MPa。

计算获得了当洞室间距为 1 倍洞径时，200 m 和 500 m 埋深下多排洞室在 10 MPa 内压作用下的塑性区。埋深为 200 m 时,洞室群未出现整体破坏,当侧压力系数为 1/3 时,多排洞室的边洞出现较大塑性区,相对来说,中间洞室的塑性区小很多;当侧压力系数为 1 和 1.5 时,洞室塑性区未连通,且受洞室间距影响不明显。埋深为 500 m 时,当侧压力系数为 1/3 时,洞室间塑性区连通,洞室群出现整体破坏;当侧压力系数为 1 和 1.5 时,洞室塑性区未连通,且受洞室间距影响不明显。

计算获得了当洞室间距为 2 倍洞径时,200 m 和 500 m 埋深下多排洞室在 10 MPa 内压作用下的塑性区。埋深为 200 m 时,洞室群未出现整体破坏,当侧压力系数为 1/3 时,多排洞室的边洞出现较大塑性区,相对来说,中间洞室塑性区小很多;当侧压力系数为 1 和 1.5 时,洞室塑性区未连通,且受洞室间距影响不明显。埋深为 500 m 时,洞室群未出现整体破坏,在不同侧压力系数作用下,洞室塑性区未连通,且受洞室间距影响不明显。

2.1.6　压气储能内衬洞室的洞形选择

通过对洞室稳定性影响因素的研究,获得了不同侧压力系数下各种形式洞室的计算结果,从中可以选择出稳定性好和易于密封的洞室,并提出压气储能洞室稳定性准则。

对不同侧压力系数下不同洞形在不同埋深下的稳定性进行评分评价(表 2-8),满分为 100 分,围岩稳定性占 80 分,气密稳定性占 20 分。围岩稳定性参考指标为最大等效塑性应变,最优方案 80 分,最差方案 0 分,其他方案线性插值。气密稳定性参考指标为最大衬砌切向应变,最优方案 20 分,最差方案 0 分,其他方案线性插值。

表 2-6—表 2-8 对应了最优的洞室尺寸:圆形洞室为 10 m 直径,马蹄形洞室为洞宽 12 m、高 8.7 m,城门洞形为宽 8 m、高 12 m,大罐式洞室为 5 万 m³。

表 2-8　　　　　　　　　　　　不同侧压力系数 λ 下洞室选型

λ	埋深/m	圆形	马蹄形	城门洞形	大罐式
1/3	200	85.4	41.9	72.9	89.1
	300	82.2	55.1	81.7	92.1
	400	81.0	55.3	84.7	91.8
	500	75.3	44.9	83.4	89.8
1	200	97.4	64.8	85.5	100.0
	300	94.2	60.5	88.2	95.2
	400	91.3	51.7	80.3	90.6
	500	87.6	38.2	71.3	84.9
1.5	200	93.5	71.0	86.6	92.6
	300	88.5	58.2	69.2	86.8
	400	81.0	49.8	62.2	79.4
	500	59.9	9.0	52.5	69.1

2.2 压气储能内衬洞室的衬砌形式及其力学特征

2.2.1 压气储能内衬洞室的衬砌形式

在 10 MPa 的内压作用下,所有形式的压气储能内衬洞室衬砌都超过了其抗拉强度,发生了开裂,这容易造成衬砌内壁上的高分子密封材料被刺破,对洞内高压气体的密封十分不利。对圆形洞室衬砌的裂缝宽度计算表明,常规的钢筋混凝土衬砌的裂缝宽度大于 0.2 mm 的限裂设计要求。因此,必须寻找合适的衬砌形式或者施工方法,控制衬砌的环向变形。

一般地下洞室形式按衬砌方式可分为无衬、喷锚衬砌、混凝土衬砌(包括钢筋混凝土衬砌)、钢板衬砌等几种基本类型。钢筋混凝土衬砌又分为常规混凝土衬砌、环锚式预应力衬砌、灌浆式预应力衬砌和分块式衬砌。由于需要在洞室内表面铺设密封层,所以无衬和喷锚衬砌不适用于压气储能洞室。本节对可能用于压气储能洞室衬砌的不同衬砌形式进行介绍,分析这些衬砌形式在高内压作用下的力学特性,探究不同衬砌形式在10 MPa高内压作用下是否能满足环向变形控制要求。

1. 环锚式后张法预应力衬砌

环锚式后张法预应力衬砌是通过对衬砌中的钢绞线张拉使混凝土衬砌受到挤压,在衬砌截面上形成预压应力的衬砌结构。常见的直线预应力是靠锚固端挤压构件形成的,而环形预应力主要是通过预应力筋束挤压孔道壁形成预压应力。环锚式预应力衬砌的特点是充分利用了混凝土的抗压性能,提高了其抗拉能力。目前,预应力混凝土压力管道以及预应力有压隧洞一般都采用环锚式后张法进行施工,这两种结构与压气储能洞室的受力特点相似。

环锚式后张法预应力衬砌根据衬砌和预应力筋是否黏结在一起分为有黏结体系和无黏结体系。

国内已有数个有压隧洞采用了环锚式后张法预应力衬砌形式(表 2-9),由表可见,在水工隧洞中,该衬砌形式比较常见。水工隧洞与压气储能洞室的区别在于,大多水工隧洞所受内压较小或者洞径较小,而压气储能洞室的最高内压可达 10 MPa,压气储能洞室的稳定性要求和密封性要求比水工隧洞更高。因此,环锚式后张法预应力衬砌形式能否满足压气储能洞室的运行要求,仍要做进一步的研究。

表 2-9　　　　　　　　　　国内环锚式后张法预应力衬砌工程应用

工程名称	建设年代	内压/MPa	预应力形式	锚固形式
清江隔河岩水利工程引水隧洞	1991	1.0	后张法有黏结 单圈 12Φ15.2@400 mm	群锚和环锚
天生桥一级水电站引水隧洞	1998	1.3	后张法有黏结 单圈 14Φ15.24@330 mm	环锚
黄河小浪底水利枢纽工程排沙洞	1999	1.2	后张法无黏结 双圈 8Φ15.7@500 mm	环锚

工程名称	建设年代	内压/MPa	预应力形式	锚固形式
大伙房水库输水工程	2003—2008	0.5	后张法无黏结 双圈4Φ15.24@470 mm	环锚
山西西龙池抽水蓄能 电站引水隧洞	2003—2008	1.66	后张法无黏结 双圈8Φ15.2@500 mm	环锚

2. 灌浆式预应力衬砌

压气储能洞室的衬砌结构在高内压作用下会产生拉应变,导致衬砌开裂,而普通混凝土衬砌无法满足结构稳定性和密封性要求。为了解决这个问题,可以利用混凝土抗压性能好的特点,采用高压灌浆,对衬砌施加预应力,使衬砌内产生等于或接近于在运行工况下产生的与拉应力相反的压应力。

灌浆式预应力是利用围岩的弹性抗力,在衬砌混凝土环与围岩之间的空隙内灌浆挤压衬砌混凝土环形成。高压水泥浆能填塞可以进浆的裂隙,压密不进浆的微裂隙,如此可以改善围岩的应力状态和变形特性,使围岩成为衬砌的外围约束圈。所以,高压灌浆能同时产生衬砌压缩作用和围岩约束作用,将衬砌与围岩组合成为共同承受内水(空气)压力的统一结构体。这种结构的优点是:①充分利用了混凝土的抗压强度,克服其抗拉强度低和极限拉伸率小的弱点;②能最大限度地利用围岩的承载能力。确保灌浆式预应力长期有效的必要条件是:上覆岩体具有足够的强度和厚度,围岩比较完整、弹性好,否则会因蠕变而达不到预期效果。

灌浆式预应力衬砌按施工方法可分为三类:内圈环形灌浆式衬砌、环形管灌浆式衬砌和钻孔高压灌浆式衬砌,见图 2-13。

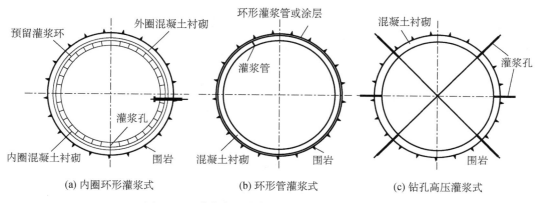

图 2-13 灌浆式预应力衬砌类型(赵长海,1999)

（1）内圈环形灌浆式衬砌。由两层衬砌组成,内圈"环形衬砌"和外圈"围岩衬砌"。这两层衬砌之间要预留出供灌高压水泥浆用的环形空隙。这种衬砌的优点是内圈衬砌的预压应力比较均匀。但是,内圈环形灌浆式衬砌对施工的精度要求高,且灌浆时止浆困难,其造价较高。如果灌浆时外圈不开裂,围岩的性能得不到改善,则外圈只起传递荷载的垫层作用。因此,内圈环形灌浆式衬砌适用于地质条件好、直径较小的隧洞。

（2）环形管灌浆式衬砌。施工时，衬砌不预留灌浆缝，而是贴着岩面预埋环形灌浆管，管上有射浆孔，在高压灌浆时，压力迫使混凝土衬砌与围岩之间的接触缝自行张开并充填浆液，同时浆液也挤入围岩裂隙中，既对衬砌产生应力，也使围岩得到了加固。为使围岩与衬砌之间的缝隙容易张开，可在浇筑混凝土之前在围岩上刷石灰水或涂脱模剂。

（3）钻孔高压灌浆式衬砌。通过隧洞径向钻孔进行高压灌浆，使衬砌获得预压应力，同时围岩也被压缩和固结。目前，钻孔高压灌浆的压力多用 3.0～4.0 MPa，最高达 8.0 MPa。这种衬砌的施工方法和工艺过程比较简单，但工艺性较强，要取得良好的预应力效果，需要注意以下两点：①为了使衬砌获得均匀的预应力，并充分固结岩体和改善围岩的各向异性，要尽可能地保证衬砌厚度均匀，并且要尽可能薄；②预应力灌浆时，为了在一段长度上使衬砌背面同时受到均匀的灌浆压力，并且使衬砌预应力的损失最小，要选择符合要求的浆液、合理的灌浆程序和严格的控制标准。

灌浆式预应力衬砌主要用于压力引水隧洞中，而压力引水隧洞与压气储能洞室受力特点相似。灌浆式衬砌在国内有许多成功案例，资料较详细的有南阳回龙电站高压隧洞，白山水电站压力引水隧洞（最大内水压力 3 MPa，灌浆压力 2.5 MPa）（孙景林，1983），宝泉抽水蓄能电站岔管和下平洞（最大水头 500 m，灌浆压力 3.0～8.5 MPa）（朱建峰，2011）。

3. 分块式衬砌

日本在 450 m 埋深下的砂质泥岩中开挖了内径 6 m 的试验洞（Hori 等，2003），衬砌由 16 块管片组成，在衬砌内侧加 3 mm 厚的橡胶密封板，衬砌间缝隙采用天然橡胶密封（图 2-14）。通过现场测试，得出该方案安全可行，在 8 MPa 内压下，运行 90 d 后，衬砌间最大

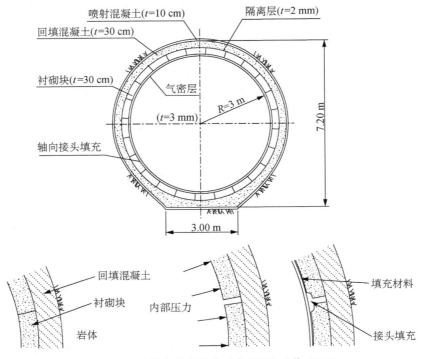

图 2-14　分块式衬砌结构示意图（Hori 等，2003）

缝隙为 1.7 mm,通过监测获得了气体日泄漏率只有 0.2%。该衬砌与常规钢筋混凝土衬砌相比,其优点在于,裂缝位置可控,只要缝隙处理得当,就可以保证整个衬砌的密封性。但是该试验洞室的衬砌管片间没有相互连接,这在洞室放空时可能会出现安全问题,改进措施有:①在管片间增加固定螺栓;②现场浇筑分块式衬砌,不同衬砌块间由环向钢筋连接。

2.2.2 数值模拟方案和过程

在埋深 200~500 m 的Ⅱ级围岩中开挖一直径为 10 m 的圆形洞室,分别采用环锚式预应力衬砌、灌浆式预应力衬砌、分块式浇筑衬砌形式,最大运行内压 10 MPa。根据规范要求,预应力衬砌最小厚度为 0.6 m,故取衬砌外径 5 m,内径 4.4 m,采用 C40 混凝土,预应力筋采用双圈 8 根 Φ15.2(间距 0.5 m)。采用有限元软件计算不同衬砌形式在不同工况下衬砌的受力变形。

围岩采用弹塑性模型,屈服准则为莫尔-库仑准则,衬砌采用线弹性模型。Ⅱ级围岩和衬砌混凝土的物理力学参数见表 2-2。预应力筋材料采用高强低松弛的 1860 级无黏结钢绞线束(1×7-15.20-1860-GB/T 5224—2003),共 8 束,布设 2 圈,预应力筋距衬砌内表面 0.5 m,相邻预应力筋间距 0.5 m。钢绞线的物理力学参数见表 2-10。

表 2-10 　　　　　　　　　　　　　　钢绞线物理力学参数

等级	公称直径 D_n/mm	钢绞线参考截面面积 S_n/mm²	每米钢绞线参考质量/g	E/GPa
1860	15.20	140	1 101	195

利用 ABAQUS 有限元软件,采用平面应变模型进行计算(为节省计算量,取一半模型进行计算)。其中钢筋和预应力筋采用杆单元模拟,通过温度法(即降低温度使其产生拉应力)施加预应力,左右边界和下边界取 3 倍洞径,模型宽度 50 m,高度取自然地坪,左右边界和下边界为法向边界。混凝土衬砌和围岩采用八节点四边形单元模拟。局部围岩和衬砌网格划分如图 2-15 所示。

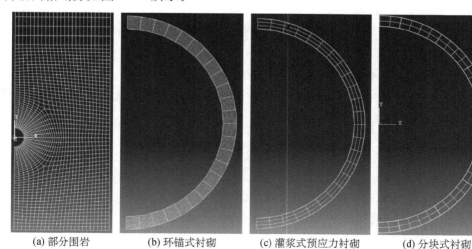

(a) 部分围岩　　　　(b) 环锚式衬砌　　　　(c) 灌浆式预应力衬砌　　　　(d) 分块式衬砌

图 2-15　衬砌洞室网格划分

计算环锚式预应力衬砌时,需利用已有的工程经验,先假定预应力筋的数量和间距,然后不断调整预应力筋的数量和间距,使其衬砌满足设计要求。计算灌浆式预应力衬砌时,分析重点在围岩和衬砌上,所以不对浆液进行分析。预应力施加时,先在围岩内表面和衬砌外表面施加灌浆压力,然后对应变清零,继续下一步计算。

分块式浇筑衬砌由 16 块混凝土块组成,衬砌厚度 50 cm。钢筋采用 Φ22@150 mm,双层配筋,保护层厚度 50 cm。衬砌和围岩间采用绑定约束,混凝土块之间采用面面接触,摩擦系数为 0。

计算过程分四步:

(1) 初始地应力平衡;

(2) 洞室开挖,地应力重分布;

(3) 施作衬砌,施加预应力,提取出施工工况的衬砌受力变形值;

(4) 洞室充气,提取出充气工况下的衬砌受力变形值和衬砌裂缝值。

2.2.3 环锚式后张法预应力衬砌的力学特性

1. 施工阶段和检修阶段应力验算

$$\sigma_{ct} \leqslant f'_{tk} \tag{2-8}$$

$$\sigma_{cc} \leqslant 0.8 f'_{ck} \tag{2-9}$$

式中 σ_{cc}, σ_{ct} ——计算截面边缘的混凝土压应力、拉应力,MPa;

     f'_{tk}, f'_{ck} ——施工阶段混凝土轴心抗拉、抗压强度标准值,MPa。

施工工况中,在有效应力为 1 100 MPa 的预应力筋的作用下,衬砌环向受压,最大值出现在内表面,为 -8.785 MPa,一般混凝土都能满足要求。在预应力筋内侧至衬砌内壁,径向受压,压应力递减,最大压应力为 -0.83 MPa;在预应力筋外侧至衬砌外壁,径向受拉,拉应力递减,最大拉应力为 0.34 MPa,小于抗拉强度。

当衬砌外不设外排水时,外水压力将由衬砌承担。根据《水工隧洞设计规范》(SL 279—2016)中的规定,对外水压力取折减系数 0.4,则 300 m 水头对应的水荷载为 -1.2 MPa,将对衬砌产生 -10 MPa 的压应力,衬砌最大压应力将达到 -18.3 MPa,C40 混凝土不会发生破坏。

2. 充气工况(洞内气压 10 MPa)应力验算

对抗裂等级为二级,即在一般情况下不出现裂缝的构件,在荷载效应标准组合下,正截面混凝土法向应力应符合下列规定:

$$\sigma_{ck} - \sigma_{pc} \leqslant 0.7 \gamma f_{tk} \tag{2-10}$$

式中 σ_{ck} ——计算截面边缘的混凝土法向应力,MPa;

     σ_{pc} ——计算截面边缘的混凝土有效预压应力,MPa;

     γ ——受拉区混凝土塑性影响系数,按小偏心受拉构件取 1;

     f_{tk} ——混凝土轴心抗拉强度标准值,MPa。

充气后,在 10 MPa 的内压作用下,径向应力在衬砌内表面为 -10 MPa,在外表面传递给围岩的压力为－6.7 MPa。衬砌环向受拉,最大值出现在内表面,应力达到－8.307 MPa,远超过一般混凝土的抗拉强度,衬砌开裂。衬砌径向受压,内表面径向应力为最大值－10 MPa。

3. 许用内压计算

上述计算中,预应力值为1 100 MPa,预应力筋数量和间距都接近极限,基本已达到环锚式预应力衬砌的极限承载力,在该情况下,衬砌仍将发生开裂。将内压减小,不断试算,使衬砌应力满足强度要求,最后得出结论:在有效预应力1 100 MPa的双圈8根Φ15.2(间距0.5 m)钢筋的作用下,在埋深300 m的Ⅱ级围岩中,外径10 m、厚0.6 m的环锚式预应力衬砌能承载的最大内压为5.1 MPa。当内压为5.1 MPa时,衬砌切向应力为受压,内表面处最小,接近于零。

4. 构造要求

压气储能洞室的构造要求可参考《水工隧洞设计规范》(DL/T 5195—2004):

(1)衬砌最小厚度不宜小于0.6 m;

(2)环锚式衬砌分有黏结后张预应力和无黏结后张预应力,设计时宜优先选用无黏结后张预应力;

(3)预应力混凝土衬砌的设计参数,应通过试验确定。钢筋(锚束)的张拉控制应力 σ_{con} 不宜低于 $0.70 f_{ptk}$(f_{ptk} 为极限抗拉强度标准值);

(4)预应力钢筋(锚束)布设在衬砌外缘,其间距由计算决定,但不宜大于0.5 m;

(5)锚具的设置位置宜错开布置。

2.2.4　灌浆式预应力衬砌的力学特性

压气储能洞室对预应力混凝土构件的要求可参照《水工隧洞设计规范》(SL 279—2016)。在正常运行过程中,衬砌结构应在受压状态下工作,应满足如下要求:

$$\sigma_{tp} + \sigma_{tq} \leqslant 0 \qquad (2\text{-}11)$$

式中　σ_{tp}——内水压力使衬砌结构产生的切向拉应力,kPa;

　　　σ_{tq}——灌浆压力使衬砌结构产生的切向压应力,kPa。

灌浆过程中,衬砌结构的内缘切向压应力应小于混凝土轴心抗压设计强度的0.8倍:

$$\sigma_{tq} \leqslant 0.8 f_c \qquad (2\text{-}12)$$

式中　f_c——混凝土轴心抗压设计强度,kPa。

当围岩强度和地应力条件较差时,需要增加灌浆压力才可保证衬砌能承受10 MPa的高内压。但是灌浆压力越大,对衬砌的要求也越高,通过计算分析得到了不同埋深、不同侧压力系数下所需的混凝土强度(表2-11)。当侧压力系数为1/3时,所需的灌浆压力较大,洞室埋深至少500 m,混凝土强度至少为C80。当侧压力系数为1或1.5时,200~500 m埋深都满足要求,混凝土强度至少为C50。

表 2-11　不同埋深和侧压力系数下灌浆式预应力衬砌所需混凝土强度

侧压力系数	埋深/m			
	200	300	400	500
1/3	无法满足	无法满足	无法满足	C80
1	C50	C50	C50	C50
1.5	C50	C50	C50	C50

对侧压力系数为 1 时埋深 300 m 和侧压力系数为 1/3 时埋深 500 m 的灌浆预应力衬砌洞室进行深入分析。

1. 侧压力系数为 1 时埋深 300 m

在 1.7 MPa 有效灌浆应力作用下,衬砌径向应力从外表面到内表面逐渐减小,压应力值从 -1.725 MPa 减至接近于零。衬砌切向应力从外表面到内表面逐渐增加,压应力值从 -16.19 MPa 增加至 -17.90 MPa。从计算结果来看,最大压应力值为 -17.90 MPa,需要 C50 混凝土才能满足设计要求。

当衬砌外不设外排水时,外水压力将由衬砌承担。根据《水工隧洞设计规范》(SL 279—2016)中的规定,对外水压力取折减系数 0.4,则 300 m 水头对应的水荷载为 -1.2 MPa,将对衬砌产生 -12 MPa 的压应力,衬砌最大压应力将达到 -29.9 MPa,C80 混凝土也无法满足设计要求,所以需要设外排水措施。

运行后,衬砌内表面受到 10 MPa 的内压作用,衬砌应力发生了变化。衬砌径向受压,应力从内表面至外表面逐渐减小,压应力值从 -10 MPa 减小至 -9.05 MPa。环向压应力在外表面最大,为 -16.9 MPa。衬砌环向受压,最小值位于侧壁内表面,最大值位于拱顶外表面。侧壁上的环向压应力比洞室顶部和底部的压应力小一些,这主要是由模型的边界条件造成的。与施工工况相比,充气后衬砌径向压应力变大,但未超过安全范围,环向压应力变小,未出现受拉,满足设计要求,能为密封材料提供可靠的支撑。

2. 侧压力系数为 1/3 时埋深 500 m

在 2.7 MPa 的有效灌浆应力作用下,衬砌径向应力从外表面到内表面逐渐减小,压应力值从 -2.74 MPa 减至接近于零。衬砌切向应力从外表面到内表面逐渐增加,压应力值从 -25.7 MPa 增加至 -28.4 MPa。从计算结果来看,最大压应力值为 -28.4 MPa,需要 C80 混凝土才能满足设计要求。

运行后,衬砌内表面受到 10 MPa 的内压作用,衬砌应力发生了变化。衬砌径向受压,但最大值和最小值都出现在拱顶,最大值为 -11.2 MPa,超过了洞内压力。这是因为洞室顶部存在塑性区,该部分衬砌将有外凸的变形趋势,造成塑性区与弹性区交界处的衬砌出现应力集中,而处于塑性区内的衬砌应力又相对较小。衬砌环向受压,最小值位于拱顶外表面,为 -0.8 MPa。与施工工况相比,充气后衬砌径向压应力变大,但未超过安全范围,环向压应力变小,未出现受拉,满足设计要求,能为密封材料提供可靠的支撑。

2.2.5　分块式浇筑衬砌的力学特性

现场浇筑分块式衬砌,不同衬砌块间由环向钢筋连接。由于相关规范中没有分块式衬砌的特别说明,根据分块式衬砌的受力特点,应与常规钢筋混凝土衬砌要求一致,即满足混凝土抗压强度、钢筋抗拉强度。

计算得到了16块混凝土管片组成衬砌的缝隙宽度(表2-12)和侧压力系数为1/3、埋深200 m下的钢筋应力。当侧压力系数为1/3时,最大缝隙出现在洞室顶部;当侧压力系数为1或1.5时,最大缝隙出现在洞室侧壁。

从表2-12中可以看出,当侧压力系数为1/3时,200 m埋深处裂缝最大为0.84 mm,该值小于日本试验洞室1.7 mm的测试值,衬砌裂缝随埋深增加而减小,埋深从200 m增加至500 m,裂缝宽度减小了13%;当侧压力系数为1或1.5时,随着埋深变化,衬砌裂缝始终保持在0.64 mm。与常规混凝土衬砌相比,分块式衬砌的缝隙宽度更大。

由于侧压力系数为1/3、埋深200 m时的洞室衬砌裂缝宽度最大,所以该洞室的钢筋拉应力也最大。裂缝处的钢筋拉应力最大值为419.2 MPa,需要HRB500钢筋才能满足要求。

表 2-12　　　　　　　　充气后 16 块分块式衬砌最大裂缝宽度　　　　　　(单位:mm)

侧压力系数	埋深/m			
	200	300	400	500
1/3	0.84	0.82	0.77	0.73
1	0.64	0.64	0.64	0.64
1.5	0.64	0.64	0.64	0.64

当衬砌外不设外排水时,外水压力将由衬砌承担。根据《水工隧洞设计规范》(SL 279—2016)中的规定,对外水压力取折减系数0.4,则500 m水头对应的水荷载为—2 MPa,将对衬砌产生—20 MPa的压应力,衬砌最大压应力将达到—20 MPa,混凝土强度至少为C45才能满足设计要求。

2.2.6　不同衬砌形式特性比较

无衬和喷锚衬砌洞室的密封方式只能选择水幕,因此这两种衬砌形式的推广有局限性,而钢衬密封技术较为成熟,但材料成本较高。压气储能洞室可能采用的衬砌形式有钢衬、钢筋混凝土衬砌、环锚式预应力衬砌、灌浆式预应力衬砌和分块式衬砌,这五种衬砌形式各有所长(表2-13)。

不同衬砌形式的受力特点不同,破坏时的危险性有所区别,因此分析时采用的标准也有所不同。比较10 m直径的圆形洞室不同衬砌形式在10 MPa高内压作用下的力学特性(表2-13),得出灌浆式预应力衬砌的环向变形控制最佳,最适合作为压气储能洞室衬砌。

表 2-13 不同衬砌形式特性比较

衬砌形式	钢衬	常规钢筋混凝土衬砌	环锚式预应力衬砌	灌浆式预应力衬砌	分块式衬砌
密封性能	可靠	衬砌产生裂缝,为密封材料提供支撑,但不可靠	衬砌产生裂缝,但相对较小,为密封材料提供支撑,较可靠	衬砌不产生裂缝,为密封材料提供可靠支撑	主要取决于填充物的可靠性
稳定性	放空情况下的稳定性不好	在控制裂缝的前提下保证稳定性	在控制裂缝的前提下保证稳定性	灌浆时需使洞周灌浆压力均匀分布,以保证衬砌安全	在控制裂缝的前提下保证稳定性
耐久性	易腐蚀	钢筋易腐蚀	较好	预应力易消散	钢筋易腐蚀
环向受力变形控制要求		裂缝宽度小于0.2 mm	应力小于抗拉强度	应力	
10 MPa 高内压内衬洞室的力学响应特性		侧压力系数为1/3 时,洞室在充气后的衬砌裂缝宽度至少为0.72 mm,而侧压力系数为1 或 1.5 时,衬砌裂缝宽度约0.31 mm,超过要求值	能承受的最大内压为 5 MPa	当侧压力系数为1/3 时,洞室埋深至少 500 m,衬砌强度至少为C80;当侧压力系数为1 或 1.5 时,衬砌强度至少为 C50	缝隙宽度在0.64~0.84 mm之间,不满足0.2 mm 的限裂设计要求,但是比日本试验裂缝值1.7 mm小,有可行性

第3章 高内压和温度耦合作用下压气储能内衬洞室的力学响应

压气储能内衬洞室的稳定性需着重考虑温度和内压引起的应力变化,对此目前只有Rutqvist 等(2012)做了较系统的研究,他们采用数值模拟(TOUGH-FLAC)获得洞室的热力耦合性能,由于采用实体单元代表洞室内气体的充放,进而能够相对直接地研究洞室的热力过程,但也正是由于实体化,空气实体单元与衬砌实体单元固接,表明空气与衬砌热量传递采用热传导方式,其数值模型无法考虑洞室内气体与周围结构的对流换热,这将给温度场计算带来较大的误差(Kushnir,2012b),并最终极大地影响应力场的求解。另外,他们的数值模拟只有计算结果,还缺少一定的解析对照。

本章提出了一种地下压气储能内衬洞室温度场的解析计算方法,并以此解析方法为基础,提出了计算内压和温度引起的地下岩石内衬洞室应力场的解析方法。得到的温度场和应力场解析计算方法能够为储气系统中衬砌材料、密封材料、围岩的耐久性和长期稳定性提供计算基础,以及为地下压气储能内衬洞室中应用的多场耦合数值模拟提供对照,并最终服务于压气储能内衬洞室设计和可行性分析。同时,本章建立了高内压和温度耦合作用下内衬洞室的热力耦合数值模型,分析高内压和温度作用时不同密封形式下(钢衬、气密性混凝土和高分子材料密封层)内衬洞室的温度场以及结构受力变形特征。

3.1 压气储能内衬洞室温度场解析解

首先假定地下岩石内衬洞室只由密封层、衬砌和围岩组成,然后建立温度场和气体内压计算的基本方程,并根据拉普拉斯变换和叠加原理得到压气储能充、放气循环过程中的温度和气压变化。

3.1.1 内压及温度场控制方程

1. 压气储能内衬洞室概念模型

目前,压气储能内衬洞室存在两种可能的形式(Kushnir 等,2012b),一为隧道式,二为大罐式,如图 3-1 所示。

为了计算方便,采用一种压气储能的概念模型,从而略去了许多与天然气储库类似的构造,如排水区和滑动层等,只关注与稳定性密切相关的部分,最终考虑洞室稳定系统由密封层、衬砌和围岩组成(图 3-2)。为获得气体内压和温度引起的附加应力场,首先要求解洞室内的压强及洞室周围的温度场。

2. 基本假设

为了公式推导的简化,作如下假设:

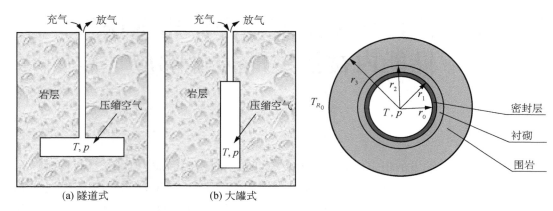

(a) 隧道式	(b) 大罐式	

图 3-1 压气储能地下岩石内衬洞室形式   图 3-2 传热模型示意图

（1）密封层、衬砌和围岩为均质、各向同性介质；

（2）不考虑衬砌与围岩、密封层与衬砌之间的热阻，在接触良好的情况下，这两种接触的热阻非常小，可以忽略接触热阻的影响；

（3）由于大的洞室空间和相对较低的空气循环速率、温度变化率，认为洞室内空气温度、压强、密度在空间内不变，只与时间有关；

（4）洞室位于硬岩内，认为洞室体积不变；

（5）围岩外部为恒温层；

（6）洞室内气体先达到一定的温度和压强后才开始充气和放气循环；

（7）洞室长度与半径比值很大，将传热过程考虑为径向上的一维传热。

3. 洞室围岩、衬砌及密封层传热模型

对于岩石内衬洞室，在密封层、衬砌和围岩内，满足传热控制方程：

$$\rho_j c_{pj} \frac{\partial T_j}{\partial t} = \frac{1}{r} \frac{\partial}{\partial r} \left(k_j r \frac{\partial T_j}{\partial r} \right), \quad r_{j-1} < r < r_j \ (j=1, 2, 3) \tag{3-1}$$

式中 ρ_j，c_{pj}，k_j，T_j ——第 j 层介质的密度、比定压热容、导热系数和温度，$j=1$，2，
                         3 分别代表密封层、衬砌和围岩；

         r_{j-1}，r_j ——第 j 层介质的内边界半径和外边界半径。

求解式（3-1）需要的边界条件有：

$$\begin{cases} -k_1 \dfrac{\partial T_1}{\partial r} = h_c (T - T_1), & r = r_0 \\[2mm] T_3 = T_{R_0}, & r = r_3 \end{cases} \tag{3-2}$$

式中 T ——洞室内空气温度；

         h_c ——密封层与空气的平均传热系数；

         T_{R_0} ——围岩外部恒温层温度。

求解式（3-1）需要的连续性条件有：

$$\begin{cases} T_j = T_{j+1}, & r = r_j \, (j = 1, 2) \\ -k_j \dfrac{\partial T_j}{\partial r} = -k_{j+1} \dfrac{\partial T_{j+1}}{\partial r}, & r = r_j \, (j = 1, 2) \end{cases} \tag{3-3}$$

在进行洞室内气体充放循环前,密封层、衬砌和围岩内的温度相等,在压气储能开始时的温度初始条件如下:

$$T_j = T_{R_0}, \quad t = 0 \ (j = 1, 2, 3) \tag{3-4}$$

根据式(3-2)可知,要求解密封层、衬砌以及围岩的温度,必须知道洞室内气体温度的变化情况,因此需建立洞室内气体温度的数学求解模型。

4. 洞室内气体压强、温度求解模型

由于密封层的密封性以及衬砌的低渗透率,洞室内气体泄漏对气压以及温度的影响可以忽略不计。以温度、密度作为气体状态变量,由洞室内气体的质量守恒可以得到(Kushnir 等,2012b):

$$V \frac{\mathrm{d}\rho}{\mathrm{d}t} = (F_i + F_e)\dot{m}_c \tag{3-5}$$

式中　V——洞室体积;

　　　ρ——洞室内空气密度;

　　　i, e——洞室入口和出口处的气体状态;

　　　$(F_i + F_e)\dot{m}_c$——洞室内气体的瞬时质量变化率,$F_i\dot{m}_c$ 和 $F_e\dot{m}_c$ 分别为空气进入、排出的质量变化率,$\dot{m}_c$ 为空气压缩机总空气流动速率。

$F_i + F_e$ 在一个典型的压气储能循环过程中的变化如图 3-3 所示。图中,$t_1 - 0$ 是充气过程的时间;$t_2 - t_1$ 是充气后储存阶段的时间;$t_3 - t_2$ 是放气过程的时间;$t_p - t_3$ 是放气后储存阶段的时间。F_i 只在充气过程中为 1,在其余过程中为 0;F_e 只在放气过程中为 $-CD$,在其余过程中均为 0,这里 CD 可以表征放气过程空气排出速率与充气过程空气进入速率的比值,同时也是充气时间与放气时间的比值。

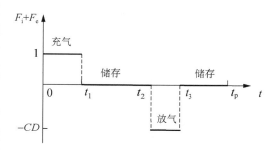

图 3-3　$F_i + F_e$ 在一个典型的压气储能循环中的变化(Kushnir 等,2012)

以温度、密度作为气体状态变量,由洞室内气体的能量守恒可以得到(Kushnir 等,2012b):

$$V\rho c_{v0} \frac{\mathrm{d}T}{\mathrm{d}t} = F_i\dot{m}_c \left[c_{p0}(T_i - T) + Z_0 RT + \rho \frac{RT_0^2 Z_{T_0}}{\rho_0} \right] + F_e\dot{m}_c \left(Z_0 RT + \rho \frac{RT_0^2 Z_{T_0}}{\rho_0} \right) +$$
$$\frac{2h_c V}{r_0} \left[T_1(r_0, t) - T(t) \right] \tag{3-6}$$

式中 ρ,ρ_0——洞室内空气密度以及初始密度;

R——空气气体常数;

T_i——充气阶段空气的注入温度;

c_{v0},c_{p0},Z_0,Z_{T_0}——初始状态 (T_0,ρ_0) 下 c_v,c_p,Z,$\dfrac{\partial Z}{\partial T}$ 的计算值,这里 c_v 和 c_p 分别是空气比定容热容和比定压热容;

Z——空气压缩因子,根据 Berthelot 状态方程,其表达式为(陈剑文 等,2007):

$$Z = 1 - \frac{9p}{128p_c} \frac{T_c}{T} \left(\frac{6T_c^2}{T^2} - 1 \right) \tag{3-7}$$

式中 p_c,T_c——空气临界状态下的压强和温度。

充放气循环过程中,洞室内的气体压强 p 根据以下气体状态方程确定:

$$p = Z\rho R T \tag{3-8}$$

这样,通过初始条件($t=0$ 时,$\rho=\rho_0$,$T=T_0$)以及式(3-5)和式(3-6)得到洞室内气体温度及密度的变化,然后得到洞室内气压。此外,在充放气循环开始前,空气与洞室周围结构的温度处于稳定状态,$T_0=T_{R_0}$。然而,通过式(3-6)可以看出,室内气体温度的求解需考虑密封层的温度,因此,洞室内气体温度和周围系统的温度求解是一个相对复杂的耦合过程,压气储能系统温度场需要进行耦合求解。

3.1.2 温度场及气体内压解析解

1. 方程无量纲化

设 $T=T^* T_0$,$\rho=\rho^* \rho_0$,$p=p^* p_0$,$r=r^* r_0$,得到无量纲的洞室内气体质量守恒方程、能量守恒方程如下:

$$\frac{\mathrm{d}\rho^*}{\mathrm{d}t^*} = \frac{m_r}{t_1^*}(F_i + F_e) \tag{3-9}$$

$$\frac{t_1^* \rho^*}{m_r} \frac{\mathrm{d}T^*}{\mathrm{d}t^*} = F_i[\gamma T_i^* + (R^* - \gamma)T^* + \rho^* U_{\rho^*}^*] + $$
$$F_e(R^* T^* + \rho^* U_{\rho^*}^*) + q_r[T_1^*(r_0, t) - T^*] \tag{3-10}$$

无量纲的洞室周围结构传热方程为

$$\frac{\partial T_j^*}{\partial t^*} = \frac{F_j}{r^*} \frac{\partial}{\partial r^*}\left(r^* \frac{\partial T_j^*}{\partial r^*} \right), \ r_{j-1}^* < r^* < r_j^* \ (j=1, 2, 3) \tag{3-11}$$

无量纲的边界方程为

$$\begin{cases} \dfrac{\partial T_1^*}{\partial r^*} = B_{i1}(T_1^* - T^*), & r^* = 1 \\ T_3^* = 1, & r^* = r_3^* \end{cases} \tag{3-12}$$

无量纲的连续性方程为

$$\begin{cases} \dfrac{\partial T_j^*}{\partial r^*} = \lambda_{j+1} \dfrac{\partial T_{j+1}^*}{\partial r^*}, & r^* = r_j^* \ (j = 1,\ 2) \\[3mm] T_j^* = T_{j+1}^*, & r^* = r_j^* \ (j = 1,\ 2) \end{cases} \tag{3-13}$$

无量纲的初始条件为

$$T^* = T_1^* = T_2^* = T_3^* = 1, \ t^* = 0 \tag{3-14}$$

此外,在式(3-9)—式(3-14)中:

$$T^* = \dfrac{T}{T_0}, \ T_j^* = \dfrac{T_j}{T_0}, \ T_i^* = \dfrac{T_i}{T_0}, \ p^* = \dfrac{p}{p_0}, \ \rho^* = \dfrac{\rho}{\rho_0}, \ r^* = \dfrac{r}{r_0}, \ r_j^* = \dfrac{r_j}{r_0} \tag{3-15}$$

$$t^* = \dfrac{t}{t_p}, \ t_1^* = \dfrac{t_1}{t_p}, \ t_2^* = \dfrac{t_2}{t_p}, \ t_3^* = \dfrac{t_3}{t_p}, \ q_r = \dfrac{2h_c V}{r_0 c_{v0} \dot{m}_c}, \ \lambda_{j+1} = \dfrac{k_{j+1}}{k_j} \tag{3-16}$$

$$F_j = \dfrac{k_j t_p}{\rho_j c_{pj} r_0^2}, \ m_r = \dfrac{\dot{m}_c t_1}{\rho_0 V}, \ \gamma = \dfrac{c_{p0}}{c_{v0}}, \ R^* = \dot{m}_c Z_0 T_0 R, \ U_{\rho^*}^* = R T_0^2 Z_{T_0}, \ B_{i1} = \dfrac{h_c r_0}{k_1}$$

$$\tag{3-17}$$

2. 洞室内空气密度

根据 F_i 和 F_e 以及初始条件对式(3-9)进行求解,得到在第 n 个周期内无量纲的洞室内空气密度为

$$\rho^* = \begin{cases} 1 + m_r \dfrac{t^* - (n-1)}{t_1^*}, & n-1 \leqslant t^* \leqslant (n-1) + t_1^* \\[3mm] 1 + m_r, & (n-1) + t_1^* \leqslant t^* \leqslant (n-1) + t_2^* \\[3mm] 1 + m_r \dfrac{t_3^* - t^* + (n-1)}{t_3^* - t_2^*}, & (n-1) + t_2^* \leqslant t^* \leqslant (n-1) + t_3^* \\[3mm] 1, & (n-1) + t_3^* \leqslant t^* \leqslant n \end{cases} \tag{3-18}$$

3. 温度场求解

1)第一个循环压缩过程

从式(3-18)可以看出,在周期性充放气过程中,无量纲的空气密度总是从 1 到 $(1 + m_r)$ 进行变化,这时式(3-10)—式(3-11)在数学上是极难求解的。这里采用了一个近似条件,用 ρ_{av}^* 代替 ρ^*,使温度场的求解得到极大的简化。ρ_{av}^* 为一个周期内 ρ^* 的平均值:

$$\rho_{av}^* = \dfrac{[t_3 + (t_2 - t_1)] m_r}{2 t_p} + 1 \tag{3-19}$$

对于第一个循环的压缩过程,令 $M^* = T^* - 1$, $M_j^* = T_j^* - 1$, $j = 1, 2, 3$,则在 ρ^* 简化为 ρ_{av}^* 的情况下,控制温度场求解的方程式(3-10)—式(3-14)转化为

$$\dfrac{t_1^* \rho_{av}^*}{m_r} \dfrac{\mathrm{d}M^*}{\mathrm{d}t^*} = \gamma T_i^* + (R^* - \gamma)(M^* + 1) + \rho^* U_{\rho^*}^* + q_r [M_1^*(r_0, t) - M^*] \tag{3-20}$$

$$\frac{\partial M_j^*}{\partial t^*} = \frac{F_j}{r^*} \frac{\partial}{\partial r^*} \left(r^* \frac{\partial M_j^*}{\partial r^*} \right) \quad (j=1,\ 2,\ 3) \tag{3-21}$$

$$\begin{cases} \dfrac{\partial M_1^*}{\partial r^*} = B_{i1}(M_1^* - M^*), & r^* = 1 \\ M_3^* = 0, & r^* = r_3^* \end{cases} \tag{3-22}$$

$$\begin{cases} \dfrac{\partial M_j^*}{\partial r^*} = \lambda_{j+1} \dfrac{\partial M_{j+1}^*}{\partial r^*}, \ \lambda_{j+1} = \dfrac{k_{j+1}}{k_j}, \ r^* = r_j^* & (j=1,\ 2) \\ M_j^* = M_{j+1}^*, \ r^* = r_j^* & (j=1,\ 2) \end{cases} \tag{3-23}$$

$$M^* = M_j^* = 0, \ t^* = 0 \ (j=1,\ 2,\ 3) \tag{3-24}$$

对式(3-21)应用拉普拉斯变换(用 $\tilde{f}$ 表示函数 f 的拉普拉斯变换),有:

$$s\tilde{M}_j^* = \frac{F_j}{r^*} \frac{\partial}{\partial r^*} \left(r^* \frac{\partial \tilde{M}_j^*}{\partial r^*} \right) \quad (j=1,\ 2,\ 3) \tag{3-25}$$

根据数理方程原理求解,式(3-25)的解为

$$\tilde{M}_j^* = A_j I_0 \left(\sqrt{\frac{s}{F_j}} r^* \right) + B_j K_0 \left(\sqrt{\frac{s}{F_j}} r^* \right) \quad (j=1,\ 2,\ 3) \tag{3-26}$$

式中,$I_0(\cdot)$ 代表 0 阶的第一类修正贝塞尔函数;$K_0(\cdot)$ 代表 0 阶的第二类贝塞尔函数;A_j 和 B_j 的值需要通过边界条件和连续性条件确定。

这样,$\tilde{M}_j^*$ 对 r^* 的导数为

$$\frac{\partial \tilde{M}_j^*}{\partial r^*} = A_j \sqrt{\frac{s}{F_j}} I_1 \left(\sqrt{\frac{s}{F_j}} r^* \right) - B_j \sqrt{\frac{s}{F_j}} K_1 \left(\sqrt{\frac{s}{F_j}} r^* \right) \quad (j=1,\ 2,\ 3) \tag{3-27}$$

式中,$I_1(\cdot)$ 代表 1 阶的第一类修正贝塞尔函数;$K_1(\cdot)$ 代表 1 阶的第二类贝塞尔函数。

由式(3-20)的拉普拉斯变换得到:

$$\alpha_1 \tilde{M}^* = \frac{\alpha_2}{s} + q_r \tilde{M}_1^*(1,\ s) \tag{3-28}$$

式中,$\alpha_1 = \dfrac{t_1^* \rho_{av}^* s}{m_r} - (R^* - \gamma) + q_r$,$\alpha_2 = \gamma T_i^* + (R^* - \gamma) + \rho^* U_{\rho^*}^*$。

这样,根据式(3-28),由式(3-22)的第一个边界条件的拉普拉斯变换可得:

$$\begin{aligned} &A_1 \sqrt{\frac{s}{F_1}} I_1 \left(\sqrt{\frac{s}{F_1}} \right) - B_1 \sqrt{\frac{s}{F_1}} K_1 \left(\sqrt{\frac{s}{F_1}} \right) \\ &= \frac{B_{i1}(\alpha_1 - q_r)}{\alpha_1} \left[A_1 I_0 \left(\sqrt{\frac{s}{F_1}} \right) + B_1 K_0 \left(\sqrt{\frac{s}{F_1}} \right) \right] - \frac{B_{i1}\alpha_2}{s\alpha_1} \end{aligned} \tag{3-29}$$

由式(3-22)的第二个边界条件的拉普拉斯变换得到:

$$A_3 I_0\left(\sqrt{\frac{s}{F_3}}\, r_3^*\right) + B_3 K_0\left(\sqrt{\frac{s}{F_3}}\, r_3^*\right) = 0 \tag{3-30}$$

由连续性条件的拉普拉斯变换可得：

$$A_j I_0\left(\sqrt{\frac{s}{F_j}}\, r_j^*\right) + B_j K_0\left(\sqrt{\frac{s}{F_j}}\, r_j^*\right)$$

$$= A_{j+1} I_0\left(\sqrt{\frac{s}{F_{j+1}}}\, r_{j+1}^*\right) + B_{j+1} K_0\left(\sqrt{\frac{s}{F_{j+1}}}\, r_{j+1}^*\right) \quad (j = 1,\, 2) \tag{3-31}$$

$$A_j \sqrt{\frac{s}{F_j}}\, I_1\left(\sqrt{\frac{s}{F_j}}\, r_j^*\right) - B_j \sqrt{\frac{s}{F_j}}\, K_j\left(\sqrt{\frac{s}{F_j}}\, r_j^*\right)$$

$$= \lambda_{j+1}\left[A_{j+1}\sqrt{\frac{s}{F_{j+1}}}\, I_1\left(\sqrt{\frac{s}{F_{j+1}}}\, r_{j+1}^*\right) - B_{j+1}\sqrt{\frac{s}{F_{j+1}}}\, K_{j+1}\left(\sqrt{\frac{s}{F_{j+1}}}\, r_{j+1}^*\right)\right] \quad (j = 1,\, 2)$$

$$\tag{3-32}$$

令 $\alpha_0 = -\dfrac{B_{i1}\alpha_2}{s\alpha_1}\sqrt{\dfrac{F_1}{s}}$，$h_0 = \dfrac{B_{i1}(\alpha_1 - q_\mathrm{r})}{\alpha_1}\sqrt{\dfrac{F_1}{s}}$，$h_1 = \lambda_2\sqrt{\dfrac{F_1}{F_2}}$，$h_2 = \lambda_3\sqrt{\dfrac{F_2}{F_3}}$，$\eta_j =$ $\sqrt{\dfrac{s}{F_j}}\, r_{j-1}^*$，$\varepsilon_j = \sqrt{\dfrac{s}{F_j}}\, r_j^*$，$j = 1,\, 2,\, 3$，则可将式(3-29)—式(3-32)写成矩阵形式：

$$\begin{bmatrix} I_1(\eta_1) - h_0 I_0(\eta_1) & -K_1(\eta_1) - h_0 K_0(\eta_1) & 0 & 0 & 0 & 0 \\ I_0(\varepsilon_1) & K_0(\varepsilon_1) & -I_0(\eta_2) & -K_0(\eta_2) & 0 & 0 \\ I_1(\varepsilon_1) & -K_1(\varepsilon_1) & -h_1 I_1(\eta_2) & h_1 K_1(\eta_2) & 0 & 0 \\ 0 & 0 & I_0(\varepsilon_2) & K_0(\varepsilon_2) & -I_0(\eta_3) & -K_0(\eta_3) \\ 0 & 0 & I_1(\varepsilon_2) & -K_1(\varepsilon_2) & -h_2 I_1(\eta_3) & h_2 K_1(\eta_3) \\ 0 & 0 & 0 & 0 & I_0(\varepsilon_3) & K_0(\varepsilon_3) \end{bmatrix} \cdot \begin{bmatrix} A_1 \\ B_1 \\ A_2 \\ B_2 \\ A_3 \\ B_3 \end{bmatrix}$$

$$= \begin{bmatrix} \alpha_0 \\ 0 \\ 0 \\ 0 \\ 0 \\ 0 \end{bmatrix} \tag{3-33}$$

这样可以直接通过式(3-33)求解得到 A_i，B_i，$i = 1,\, 2,\, 3$ 的值，但实际上由于第一类和第二类修正贝塞尔函数性质的差异，式(3-33)中系数矩阵中的值会出现很大差异，给求解带来极大误差。

为此，定义新的函数 f_{I_0}，f_{K_0}，f_{I_1}，f_{K_1}（x 为自变量）：

$$\begin{cases} f_{I_0}(x) = I_0(x)/\exp(x) \\ f_{K_0}(x) = K_0(x) \cdot \exp(x) \\ f_{I_1}(x) = I_1(x)/\exp(x) \\ f_{K_1}(x) = K_1(x) \cdot \exp(x) \end{cases} \tag{3-34}$$

将式(3-33)写成如下形式：

$$
\begin{bmatrix} \boldsymbol{a}_1 \\ \boldsymbol{b}_1 \\ \boldsymbol{a}_2 \\ \boldsymbol{b}_2 \\ \boldsymbol{a}_3 \\ \boldsymbol{b}_3 \end{bmatrix} \cdot \begin{bmatrix} A_1\exp(\eta_1) \\ B_2/\exp(\eta_1) \\ A_2\exp(\eta_2) \\ B_2/\exp(\eta_2) \\ A_3\exp(\eta_3) \\ B_3/\exp(\eta_3) \end{bmatrix} = \begin{bmatrix} \alpha_0 \\ 0 \\ 0 \\ 0 \\ 0 \\ 0 \end{bmatrix} \tag{3-35}
$$

式中，

$\boldsymbol{a}_1 = [f_{I_1}(\eta_1) - h_0 f_{I_0}(\eta_1), \ -f_{K_1}(\eta_1) - h_0 f_{K_0}(\eta_1), \ 0, \ 0, \ 0, \ 0]$

$\boldsymbol{b}_1 = [f_{I_0}(\varepsilon_1)\exp(\varepsilon_1 - \eta_1), \ f_{K_0}(\varepsilon_1)\exp(\eta_1 - \varepsilon_1), \ -f_{I_0}(\eta_2), \ -f_{K_0}(\eta_2), \ 0, \ 0]$

$\boldsymbol{a}_2 = [f_{I_1}(\varepsilon_1)\exp(\varepsilon_1 - \eta_1), \ -f_{K_1}(\varepsilon_1)\exp(\eta_1 - \varepsilon_1), \ -h_1 f_{I_1}(\eta_2), \ h_1 f_{K_1}(\eta_2), \ 0, \ 0]$

$\boldsymbol{b}_2 = [0, \ 0, \ f_{I_0}(\varepsilon_2)\exp(\varepsilon_2 - \eta_2), \ f_{K_0}(\varepsilon_2)\exp(\eta_2 - \varepsilon_2), \ -f_{I_0}(\eta_3), \ -f_{K_0}(\eta_3)]$

$\boldsymbol{a}_3 = [0, \ 0, \ f_{I_1}(\varepsilon_2)\exp(\varepsilon_2 - \eta_2), \ -f_{K_1}(\varepsilon_2)\exp(\eta_2 - \varepsilon_2), \ -h_2 f_{I_1}(\eta_3), \ h_2 f_{K_1}(\eta_3)]$

$\boldsymbol{b}_3 = [0, \ 0, \ 0, \ 0, \ f_{I_0}(\varepsilon_3)\exp(\varepsilon_3 - \eta_3), \ f_{K_0}(\varepsilon_3)\exp(\eta_3 - \varepsilon_3)]$

令矩阵 $\boldsymbol{S} = [\boldsymbol{a}_1 \quad \boldsymbol{b}_1 \quad \boldsymbol{a}_2 \quad \boldsymbol{b}_2 \quad \boldsymbol{a}_3 \quad \boldsymbol{b}_3]^{\mathrm{T}}$，则其行列式为 $\Delta S = |\boldsymbol{S}|$。

设

$$
\begin{cases} \Delta S_{j1} = \begin{vmatrix} & \boldsymbol{S} & \text{删除第1行} \\ \text{删除第}(2j-1)\text{列} & & \cdots \end{vmatrix} & (j=1,\,2,\,3) \\[3mm] \Delta S_{j2} = \begin{vmatrix} & \boldsymbol{S} & \text{删除第1行} \\ \text{删除第}2j\text{列} & & \cdots \end{vmatrix} & (j=1,\,2,\,3) \end{cases} \tag{3-36}
$$

这样，根据式(3-26)、式(3-35)以及式(3-36)得到：

$$
\begin{aligned}
\widetilde{M}_j^* = &\ \alpha_0 \frac{\Delta S_{j1}}{\Delta S} f_{I_0}\left(\sqrt{\frac{s}{F_j}}\,r^*\right)\exp\left(\sqrt{\frac{s}{F_j}}\,r^* - \eta_j\right) - \\
& \alpha_0 \frac{\Delta S_{j2}}{\Delta S} f_{K_0}\left(\sqrt{\frac{s}{F_j}}\,r^*\right)\exp\left(\eta_j - \sqrt{\frac{s}{F_j}}\,r^*\right) \quad (j=1,\,2,\,3)
\end{aligned} \tag{3-37}
$$

由式(3-29)和式(3-37)得到：

$$
\begin{aligned}
\widetilde{M}^* = &\ \frac{\alpha_2}{s\alpha_2} + \frac{q_r \alpha_0}{\alpha_2 \Delta S}\left[\Delta S_{11} f_{I_0}\left(\sqrt{\frac{s}{F_1}}\,r^*\right)\exp\left(\sqrt{\frac{s}{F_1}}\,r^* - \eta_1\right) - \right.\\
& \left. \Delta S_{12} f_{K_0}\left(\sqrt{\frac{s}{F_1}}\,r^*\right)\exp\left(\eta_1 - \sqrt{\frac{s}{F_1}}\,r^*\right) \right]
\end{aligned} \tag{3-38}
$$

采用 Stehfest 方法(Barbuto, 1991)进行拉普拉斯逆变换，进而得到第一个循环压缩过程中无量纲温度如下：

$$T_c^* = 1 + M^* = 1 + \frac{\ln 2}{t^*} \sum_{i=1}^{n_{cal}} V_i \widetilde{M}^* \left(\frac{\ln 2}{t^*} i \right) \tag{3-39}$$

$$T_{j,c}^* = 1 + M_j^* = 1 + \frac{\ln 2}{t^*} \sum_{i=1}^{n_{cal}} V_i \widetilde{M}_j^* \left(r^*, \frac{\ln 2}{t^*} i \right) \quad (j=1, 2, 3) \tag{3-40}$$

式(3-39)和式(3-40)中,按照 Stehfest 方法,n_{cal} 的建议值为 $4 \sim 32$,而当 n_{cal} 为 $14 \sim 20$ 时,误差可控制在 $10^{-5} \sim 10^{-3}$ 之间(刘利强,2002),在计算中采用 $n_{cal} = 18$。此外,如前所述,定义 $\tilde{f}$ 为函数 f 的拉普拉斯变换,那么 $\widetilde{M}^*$ 和 $\widetilde{M}_j^*$ 分别为 M^* 和 M_j^* 的拉普拉斯变换,而 V_i 按式(3-41)进行计算:

$$V_i = (-1)^{(n_{cal}/2+i)} \sum_{k}^{m} \frac{k^{(n_{cal}/2+1)}(2k)!}{(n_{cal}/2-k)!\ (k!)^2(i-k)!\ (2k-i)!} \tag{3-41}$$

式中,$k = \text{int}[(i+1)/2]$,$m = \min\{i, n_{cal}/2\}$。

2)其余过程

从温度场控制方程以及压气储能的特点可以看出,温度对时间导数只在 $F_i + F_e$ 连续时连续,在时间节点上不连续(如 t_1 点),因此可将某一阶段温度变化看作上一阶段温度的连续与新温度函数的叠加,对于第 n 个循环的每个充放气过程(不包括第一个循环的压缩阶段),设:

$$\begin{cases} T_c^*(t^*)_n = T_{s2}^*(t^*)_{n-1} + T_{a1}^*(t^*-n+1)_n, \\ \quad n-1 \leqslant t^* \leqslant n-1+t_1^* \\ T_{jc}^*(r^*, t^*)_n = T_{js2}^*(r^*, t^*)_{n-1} + T_{j1}^*(r^*, t^*-n+1)_n, \\ \quad n-1 \leqslant t^* \leqslant n-1+t_1^* (j=1, 2, 3) \end{cases} \tag{3-42}$$

$$\begin{cases} T_{s1}^*(t^*)_n = T_c^*(t^*)_n + T_{a2}^*(t^*-n+1-t_1^*)_n, \\ \quad n-1+t_1^* \leqslant t^* \leqslant n-1+t_2^* \\ T_{js1}^*(r^*, t^*)_n = T_{jc}^*(r^*, t^*)_n + T_{j2}^*(r^*, t^*-n+1-t_1^*)_n, \\ \quad n-1+t_1^* \leqslant t^* \leqslant n-1+t_2^* (j=1, 2, 3) \end{cases} \tag{3-43}$$

$$\begin{cases} T_d^*(t^*)_n = T_{s1}^*(t^*)_n + T_{a3}^*(t^*-n+1-t_2^*)_n, \\ \quad n-1+t_2^* \leqslant t^* \leqslant n-1+t_3^* \\ T_{jd}^*(r^*, t^*)_n = T_{js1}^*(r^*, t^*)_n + T_{j3}^*(r^*, t^*-n+1-t_2^*)_n, \\ \quad n-1+t_2^* \leqslant t^* \leqslant n-1+t_3^* (j=1, 2, 3) \end{cases} \tag{3-44}$$

$$\begin{cases} T_{s2}^*(t^*)_n = T_d^*(t^*)_n + T_{a4}^*(t^*-n+1-t_3^*)_n, \\ \quad n-1+t_3^* \leqslant t^* \leqslant n \\ T_{js2}^*(r^*, t^*)_n = T_{jd}^*(r^*, t^*)_n + T_{j4}^*(r^*, t^*-n+1-t_3^*)_n, \\ \quad n-1+t_3^* \leqslant t^* \leqslant n (j=1, 2, 3) \end{cases} \tag{3-45}$$

式中,括号后下标 n 代表在第 n 个循环内。

将式(3-42)—式(3-45)代入无量纲的温度场控制方程，$T_{a1}(t^*)_n$，$T_{j1}^*(r^*, t^*)_n$，…，$T_{j4}^*(r^*, t^*)_n$ 等均满足式(3-20)—式(3-24)的形式，因此计算过程与压缩过程类似，只不过在系数上需要细微调整，参数的变化如下文所示。

以第 n 个循环的储存阶段为例($n \geqslant 1$)，新函数 $T_{a2}^*(t^*)_n$，$T_{12}^*(r^*, t^*)_n$ 满足：

$$\frac{t_1^* \rho_{av}^*}{m_r} \frac{\mathrm{d} T_{a2}^*(t^*)_n}{\mathrm{d} t^*} = -\gamma T_i^* - (R^* - \gamma) T_c^*(t^* + t_1^*)_n - \rho^* U_{\rho^*}^* + q_r [T_{12}^*(1, t^*)_n - T_{a2}^*(t^*)_n] \tag{3-46}$$

此外，$T_{a2}^*(t^*)_n$，$T_{j2}^*(r^*, t^*)_n$，$j=1, 2, 3$，均满足式(3-21)—式(3-24)的定解条件，采用近似的解法，设：

$$T_{av}^* = \frac{\int_0^{t^*} T_c^*(t^* + t_1^*)_n \mathrm{d} t}{t^*} \tag{3-47}$$

由式(3-47)可以得到：

$$\widetilde{T}_{a2}^*(s)_n = \frac{-[\gamma T_i^* + \rho^* U_{\rho^*}^* + (R^* - \gamma) T_{av}^*]}{\frac{t_1^* \rho^* s}{m_r} + q_r} + \frac{q_r}{\frac{t_1^* \rho^* s}{m_r} + q_r} \widetilde{T}_{12}^*(1, s)_n \tag{3-48}$$

这样，只需将 α_1 值变为 $t_1^* \rho_{av}^* s / m_r + q_r$，$\alpha_2$ 值变为 $-[\gamma T_i^* + \rho_{av}^* U_{\rho^*}^* + (R^* - \gamma) T_{av}^*]$，就可采用与第一个循环压缩过程一样的方法得到 $\widetilde{T}_{a2}^*(s)_n$，$\widetilde{T}_{j2}^*(r^*, s)_n$，$j=1, 2, 3$，进而获得 $\widetilde{T}_{a2}^*(t^*)_n$，$\widetilde{T}_{j2}^*(r^*, t^*)_n$，$j=1, 2, 3$，最终得到该储存阶段的洞室气体温度以及周围介质的温度场。

同理，为得到 $\widetilde{T}_{a3}^*(s)_n$，$\widetilde{T}_{j3}^*(r^*, s)_n$，$j=1, 2, 3$，需将 α_1 值变为 $t_1^* \rho_{av}^* s / m_r + CDR^* + q_r$，$\alpha_2$ 值变成 $-CD(\rho_{av}^* U_{\rho^*}^* + R^* T_{av}^*)$，这里 T_{av}^* 值也相应变化：

$$T_{av}^* = \frac{\int_0^{t^*} T_{sl}^*(t^* + t_2^* - t_1^*)_n \mathrm{d} t}{t^*} \tag{3-49}$$

为了得到 $\widetilde{T}_{a4}^*(s)_n$，$\widetilde{T}_{j4}^*(r^*, s)_n$，$j=1, 2, 3$，需将 α_1 值变为 $t_1^* \rho_{av}^* s / m_r + q_r$，$T_{av}^*$ 值变为 $\left[\int_0^{t^*} T_d^*(t^* + t_3^* - t_2^*) \mathrm{d} t \right] / t^*$，$\alpha_2$ 值变成 $CD(\rho_{av}^* U_{\rho^*}^* + R^* T_{av}^*)$。

为了得到 $\widetilde{T}_{a1}^*(s)_n$，$\widetilde{T}_{j1}^*(r^*, s)_n$，$j=1, 2, 3$(不包括 $n=1$)，需将 α_1 值变为 $t_1^* \rho_{av}^* s / m_r + q_r - (R^* - \gamma)$，$T_{av}^*$ 值变为 $\left[\int_0^{t^*} T_{s2}^*(t^* + 1 - t_3^*)_{n-1} \mathrm{d} t \right] / t^*$，$\alpha_2$ 值变成 $\gamma T_i^* + \rho_{av}^* U_{\rho^*}^* + (R^* - \gamma) T_{av}^*$。

3) 长期循环的近似稳定解

Kushnir 等(2012b)认为，压气储能充放气需要达到一定次数，温度场才能达到真正的稳定(温度向围岩内部传导的范围要足够大,即温度变化大的区域要足够大),因此,选择第 15 个循环作为长期的传热稳定解。Allen(1982)认为,硬岩内压气储能温度场的稳定循环数为 50,但 Rutqvist 等(2012)的研究成果则显示,内衬洞室温度场需要超过 100 个循环来达到稳定。在解析解中可采用第 n_{st} 个循环作为近似的温度稳定解,但是由于稳定解具有循环开始、结束温度相等的特征,故式(3-50)近似作为长期循环的稳定解:

$$\begin{cases} T_{st}(t^*) = T^*(t^* + n_{st} - 1) + [T^*(n_{st}) - T^*(n_{st} - 1)](1 - t^*) \\ T_{jst}(t^*) = T_j^*(t^* + n_{st} - 1) + [T_j^*(n_{st}) - T_j^*(n_{st} - 1)](1 - t^*) \quad (j = 1, 2, 3) \end{cases}$$

$$(3\text{-}50)$$

需要特别指出的是,由于采用了较多的近似,在经过较多次循环后,以解析公式(3-42)—式(3-45)求解的气体温度会在循环结束时超过洞壁温度,这表明近似解法已产生了一定的误差,在此,解析算法取满足循环结束时气体温度不大于洞壁温度的最大循环数作为 n_{st}。

4. 洞室内气体压强

利用本节的解析计算公式,可以得到整个计算时间内洞室气体及周围介质的无量纲温度值,进而得到计算时间内的温度和密度,这样可以直接利用气体状态方程得到洞室内气体压强 p。同样地,定义无量纲的气体压强为 $p^* = p/p_0$,以便进行结果分析和对比,这里 p_0 为洞室内压缩空气的初始压强。

3.1.3 解析解的简化形式

3.1.2 节在 Kushnir 等(2012c)提出的洞室热力学控制方程的基础上,推导了一种计算温度和压力的方法。该方法的计算结果比较准确,但是求解过程中,需要计算修正的贝塞尔函数以及行列式,计算过程比较复杂。本节在其工作的基础上,推导了一种简化计算方法。

该行列式实际上主要是由密封层、衬砌和围岩的热传导方程[式(3-1)]及其边界条件形成的。因此,对热传导方程进行适当的简化可以极大地降低方程求解的难度。这里引入两个假设以简化热传导方程:

(1)对于压气储能内衬洞室来说,钢衬密封层的厚度是非常小的(一般在 15~20 mm),并且其导热系数一般是衬砌和围岩的 10 倍以上,所以,假设温度计算时不考虑密封层的热阻,密封层任意一点处的温度都是相等的,并且等于衬砌内侧的温度。

(2)由于混凝土的导热系数、等压比热[2.94 W/(m·K),0.96 kJ/(kg·K)]和围岩[2~5 W/(m·K),0.75~1.14 kJ/(kg·K)]比较接近,在温度计算时,将混凝土衬砌与围岩视为同一种传热介质,认为两者具有同样的材料参数。具体计算时,由于衬砌的材料参数对温度计算的影响要大一些,所以材料参数取的是混凝土衬砌的参数。

这样,式(3-1)就简化为一个方程:

$$\rho_u c_{pu} \frac{\partial T_u}{\partial t} = \frac{1}{r} \frac{\partial}{\partial r} \left(k_u r \frac{\partial T_u}{\partial r} \right)$$

$$(3\text{-}51)$$

式中　u——洞室周围传热介质（混凝土衬砌、围岩）；

　　　T_u——洞室周围传热介质的温度，K；

　　　ρ_u——洞室周围传热介质的密度；

　　　c_{pu}——洞室周围传热介质的等压比热，J/(kg·K)；

　　　k_u——洞室周围传热介质的导热系数，W/(m·K)。

能量守恒方程式(3-6)就变为

$$V\rho c_{v0}\frac{dT}{dt}=F_i\dot{m}_c\left[c_{p0}(T_i-T)+Z_0RT+\rho\frac{RT_0^2Z_{T_0}}{\rho_0}\right]+F_e\dot{m}_c\left(Z_0RT+\rho\frac{RT_0^2Z_{T_0}}{\rho_0}\right)+$$
$$\frac{2h_cV}{r_0}[T_u(r_0,\ t)-T(t)] \tag{3-52}$$

事实上，式(3-52)在形式上又退化回到了无衬洞室的控制方程，只是需要说明的是，式中的 h_c 表示的是内衬洞室空气与密封层的对流换热系数，而非洞室空气与围岩的对流换热系数。对于由式(3-51)、式(3-52)组成的控制方程，Kushnir 等(2012c)利用拉普拉斯变换求得了洞室空气的解析解。式(3-53)是 Kushnir 解的洞室空气温度在充气阶段的表达式：

$$T_c^*=1+c_1q_r\int_0^\infty\frac{1-e^{-\frac{\xi^2m_rt^*}{\rho_{av}^*t_1^*}}}{\psi_2^1(\xi)+\psi_2^2(\xi)}d\xi \tag{3-53}$$

式中　T_c^*——洞室空气的无量纲温度；

　　　c_1，q_r，m_r——计算参数(Kushnir 等,2012c)。

可以看到，Kushnir 解需要求解无穷积分，同样也需要数值计算或科学计算软件来完成。这里推导了另一种解析解，该解可以通过简单代数计算的方法解得压气储能内衬洞室空气温度、压力及密封层、衬砌和围岩的温度。

（1）第一个周期的充气阶段

首先按照 3.1.2 节中的方法对控制方程进行无量纲化，并将无量纲温度 T^* 变换为无量纲温变 $M^*=T^*-1$,有：

$$\frac{t_1^*\rho_{av}^*}{m_r}\frac{dM_c^*}{dt^*}=\gamma T_i^*+(R^*-\gamma)(M_c^*+1)+\rho_{av}^*U_{\rho_{av}^*}^*+q_r[M_{u,c}^*(1,\ t^*)-M_c^*] \tag{3-54}$$

$$\frac{\partial M_{u,c}^*}{\partial t^*}=\frac{F}{r^*}\frac{\partial}{\partial r^*}\left(r^*\frac{\partial M_{u,c}^*}{\partial r^*}\right) \tag{3-55}$$

$$t^*=0,\ M_c^*=M_{u,c}^*=0 \tag{3-56}$$

$$r^*=1,\ \frac{\partial M_{u,c}^*}{\partial r^*}=B_i(M_{u,c}^*-M_c^*) \tag{3-57}$$

$$r^*=r_3^*,\ M_{u,c}^*=0 \tag{3-58}$$

式中　M_c^*——第一个周期充气阶段的洞室空气的无量纲温变；

　　　$M_{u,c}^*$——第一个周期充气阶段的洞室周围传热介质的无量纲温变。

$$\widetilde{M}_{1,c}^* = -N \times \cfrac{I_0(\eta r^*) - \cfrac{I_0(\eta r_3^*)}{K_0(\eta r_3^*)} K_0(\eta r^*)}{\eta I_1(\eta) + \cfrac{I_0(\eta r_3^*)}{K_0(\eta r_3^*)} \eta K_1(\eta) - H\left[I_0(\eta) - \cfrac{I_0(\eta r_3^*)}{K_0(\eta r_3^*)} K_0(\eta)\right]}$$

(3-59)

直接对式(3-59)进行拉普拉斯逆变换就可以得到 $M_{u,c}^*$，再根据式(3-54)就得到 M_c^*，从而求得整个洞室空气及周围介质的温度值。可以看到，由于引入了两个新的假设条件，使得求解变得简单，不需要求解含修正的贝塞尔函数的行列式。若再引入修正的贝塞尔函数的渐进解，可对式(3-59)进行进一步的化简。

修正的贝塞尔函数对于较大值 z 有以下渐进展开：

$$\begin{cases} I_a(z) \sim \cfrac{\mathrm{e}^z}{\sqrt{2\pi z}}\left[1 - \cfrac{4a^2-1}{8z} + \cfrac{(4a^2-1)(4a^2-9)}{2!\ (8z)^2} - \cfrac{(4a^2-1)(4a^2-9)(4a^2-25)}{3!\ (8z)^3} + \cdots\right] \\[2mm] K_a(z) \sim \sqrt{\cfrac{\pi}{2z}}\,\mathrm{e}^{-z}\left[1 + \cfrac{4a^2-1}{8z} + \cfrac{(4a^2-1)(4a^2-9)}{2!\ 8z} + \cfrac{(4a^2-1)(4a^2-9)(4a^2-25)}{3!\ (8z)^3} + \cdots\right] \end{cases}$$

(3-60)

由于 F 值通常很小，所以可以只用式(3-60)的第一项来近似表示修正的贝塞尔函数，即

$$I_0(z) \sim \frac{\mathrm{e}^z}{\sqrt{2\pi z}}, \ I_1(z) \sim \frac{\mathrm{e}^z}{\sqrt{2\pi z}}$$

(3-61)

$$K_0(z) \sim \sqrt{\frac{\pi}{2z}}\,\mathrm{e}^{-z}, \ K_1(z) \sim \sqrt{\frac{\pi}{2z}}\,\mathrm{e}^{-z}$$

(3-62)

将式(3-61)、式(3-62)代入式(3-59)并化简得到：

$$\widetilde{M}_{u,c}^* = -N \times \frac{\mathrm{e}^{2\eta(r^*-r_3^*)} - 1}{\sqrt{r}\left[(\eta-H)\mathrm{e}^{\eta(1-2r_3^*+r^*)} + (\eta+H)\mathrm{e}^{\eta(r^*-1)}\right]}$$

(3-63)

将式(3-63)代入式(3-28)得到：

$$\widetilde{M}_c^* = \frac{\alpha_2}{\alpha_1 s} + \frac{q_r}{\alpha_1}\left[-N \times \frac{\mathrm{e}^{2\eta(1-r_3^*)}}{(\eta-H)\mathrm{e}^{2\eta(1-r_3^*)} + (\eta+H)}\right]$$

(3-64)

采用 Stehfest 方法(Zhou 等，2014)对式(3-63)、式(3-64)进行拉普拉斯逆变换，得到第一个周期充气阶段的无量纲温度：

$$T_c^* = 1 + M^* = 1 + \frac{\ln 2}{t^*}\sum_{i=1}^{n_{cal}} V_i \widetilde{M}_c^*\left(\frac{\ln 2}{t^*}i\right)$$

(3-65)

$$T_{u,c}^* = 1 + M_u^* = 1 + \frac{\ln 2}{t^*} \sum_{i=1}^{n_{cal}} V_i \tilde{M}_{u,c}^* \left(r^*, \frac{\ln 2}{t^*} i \right) \tag{3-66}$$

（2）其余阶段

其余阶段也是类似的，仅需要调整式（3-65）、式（3-66）中相应的系数（表 3-1），就可以得到该阶段温度增量函数的解。最终，得到第 n 个周期内压缩空气储能内衬洞室空气和周围传热介质的温度：

$$\begin{cases} T_c^*(t^*)_n = T_{s2}^*(t^*)_{n-1} + T_{a1}^*(t^*-n+1)_n \\ T_{u,c}^*(r^*, t^*)_n = T_{u,s2}^*(r^*, t^*)_{n-1} + T_{u,a1}^*(r^*, t^*-n+1)_n \end{cases}, \quad n-1 \leqslant t^* \leqslant n-1+t_1^* \tag{3-67}$$

$$\begin{cases} T_{s1}^*(t^*)_n = T_c^*(t^*)_n + T_{a2}^*(t^*-n+1-t_1^2)_n \\ T_{u,s1}^*(r^*, t^*)_n = T_{u,c}^*(r^*, t^*)_n + T_{u,a2}^*(r^*, t^*-n+1-t_1^*)_n \end{cases}, \quad n-1+t_1^* \leqslant t^* \leqslant n-1+t_2^* \tag{3-68}$$

$$\begin{cases} T_d^*(t^*)_n = T_{s1}^*(t^*)_n + T_{a3}^*(t^*-n+1-t_2^*)_n \\ T_{u,d}^*(r^*, t^*)_n = T_{u,s1}^*(r^*, t^*)_n + T_{u,a3}^*(r^*, t^*-n+1-t_2^*)_n \end{cases}, \quad n-1+t_2^* \leqslant t^* \leqslant n-1+t_3^* \tag{3-69}$$

$$\begin{cases} T_{s2}^*(t^*)_n = T_d^*(t^*)_n + T_{a4}^*(t^*-n+1-t_3^*)_n \\ T_{u,s2}^*(r^*, t^*)_n = T_{u,d}^*(r^*, t^*)_n + T_{u,a4}^*(r^*, t^*-n+1-t_3^*)_n \end{cases}, \quad n-1+t_3^* \leqslant t^* \leqslant n \tag{3-70}$$

式中，T^* 为洞室空气的无量纲温度；T_u^* 为洞室周围传热介质的无量纲温度；T_a^* 为各阶段内的温度增量函数（M_a^*+1）；下标 c，s1，d，s2 分别表示充气阶段、第一个储气阶段、抽气阶段和第二个储气阶段；括号后的下标 n 代表在第 n 个循环内。

表 3-1 不同运营阶段的温度增量函数的系数

温度增量函数	α_1	α_2	T_{av}^*
T_c^*, $T_{u,c}^*$	$\dfrac{t_1^* \rho_{av}^* s}{m_r} + q_r - (R^* - \gamma)$	$\gamma T_i^* + \rho_{av}^* U_{\rho_{av}}^* + (R^* - \gamma)$	—
T_{a2}^*, $T_{u,a2}^*$	$\dfrac{t_1^* \rho_{av}^* s}{m_r} + q_r$	$-[\gamma T_i^* + \rho_{av}^* U_{\rho_{av}}^* + (R^* - \gamma) T_{av}^*]$	$\displaystyle\int_0^{t^*} T_c^*(t^* + t_1^*) dt/t^*$
T_{a3}^*, $T_{u,a3}^*$	$\dfrac{t_1^* \rho_{av}^* s}{m_r} + q_r + CDR^*$	$-CD(\rho_{av}^* U_{\rho_{av}}^* + R^* T_{av}^*)$	$\displaystyle\int_0^{t^*} T_{s1}^*(t^* + t_2^* - t_1^*) dt/t^*$
T_{a4}^*, $T_{u,a4}^*$	$\dfrac{t_1^* \rho_{av}^* s}{m_r} + q_r$	$CD(\rho_{av}^* U_{\rho_{av}}^* + R^* T_{av}^*)$	$\displaystyle\int_0^{t^*} T_d^*(t^* + t_3^* - t_2^*) dt/t^*$
T_{a1}^*, $T_{u,a1}^*$	$\dfrac{t_1^* \rho_{av}^* s}{m_r} + q_r - (R^* - \gamma)$	$\gamma T_i^* + \rho_{av}^* U_{\rho_{av}}^* + (R^* - \gamma) T_{av}^*$	$\displaystyle\int_0^{t^*} T_{s2}^*(t^* + 1 - t_3^*) dt/t^*$

注：T_{av}^* 中积分的 $t^* = 0$ 对应的是各阶段的时间起点。

将无量纲温度 T^*，T_u^* 乘以 T_0，得到洞室空气温度和周围传热介质的温度。此外，密封层、衬砌和围岩的温度则需要进行细微的变换：

$$\begin{cases} T_1(r, t) = T_u(r_0, t), & r_0 \leqslant r \leqslant r_1 \\ T_{2,3}(r, t) = T_u(r - d, t), & r_1 \leqslant r \leqslant r_3 \end{cases} \tag{3-71}$$

式中，T_1，T_2，T_3 分别为密封层、衬砌和围岩的温度，K；r_0 为洞室半径，m；d 为密封层厚度，m；t 为时间，s。

3.1.4　典型压气储能循环周期内的计算结果

从温度变化以及洞室压强的解析过程可以看出，压气储能内衬洞室的温度场以及空气内压与洞室周围介质材料及压缩空气的热力学性质、储气过程的运营参数密切相关。表 3-2 给出了压气储能内衬洞室密封层、衬砌和围岩的热力学性质，表 3-3 给出了现有的压缩空气储能电站的一些运营参数（Allen，1982）。

表 3-2　　　　　　　压气储能岩石内衬洞室密封层、衬砌和围岩的热力学性质

类型	可能材料	导热系数 $k/$ $[W \cdot (m \cdot K)^{-1}]$	比热 $c_p/$ $[kJ \cdot (kg \cdot K)^{-1}]$	密度 $\rho/$ $(kg \cdot m^{-3})$	平均传热系数 $h_c/$ $[W \cdot (m^2 \cdot K)^{-1}]$
密封层	钢衬	28.0~77.5	0.41~0.57	7 800	1~100
	橡胶材料	0.09~0.25	1.382	900~1 400	
	气密性混凝土	1.2~1.5	0.837	2 500	
衬砌	混凝土	1.2~1.5	0.837	2 500	不需要
围岩	花岗岩	1.25~4.45	0.67~1.55	2 300~2 800	
	花岗闪长岩	1.35~3.4	0.74~1.26	2 500~3 300	
	闪长岩	1.38~4.14	1.12~1.17	2 500~3 300	
	辉长岩	1.62~4.05	0.88~1.13	2 700~3 400	
	石英岩	2.68~7.60	0.72~1.33	2 600~3 000	
	片麻岩	0.94~4.86	0.46~1.18	2 500~2 800	
	白云岩	1.60~6.50	0.65~1.55	2 400~2 900	
	大理岩	0.62~4.40	0.82~1.72	2 500~2 700	

表 3-3　　　　　　　　　　　压气储能电站的运营参数

变量	定义	单位	最小值	最大值
T_0	局部岩石温度	℃	20	60
p_0	初始压力	MPa	2	7
$\dot{m}_c$	空压机空气流动率	kg/s	50	250
r_0	洞室半径	m	5	30

变量	定义	单位	最小值	最大值
T_i/T_0	注入温度比		1	1.2
t_1^*			6/24	12/24
$t_2^* - t_1^*$			2/24	8/24
$t_3^* - t_2^*$			2/24	10/24
T_r	实际工程洞室温度	K	290	400

压气储能内衬洞室周围介质的性质对洞室温度场、力场有直接影响,根据典型介质的性质(王志魁,2005),参考现有的两座压气储能电站的运营参数(Kushnir 等,2012a),采用表 3-4 所列的参数进行解析计算并分析得到的结果,表中密封层采用钢衬的性质。

表 3-4 　　　　　　　　　解析解和数值模拟计算采用的参数

洞室几何构型				
V/m^3	r_0/m	r_1/m	r_2/m	r_3/m
3×10^5	8	8.1	8.6	12
空气参数				
$R/[\text{kJ}\cdot(\text{kg}\cdot\text{K})^{-1}]$	p_c/MPa	T_c/K	$c_{p0}/[\text{kJ}\cdot(\text{kg}\cdot\text{K})^{-1}]$	$c_{v0}/[\text{kJ}\cdot(\text{kg}\cdot\text{K})^{-1}]$
0.287	3.766	132.65	1.005	0.718
压气储能运营参数				
T_0/K	P_0/MPa	T_i/K	t_1/h	t_2/h	t_3/h	t_p/h	$\dot{m}_c/(\text{kg}\cdot\text{s}^{-1})$
310	4.5	322.4	8	14	18	24	236

力学参数以及热物理参数				
内衬洞室	导热系数/ $[\text{W}\cdot(\text{m}\cdot\text{K})^{-1}]$	比热/$[\text{kJ}\cdot(\text{kg}\cdot\text{K})^{-1}]$	密度/ $(\text{kg}\cdot\text{m}^{-3})$	热膨胀系数 /K^{-1}	传热系数/ $[\text{W}\cdot(\text{m}^2\cdot\text{K})^{-1}]$
密封层	45	0.5	7 800	1.7×10^{-5}	50
衬砌	1.4	0.837	2 500	1.2×10^{-5}	—
围岩	3.5	1	2 700	1.2×10^{-5}	—

按照表 3-4 的参数,采用解析计算方法对压气储能内衬洞室的温度场、应力场和位移场进行计算。图 3-4 给出了第一个循环和稳定循环内内衬洞室温度的变化情况,与绝热洞室的温度变化情况(Kushnir 等,2012c)不同的是,洞室内空气与洞室结构之间的传热效应非常明显。在充气过程中,气体温度升高,同时洞壁温度也升高;在放气过程中,气体温度下降,洞壁温度也随之下降。但是由于对流换热效应,在充气后的储存阶段,洞室内空气受到洞壁的冷却作用而温度下降,同时,在放气后的储存阶段,洞室内空气受到洞壁的加热作用而温度上升。洞室内气体和洞室结构的温度在一个循环周期内都随时间呈

"上升—下降—下降—上升"的变化趋势。另外从图 3-4 中还可以看出,整个循环内的平均温度超过了初始温度,这说明在每个循环内都有向围岩传递的能量损失。

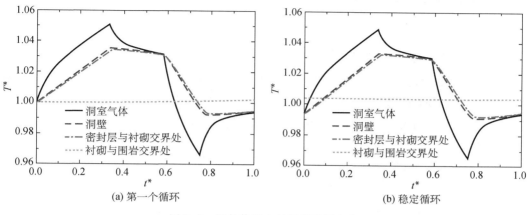

图 3-4　压气储能内衬洞室温度变化

　　图 3-5 给出了第一个循环和稳定循环内洞室温度沿径向的分布情况,从图中可以看出,不管是第一个循环还是稳定循环内,温度传导深度不大,温度影响范围远未达到恒温层,温度变化剧烈区域主要集中在衬砌以及密封层内,温度对衬砌和密封层的影响程度远大于对围岩的影响。另外,平稳阶段的温度传导范围明显大于第一个循环。

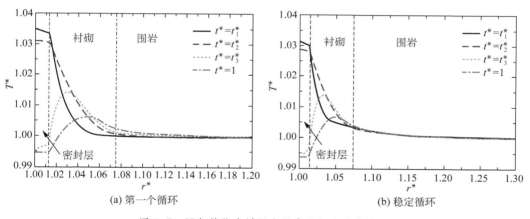

图 3-5　压气储能内衬洞室温度沿径向分布情况

3.2　温度和内压引起的压气储能内衬洞室力学响应解析解

　　3.1 节获得了洞室内压及温度场的解析解,接着由热弹性模型得到相应应力场和位移场的力学响应解析解,并给出了典型力学响应的变化情况;同时建立了一个热-力-气(洞室气体)的耦合求解数值模型,数值模拟计算结果以及已有的温度场研究结果可以用来对解析解进行验证;最后通过力学响应解析解探讨了温度对总的应力和位移的影响程度,以及不同换热系数对温度、应力和位移的影响。

为求解传热范围内洞室力学响应解析解,假设洞室周围材料满足热弹性本构关系,且将该热弹性问题视为轴对称问题,获得了温度和内压引起的压气储能内衬洞室力学响应解析解。

3.2.1 自生温度应力和位移

设压气储能洞室周围每层介质的温度变化为:$\bar{T}_j(r, t) = T_j(r, t) - T_0$,如前文所述,$j = 1, 2, 3$ 分别代表密封层、衬砌以及围岩。将自生温度应力问题考虑为轴对称问题,根据热弹性本构关系(蔡晓鸿,蔡勇平,2004)可得:

$$\sigma'_{rj}(r, t) = \frac{\alpha_j E_j}{1 - \mu_j} \frac{1}{r^2} \left[\frac{r^2 - r_{j-1}^2}{r_j^2 - r_{j-1}^2} \int_{r_{j-1}}^{r_j} \bar{T}_j(r, t) r \mathrm{d}r - \int_{r_{j-1}}^{r} \bar{T}_j(r, t) r \mathrm{d}r \right],$$
$$r_{j-1} \leqslant r \leqslant r_j \quad (j = 1, 2, 3) \tag{3-72}$$

$$\sigma'_{\theta j}(r, t) = \frac{\alpha_j E_j}{1 - \mu_j} \frac{1}{r^2} \left[\frac{r^2 + r_{j-1}^2}{r_j^2 - r_{j-1}^2} \int_{r_{j-1}}^{r_j} \bar{T}_j(r, t) r \mathrm{d}r + \int_{r_{j-1}}^{r} \bar{T}_j(r, t) r \mathrm{d}r - \bar{T}_j(r, t) r^2 \right],$$
$$r_{j-1} \leqslant r \leqslant r_j \quad (j = 1, 2, 3) \tag{3-73}$$

$$\sigma'_{zj}(r, t) = \frac{\alpha_j E_j}{1 - \mu_j} \left[\frac{2\mu_j}{r_j^2 - r_{j-1}^2} \int_{r_{j-1}}^{r_j} \bar{T}_j(r, t) r \mathrm{d}r - \bar{T}_j(r, t) \right],$$
$$r_{j-1} \leqslant r \leqslant r_j \quad (j = 1, 2, 3) \tag{3-74}$$

$$u'_{rj}(r, t) = \frac{1 + \mu_j}{1 - \mu_j} \frac{\alpha_j}{r} \left[\int_{r_{j-1}}^{r} \bar{T}_j(r, t) r \mathrm{d}r + \frac{(1 - 2\mu_j) r^2 + r_{j-1}^2}{r_j^2 - r_{j-1}^2} \int_{r_{j-1}}^{r_j} \bar{T}_j(r, t) r \mathrm{d}r \right],$$
$$r_{j-1} \leqslant r \leqslant r_j \quad (j = 1, 2, 3) \tag{3-75}$$

式中 $\sigma'_{rj}(r, t), \sigma'_{\theta j}(r, t), \sigma'_{zj}(r, t), u'_{rj}(r, t)$ ——第 j 层介质由于自身约束产生的径向应力、环向应力、纵向应力以及径向位移;

α_j, E_j, μ_j ——第 j 层介质的热线胀系数、弹性模量以及泊松比。

由式(3-75)可以得到 $r = r_{j-1}$ 和 $r = r_j$ 处的自生位移分别为

$$u'_{rj0}(r, t) = \frac{2\alpha_j (1 + \mu_j) r_{j-1}}{r_j^2 - r_{j-1}^2} \int_{r_{j-1}}^{r_j} \bar{T}_j(r, t) r \mathrm{d}r \quad (j = 1, 2, 3) \tag{3-76}$$

$$u'_{rj1}(r, t) = \frac{2\alpha_j (1 + \mu_j) r_j}{r_j^2 - r_{j-1}^2} \int_{r_{j-1}}^{r_j} \bar{T}_j(r, t) r \mathrm{d}r \quad (j = 1, 2, 3) \tag{3-77}$$

3.2.2 热弹性约束引起的应力和位移

上文在计算洞室不同介质的自生应力时采用了不同介质间相互独立、互不干扰的假设,但实际上由于内压和温度作用,每种介质必然"完全接触",第 j 种介质和第 $(j+1)$ 种介质之间必然存在接触压力 $P_j(j=1,2)$，令围岩外边界接触压力为 P_3，洞室内气体内压为 P_0，故在介质 j 内($j=1,2,3$) 根据无限长厚壁圆筒拉梅解有：

$$\sigma''_{rj}(r,t) = -\frac{r_{j-1}^2(r_j^2-r^2)}{r^2(r_j^2-r_{j-1}^2)}P_{j-1}(t) - \frac{r_j^2(r^2-r_{j-1}^2)}{r^2(r_j^2-r_{j-1}^2)}P_j(t) \tag{3-78}$$

$$\sigma''_{\theta j}(r,t) = \frac{r_{j-1}^2(r_j^2+r^2)}{r^2(r_j^2-r_{j-1}^2)}P_{j-1}(t) - \frac{r_j^2(r^2+r_{j-1}^2)}{r^2(r_j^2-r_{j-1}^2)}P_j(t) \tag{3-79}$$

$$\sigma''_{zj}(r,t) = \mu_j[\sigma''_{rj}(r,t) + \sigma''_{\theta j}(r,t)] \tag{3-80}$$

$$u''_{rj}(r,t) = \frac{1+\mu_j}{E_j}\frac{r_{j-1}^2}{r(r_j^2-r_{j-1}^2)}[(1-2\mu_j)r^2+r_j^2]P_{j-1}(t) -$$

$$\frac{1+\mu_j}{E_j}\frac{r_j^2}{r(r_j^2-r_{j-1}^2)}[(1-2\mu_j)r^2+r_{j-1}^2]P_j(t) \tag{3-81}$$

式中，$\sigma''_{rj}(r,t)$，$\sigma''_{\theta j}(r,t)$，$\sigma''_{zj}(r,t)$ 和 $u''_{rj}(r,t)$ 分别为接触压力引起的径向应力、环向应力、纵向应力和径向位移。

由式(3-81)可以得到 $r=r_{j-1}$ 和 $r=r_j$ 处的位移为

$$u''_{rj0} = \frac{1+\mu_j}{E_j}\frac{r_{j-1}}{r_j^2-r_{j-1}^2}[(1-2\mu_j)r_{j-1}^2+r_j^2]P_{j-1}(t) - \frac{2(1-\mu_j^2)}{E_j}\frac{r_j^2 r_{j-1}}{r_j^2-r_{j-1}^2}P_j(t) \tag{3-82}$$

$$u''_{rj1} = \frac{2(1-\mu_j^2)}{E_j}\frac{r_{j-1}^2 r_j}{r_j^2-r_{j-1}^2}P_{j-1}(t) - \frac{1+\mu_j}{E_j}\frac{r_j}{r_j^2-r_{j-1}^2}[(1-2\mu_j)r_j^2+r_{j-1}^2]P_j(t) \tag{3-83}$$

3.2.3 内压及温度变化引起的应力和位移

由密封层与衬砌、衬砌与围岩的位移连续条件，有：

$$\begin{cases} u'_{r11}+u''_{r11}=u'_{r20}+u''_{r20} \\ u'_{r21}+u''_{r21}=u'_{r30}+u''_{r30} \end{cases} \tag{3-84}$$

同时，围岩外边界的位移条件为

$$u'_{r31}+u''_{r31}=u_B \tag{3-85}$$

式中，u_B 为内表面受均布压力 P_3、无穷远处外压力为 0、内半径为 r_3 的厚壁圆筒的内表面径向位移，$u_B=(1+\mu_3)r_3 P_3/E_3$。

这样，通过式(3-72)—式(3-75)和式(3-85)可以解得 P_1，P_2 和 P_3，进而将热弹性约束应力、位移同自生温度应力、位移叠加，得到由空气内压和温度引起的压气储能内衬洞室应力场、位移场。

3.2.4 典型压气储能周期内的计算结果

按照表 3-5 所列参数，对压缩空气温度和压力引起的洞室周围应力场和位移场进行计算,得到典型周期内的计算结果,如图 3-6—图 3-9 所示。

表 3-5 计算所用参数

洞室几何构型				
V/m^3	r_0/m	r_1/m	r_2/m	r_3/m
3×10^5	8	8.1	8.6	12
空气参数				
$R/[\text{kJ}\cdot(\text{kg}\cdot\text{K})^{-1}]$	p_c/MPa	T_c/K	$c_{p0}/[\text{kJ}\cdot(\text{kg}\cdot\text{K})^{-1}]$	$c_{v0}/[\text{kJ}\cdot(\text{kg}\cdot\text{K})^{-1}]$
0.287	3.766	132.65	1.005	0.718

压气储能运营参数						
T_0/K	P_0/MPa	T_i/K	t_1/h	t_2/h	t_3/h	t_p/h	$\dot{m}_c/(\text{kg}\cdot\text{s}^{-1})$
310	4.5	322.4	8	14	18	24	236

力学参数以及热物理参数							
内衬洞室	导热系数/[W·(m·K)$^{-1}$]	比热/[kJ·(kg·K)$^{-1}$]	密度/(kg·m^{-3})	热膨胀系数/K^{-1}	弹性模量/GPa	泊松比	传热系数/[W·(m^2·K)$^{-1}$]
密封层	45	0.5	7 800	1.7×10^{-5}	200	0.3	50
衬砌	1.4	0.837	2 500	1.2×10^{-5}	30	0.3	—
围岩	3.5	1	2 700	1.2×10^{-5}	30	0.3	—

图 3-6、图 3-7 和图 3-8 分别给出了温度和内压作用下的洞室径向应力、环向应力和纵向应力在第一个循环和稳定循环内的变化情况(本节中规定:压应力和压应变为负,初始空气压力 p_0 为正)。图 3-6 中,不同介质的径向应力在充气阶段近似线性上升,而在放气阶段近似线性下降,在储存阶段径向应力值变化不大。径向应力变化幅值较大,例如在第一个循环充气阶段,洞壁处径向应力值从 p_0 增加到超过 $1.5p_0$,这对洞室稳定性影响很大。

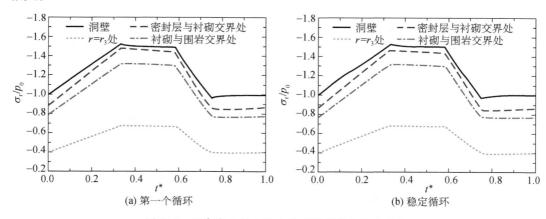

图 3-6 温度和空气内压作用下洞室径向应力变化

图 3-7 说明了温度和内压作用下密封层和衬砌环向应力随时间的变化情况。首先，从图中可以看出，衬砌和密封层表面环向应力均为拉应力，在密封层内表面（洞壁）、外表面和衬砌内表面，拉应力的变化趋势均为"下降—上升—上升—下降"，而衬砌的外表面拉应力则表现出不同的变化趋势："上升—平稳—下降—平稳"，造成这两种不同趋势的原因在于，温度变化剧烈的区域主要还是集中在密封层和衬砌内，衬砌外表面处的温度变化其实很小，这时环向应力主要受内压影响。其次，在数值上，密封层和衬砌表面产生了 $0 \sim 11p_0$ 不等的环向拉应力，内压和温度引起的环向拉应力很大，在 $p_0 = 4.5$ MPa 的条件下，密封层表面可以产生超过 45 MPa 的环向拉应力，衬砌表面可以产生超过 5 MPa 的环向拉应力。

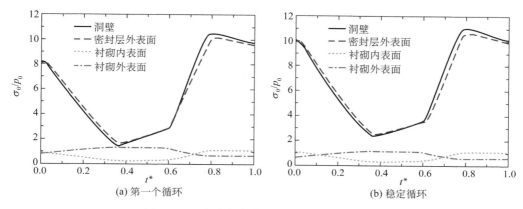

图 3-7　温度和空气内压作用下环向应力变化

图 3-8 所示为温度和空气内压作用下密封层和衬砌表面纵向应力的变化情况，纵向应力有拉应力也有压应力，但在大部分时间内处于压应力阶段。从压应力的角度看，密封层外表面和衬砌内表面的纵向应力变化趋势与环向应力一致。衬砌外表面的纵向应力相对较小，图 3-8(b) 中显示大部分时间内处于拉应力状态。

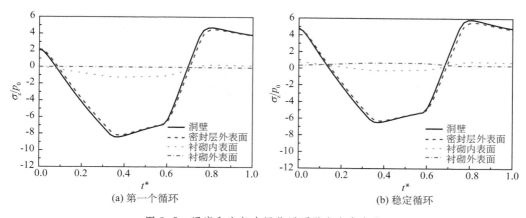

图 3-8　温度和空气内压作用下纵向应力变化

图 3-9 是温度和内压作用下洞室径向位移随时间的变化情况。从图中可以看出，密封层的径向位移沿径向几乎没有变化，洞壁以及密封层与衬砌交界处的位移几乎相同，这

主要是由于密封层厚度较小。显然,径向位移随时间的变化趋势需与径向应力的变化趋势一致,这也可以通过对比图 3-6 和图 3-9 得到体现。

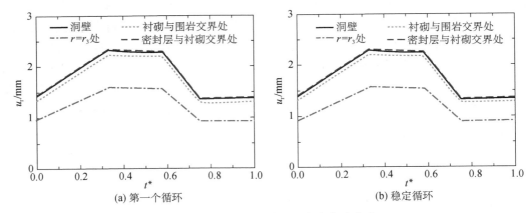

图 3-9　温度和内压作用下径向位移变化

3.2.5　解析解与数值模拟结果的对比

首先建立一个热-力-气(洞室气体)的耦合求解数值模型,通过数值模拟计算的结果对解析解进行验证,洞室几何条件、压缩空气和洞室的热力学性质以及运营参数同表 3-3 一致。洞室周围介质的力学性质:密封层弹性模量为 200 GPa,泊松比为 0.3;衬砌和围岩的弹性模量为 30 GPa,泊松比为 0.3。

采用 COMSOL 软件求解由温度和内压引起的应力场和位移场,主要过程如下:

(1) 将洞室内气体求解作为一个独立的模块,该模块囊括了洞室内气体温度、压强和密度求解所需的所有控制方程。

(2) 建立由密封层、衬砌和围岩组成的传热模块以及热弹性模块。

(3) 洞室内气体与传热模块、热弹性模块之间的关系如图 3-10 所示,对这三个模块之间进行耦合求解:洞内气体和传热模块之间具有热量传递,传热模块得到的温度场作为热弹性模块的温度条件,洞内气体压强作为力边界作用到热弹性模块上。

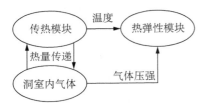

图 3-10　各模块之间的关系

(4) 传热模块和热弹性模块采用的模型网格如图 3-11 所示,其中模型的外边界取到 $r = 25r_0$,整个模型包含 51 576 个二次离散的三角形单元。

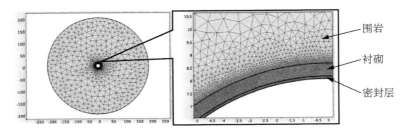

图 3-11　数值模拟采用的网格图

（5）设定好计算时间以及初始状态，然后进行计算。

图 3-12 和图 3-13 分别为径向应力和径向位移的对比情况，图中，数值解和解析解误差极小，两者几乎相等（相对误差小于 1‰）。图 3-14 和图 3-15 分别给出了第一个循环周期内数值解和解析解得到的环向应力和纵向应力的对比情况，这里需要指出的是，由于环向应力在两种不同介质接触处不连续，图中显示的环向应力和纵向应力在接触处的值为两种不同介质在同一点处的应力平均值。与温度场对比情况一致，在大部分时间内，数值结果和解析结果吻合较好，但是在第二个储气阶段，解析解和数值解差距较大，这种差距首先由温度解的细微差距引起，其次，密封层和衬砌相对较薄，接触压力相对小的误差会引起环向应力较大的误差。但总体上所有主要关心的变量结果均吻合较好，数值模拟结果反映了解析解的准确性和可行性。

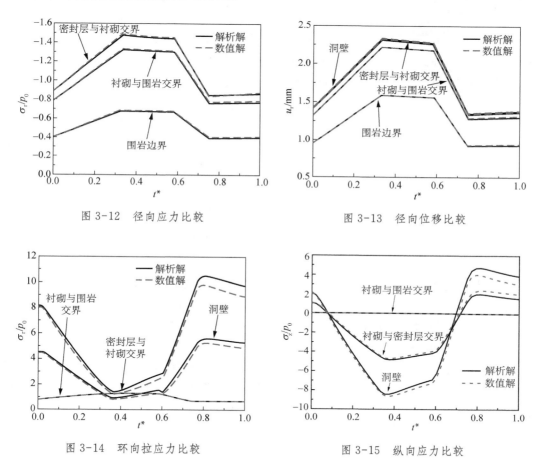

图 3-12　径向应力比较　　　　　图 3-13　径向位移比较

图 3-14　环向拉应力比较　　　　　图 3-15　纵向应力比较

3.3　压气储能内衬洞室热力耦合数值模型

3.3.1　模型建立

在压气储能洞室运营期间，洞室周围衬砌以及围岩的应力场由洞室开挖形成的初始应力场和洞室内高压气体以及温度场变化引起的应力场组成,采用 COMSOL 软件进行模拟,建立高内压和温度反复耦合作用下的压气储能内衬洞室热力耦合数值模型。采用内蒙古风电场洞室的初步设计尺寸,对典型的洞室断面进行建模,图 3-16 给出了详细的洞室尺寸和模型的网格布置,其中洞室由密封层、混凝土衬砌以及围岩组成。模型的上、下边界以及右边界到洞室内表面的距离为 $6r_0$,整个模型总共包含 15 221 个二次离散的三角形单元。

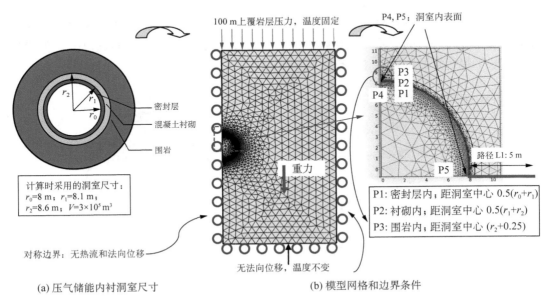

(a) 压气储能内衬洞室尺寸   (b) 模型网格和边界条件

图 3-16　压气储能内衬洞室尺寸、模型网格和边界条件

在对模型进行离散后,进行压气储能内衬洞室温度场和应力场的求解,主要过程如下:

(1) 建立固体力学模块,得到初始地应力场,该模块的边界条件以及荷载条件如图 3-16(b)所示,控制方程为弹性力学基本方程。

(2) 将洞室内气体状态求解作为一个独立的模块,该模块囊括了洞室内气体温度、压强和密度求解所需的所有控制方程,即式(3-1)和式(3-5)—式(3-8)。

(3) 建立由密封层、衬砌和围岩组成的传热模块,该模块控制方程为式(3-2)—式(3-4)。

(4) 建立由密封层、衬砌和围岩组成的热弹性模块。

(5) 洞室内气体与传热模块、热弹性模块、初始地应力模块之间的关系如图 3-17 所示。对这四个模块之间进行耦合求解:洞室内气体和传热模块之间具有热量传递,传热模块得到的温度

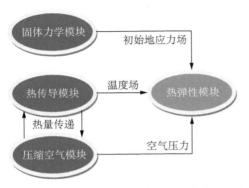

图 3-17　各模块之间的相互关系

场作为热弹性模块的温度条件,洞室内气体压强作为力边界作用到热弹性模块上,初始地应力模块得到的应力场作为热弹性模块的初始地应力条件施加在模型上。

（6）设定好计算时间以及初始状态,然后进行计算。

3.3.2　运营前洞室应力和位移

在压气储能运营前,洞室周围密封层和混凝土衬砌已构筑完毕,可采用图3-18所示的计算简图对运营前的应力场以及位移场进行解析计算。

根据郑颖人等（2012）的研究,对于围岩,应力和位移分量为

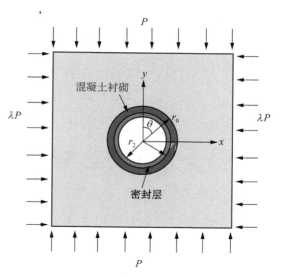

图 3-18　计算简图

$$
\begin{cases}
\sigma_{\mathrm{r}} = \dfrac{P}{2}\left[(1+\lambda)\left(1-\dfrac{\gamma r_0^2}{r^2}\right) + (1-\lambda)\left(1-\dfrac{2\beta r_0^2}{r^2}-\dfrac{3\delta r_0^4}{r^4}\right)\cos 2\theta\right] \\[3mm]
\sigma_{\theta} = \dfrac{P}{2}\left[(1+\lambda)\left(1+\dfrac{\gamma r_0^2}{r^2}\right) - (1-\lambda)\left(1-\dfrac{3\delta r_0^4}{r^4}\right)\cos 2\theta\right] \\[3mm]
\tau_{\mathrm{r}\theta} = -\dfrac{P}{2}(1-\lambda)\left(1+\dfrac{\beta r_0^2}{r^2}+\dfrac{3\delta r_0^4}{r^4}\right)\sin 2\theta
\end{cases}
\tag{3-86}
$$

$$
\begin{cases}
u = \dfrac{P r_0^2}{8Gr}\left\{2\gamma(1+\lambda) + (1-\lambda)\left[\beta(\kappa+1) + \dfrac{2\delta r_0^2}{r^2}\right]\cos 2\theta\right\} \\[3mm]
v = -\dfrac{P r_0^2}{8Gr}(1-\lambda)\left[\beta(\kappa-1) - \dfrac{2\delta r_0^2}{r^2}\right]\sin 2\theta
\end{cases}
\tag{3-87}
$$

对于衬砌,相应的应力、位移分量以及材料常数用下标 b 表示,其应力和位移分量为

$$
\begin{cases}
\sigma_{\mathrm{br}} = (2B_1 + B_2 r^{-2}) - (B_5 + 4B_3 r^{-2} - 3B_6 r^{-4})\cos 2\theta \\[2mm]
\sigma_{\mathrm{b}\theta} = (2B_1 - B_2 r^{-2}) + (B_5 + 12B_4 r^{-2} - 3B_6 r^{-4})\cos 2\theta \\[2mm]
\tau_{\mathrm{br}\theta} = (B_5 + 6B_4 r^2 - 2B_3 r^{-2} + 3B_6 r^{-4})\sin 2\theta
\end{cases}
\tag{3-88}
$$

$$
\begin{cases}
u_{\mathrm{b}} = \dfrac{1}{2G_{\mathrm{b}}}\big\{\left[(\kappa_{\mathrm{b}}-1)B_1 r - B_2 r^{-1}\right] + \left[(\kappa_{\mathrm{b}}-3)B_4 r^3 - B_5 r + (\kappa_{\mathrm{b}}+1)B_3 r^{-1} - \right. \\[2mm]
\qquad\quad \left. B_6 r^{-3}\right]\cos 2\theta\big\} \\[2mm]
v_{\mathrm{b}} = \dfrac{1}{2G_{\mathrm{b}}}\left[(\kappa_{\mathrm{b}}+3)B_4 r^3 + B_5 r - (\kappa_{\mathrm{b}}-1)B_3 r^{-1} - B_6 r^{-3}\right]\sin 2\theta
\end{cases}
\tag{3-89}
$$

对于密封层,相应的应力、位移分量以及材料常数用下标 c 表示,其应力和位移分量为

$$\begin{cases} \sigma_{cr} = (2A_1 + A_2 r^{-2}) - (A_5 + 4A_3 r^{-2} - 3A_6 r^{-4})\cos 2\theta \\ \sigma_{c\theta} = (2A_1 - A_2 r^{-2}) + (A_5 + 12A_4 r^{-2} - 3A_6 r^{-4})\cos 2\theta \\ \tau_{cr\theta} = (A_5 + 6A_4 r^2 - 2A_3 r^{-2} + 3A_6 r^{-4})\sin 2\theta \end{cases} \quad (3-90)$$

$$\begin{cases} u_c = \dfrac{1}{2G_c}\{[(\kappa_c - 1)A_1 r - A_2 r^{-1}] + [(\kappa_c - 3)A_4 r^3 - A_5 r + (\kappa_c + 1)A_3 r^{-1} - \\ \qquad A_6 r^{-3}]\cos 2\theta\} \\ v_c = \dfrac{1}{2G_c}[(\kappa_c + 3)A_4 r^3 + A_5 r - (\kappa_c - 1)A_3 r^{-1} - A_6 r^{-3}]\sin 2\theta \end{cases} \quad (3-91)$$

式中,$\kappa_n = 3 - 4\mu_n$,$G_n = E_n/(2 + 2\mu_n)$。

式(3-86)—式(3-91)中,G,G_b,G_c,κ,κ_b,κ_c 分别为围岩、衬砌、密封层的材料常数;μ_n 为相应材料的泊松比;G_n 为相应材料的剪切模量;E_n 为相应材料的弹性模量;γ,β,δ,A_1,A_2,A_3,A_4,A_5,A_6,B_1,B_2,B_3,B_4,B_5,B_6 按式(3-92)—式(3-94)确定:

$$\begin{cases} \gamma = \dfrac{G[(\kappa_b - 1)r_0^2 + 2r_1^2 - (\kappa_b + 1)r_1^2 f_1]}{G[(\kappa_b - 1)r_0^2 + 2r_1^2 - (\kappa_b + 1)r_1^2 f_1] + 2G_c(r_0^2 - r_1^2)} \\ \beta = 2\dfrac{G(H - Lf_2) + G_b(r_0^2 - r_1^2)^3}{G(H - Lf_2) + G_b(3\kappa + 1)(r_0^2 - r_1^2)^3} \\ \delta = -\dfrac{G(H - Lf_2) + G_c(r_0^2 - r_1^2)^3}{G(H - Lf_2) + G_c(3\kappa + 1)(r_0^2 - r_1^2)^3} \end{cases} \quad (3-92)$$

$$\begin{cases} B_1 = \dfrac{P}{4}(1 + \lambda)(1 - \gamma)\dfrac{r_0^2}{r_0^2 - r_1^2}\left(1 - \dfrac{r_1^2}{r_0^2}f_1\right) \\[2mm] B_2 = -\dfrac{P}{2}(1 + \lambda)(1 - \gamma)\dfrac{r_0^2 r_1^2}{r_0^2 - r_1^2}(1 - f_1) \\[2mm] B_3 = \dfrac{3P}{4}(1 - \lambda)(1 + \delta)\dfrac{r_0^2 r_1^2(2r_0^4 + r_0^2 r_1^2 + r_1^4)}{(r_0^2 - r_1^2)^3}\left(1 - \dfrac{r_0^4 + r_0^2 r_1^2 + 2r_1^4}{2r_0^4 + r_0^2 r_1^2 + r_1^4}f_2\right) \\[2mm] B_4 = \dfrac{P}{4}(1 - \lambda)(1 + \delta)\dfrac{r_0^2(r_0^2 + 3r_1^2)}{(r_0^2 - r_1^2)^3}\left[1 - \dfrac{r_1^2(3r_0^2 + r_1^2)}{r_0^2(r_0^2 + 3r_1^2)}f_2\right] \\[2mm] B_5 = -\dfrac{3P}{2}(1 - \lambda)(1 + \delta)\dfrac{r_0^2(r_0^4 + r_0^2 r_1^2 + 2r_1^4)}{(r_0^2 - r_1^2)^3}\left[1 - \dfrac{r_1^2(2r_0^4 + r_0^2 r_1^2 + r_1^4)}{r_0^2(r_0^4 + r_0^2 r_1^2 + 2r_1^4)}f_2\right] \\[2mm] B_6 = \dfrac{P}{2}(1 - \lambda)(1 + \delta)\dfrac{r_0^2 r_1^4(3r_0^4 + r_0^2 r_1^2)}{(r_0^2 - r_1^2)^3}\left(1 - \dfrac{r_0^2 + 3r_1^2}{3r_0^2 + r_1^2}f_2\right) \end{cases}$$

$$(3-93)$$

$$\begin{cases} A_1 = \dfrac{P}{4}(1+\lambda)(1-\gamma) \\[2mm] A_2 = -\dfrac{P}{2}(1+\lambda)(1-\gamma)\dfrac{r_1^2 r_2^2}{r_1^2 - r_2^2}f_1 \\[2mm] A_3 = \dfrac{3P}{4}(1-\lambda)(1+\delta)\dfrac{r_1^2 r_2^2(2r_1^4 + r_1^2 r_2^2 + r_2^4)}{(r_1^2 - r_2^2)^3}f_2 \\[2mm] A_4 = \dfrac{P}{4}(1-\lambda)(1+\delta)\dfrac{r_1^2(r_1^2 + 2r_2^2)}{(r_1^2 - r_2^2)^3}f_2 \\[2mm] A_5 = -\dfrac{3P}{2}(1-\lambda)(1+\delta)\dfrac{r_1^2(r_1^4 + r_1^2 r_2^2 + 2r_2^4)}{(r_1^2 - r_2^2)^3}f_2 \\[2mm] A_6 = \dfrac{P}{2}(1-\lambda)(1+\delta)\dfrac{r_1^4 r_2^4(3r_1^4 + r_2^2)}{(r_1^2 - r_2^2)^3}f_2 \end{cases} \qquad (3\text{-}94)$$

式(3-92)—式(3-94)中,有:

$$\begin{cases} f_1 = \dfrac{G_c(\kappa_b+1)r_0^2(r_1^2 - r_2^2)}{G_c(r_1^2 - r_2^2)[(\kappa_b-1)r_1^2 + 2r_0^2] + G_b(r_0^2 - r_1^2)[(\kappa_c-1)r_1^2 + 2r_2^2]} \\[3mm] f_2 = \dfrac{2G_c r_0^2(r_1^2 - r_2^2)(\kappa_b+1)(3r_0^4 + 2r_0^2 r_1^2 + 3r_1^4)}{\left\{\begin{array}{l} G_c(r_1^2 - r_2^2)[r_0^6(3\kappa_b+1) + 3r_0^4 r_1^2(\kappa_b+3) + 3r_0^2 r_1^4(3\kappa_b+1) + \\ r_1^6(3\kappa_b+1)] + G_b(r_0^2 - r_1^2)[r_1^6(3\kappa_c+1) + 3r_1^4 r_2^2(3\kappa_c+1) + \\ 3r_1^2 r_2^4(\kappa_c+3) + r_2^6(3\kappa_c+1)] \end{array}\right\}} \\[3mm] L = 2r_1^2(\kappa_b+1)(3r_0^4 + 2r_0^2 r_1^2 + 3r_1^4) \\[2mm] H = r_0^6(\kappa_c+3) + 3r_0^4 r_1^2(3\kappa_c+1) + 3r_0^2 r_1^4(\kappa_c+3) + r_1^6(3\kappa_c+1) \end{cases} \qquad (3\text{-}95)$$

3.3.3　模型验证

采用与表 3-4 一致的参数对热力耦合模型进行计算,得到洞室内气体温度、压强以及洞室周围温度场,数值模型得到的结果与 3.3.2 节的数值结果一致,因此也与解析结果一致,说明用压气储能洞室热力耦合模型来计算温度场是可行的。对于运营期间洞室的力学响应,可根据运营前洞室应力场和位移场的解析计算,然后叠加力学响应"增量"进行计算。解析结果与数值结果的对比情况如图 3-19 所示(本节中规定压应力为正)。对于一个运营周期,洞室顶部密封层与衬砌接触处的径向应力以及围岩与衬砌接触处的径向应力的数值结果与解析结果较为吻合,说明用压气储能洞室热力耦合模型来计算运营阶段的洞室力学响应是可行的,图中数值结果与解析结果之间的误差是由解析法未考虑洞室周围各层材料的重力以及较为粗糙的有限元网格引起。

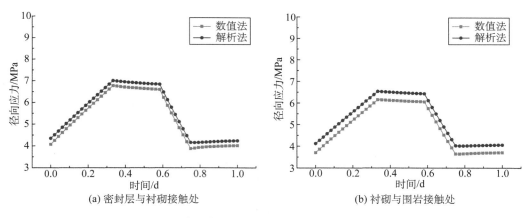

(a) 密封层与衬砌接触处　　　　　　　(b) 衬砌与围岩接触处

图 3-19　洞室顶部不同部位径向应力随时间变化的对比

3.4　不同密封形式压气储能内衬洞室的温度场和力学响应

3.4.1　温度场变化特征

按照 3.3 节所述的压气储能数值分析模型的建立方法,分别建立将钢衬、气密性混凝土和高分子材料作为密封层时的洞室耦合分析模型,对洞室的温度场进行分析,进而得到不同密封形式下洞室温度场的变化特征。针对均质围岩,Kushnir 等(2012a;2012b)认为,压气储能充放气需要达到一定次数,温度场才能达到真正的稳定(温度渗透范围要足够大),因此,他们选择第 15 个循环作为长期分析的时间跨度。Allen 等(1982)认为,硬岩内压气储能温度场的稳定循环数为 50,而 Rutqvist 等(2012a)的研究成果则显示,内衬洞室温度场需要 100 个循环才能达到稳定。由于所建耦合模型的耦合度高,所需计算时间长且后续计算工况繁多,因此仅以 30 个循环周期内的计算结果为例,分析压气储能内衬洞室在第 1 周、30 天内以及第 30 天的计算结果。数值模拟中采用的钢衬、气密性混凝土(这里参数与混凝土衬砌一致)以及高分子材料(以丁基橡胶为例)的热力性质如表 3-6 所示。

表 3-6　　　　　　　钢衬、气密性混凝土以及高分子材料热力性质

密封形式	弹性模量 E/MPa	泊松比 μ	密度 ρ /(kg·m^{-3})	热膨胀系数 α	导热系数/ [W·(m·K)$^{-1}$]	比热/[kJ· (kg·K)$^{-1}$]
钢衬	2×10^5	0.3	7 800	1.7×10^{-5}	45	0.5
气密性混凝土	3 000	0.3	2 500	1.2×10^{-5}	1.4	0.837
高分子材料	1.5	0.499 5	920	4.8×10^{-4}	0.091	1.94

1. 洞室内空气温度

钢衬密封情况下,洞室内空气温度在 30 个循环(30 天)内的变化情况如图3-20所示。一个循环内空气温度最大值在最初的几个循环内先减小,之后随着循环次数的增加而逐

步增加;一个循环内空气温度最小值随着循环次数的增加而逐步增加。空气温度的升高主要是由于携带热量的空气不断注入洞室内,且压缩空气使空气升温。从热力学角度,特别是气体状态方程可以看出,空气压力上升几兆帕将产生很大的温度变化,但由于空气的注入温度低于 40 ℃,同时空气热量以换热的形式传递到密封层内,洞室内空气与洞室结构之间的传热效应非常明显。

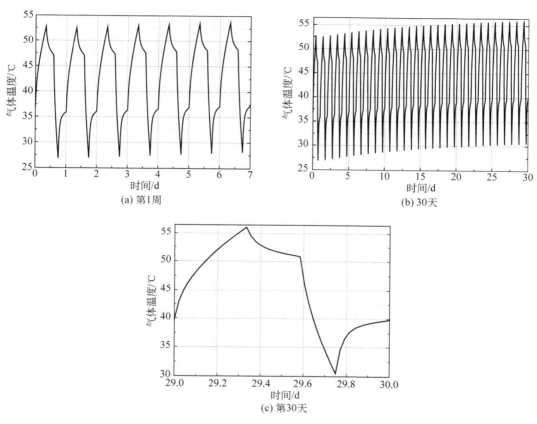

图 3-20　钢衬密封时洞室内空气温度随时间的变化

图 3-20 显示在运营过程中空气温度最大值低于 60 ℃。对于第一个循环,在充气过程中,空气温度从 37 ℃升高到 52.5 ℃,随后在储存阶段,由于对流换热效应,洞室内空气受到洞壁的冷却作用而温度下降,空气温度降低到 47 ℃;在放气过程中,空气温度下降到 26.5 ℃,但是在放气后的储存阶段,洞室内空气受到洞壁的加热作用而温度上升到 36 ℃。对于第 30 个循环,在充气过程中,空气温度从 40 ℃升高到 56 ℃,随后在储存阶段,由于对流换热效应,洞室内空气受到洞壁的冷却作用而温度下降,空气温度降低到 51 ℃;在放气过程中,空气温度下降到 30 ℃,但是在放气后的储存阶段,洞室内空气受到洞壁的加热作用而温度上升到 40 ℃。洞室内空气温度在一个循环周期内随着时间呈“上升—下降—下降—上升”的变化趋势。

气密性混凝土密封情况下,洞室内空气温度在 30 个循环(30 天)内的变化情况如图 3-21 所示。洞室内空气温度随循环次数增加的变化规律同钢衬的情况一致,但由于气密性混凝土导热系数低于钢衬而比热高于钢衬,随着压气储能循环的进行,空气温度最大值较钢衬密封时高,而温度最小值较钢衬密封时低。

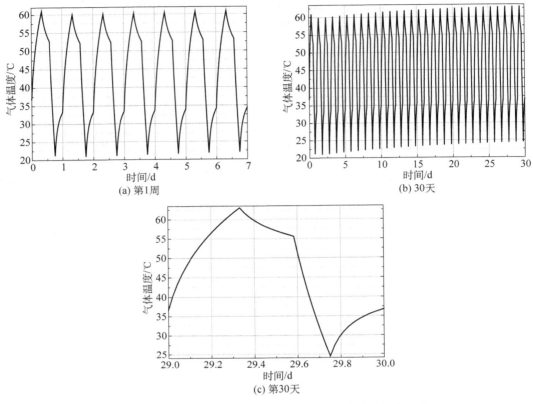

图 3-21　气密性混凝土密封时洞室内空气温度随时间的变化

　　图 3-21 显示在运营过程中空气温度最大值高于 60 ℃。对于第一个循环,在充气过程中,空气温度从 37 ℃升高到 51.5 ℃,随后在储存阶段,由于对流换热效应,洞室内空气受到洞壁的冷却作用而温度下降,空气温度降低到 53 ℃;在放气过程中,空气温度下降到 21 ℃,但是在放气后的储存阶段,洞室内空气受到洞壁的加热作用而温度上升到 33.5 ℃。对于第 30 个循环,在充气过程中,空气温度从 37 ℃升高到 63 ℃,随后在储存阶段,由于对流换热效应,洞室内空气受到洞壁的冷却作用而温度下降,空气温度降低到 55.5 ℃;在放气过程中,空气温度下降到 27 ℃,但是在放气后的储存阶段,洞室内空气受到洞壁的加热作用而温度上升到 37 ℃。洞室空气温度在一个循环周期内随着时间仍呈"上升—下降—下降—上升"的变化趋势。

　　高分子材料密封情况下,洞室内空气温度在 30 个循环(30 天)内的变化情况如图 3-22 所示。由于高分子材料导热系数低于钢衬和气密性混凝土,而比热高于钢衬和气密性混凝土,空气温度在初始的 4 个循环内变化较为剧烈,随着循环次数的增加,空气温度最大值先减小后增大,空气温度最小值也是先减小后平缓增大。随着压气储能循环的进行,空气温度最大值较钢衬和气密性混凝土密封时高,而温度最小值较钢衬和气密性混凝土密封时低。

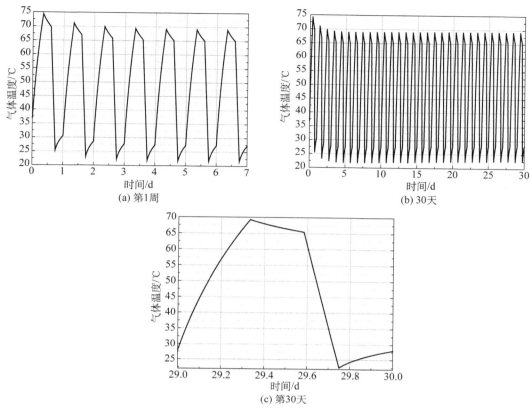

图 3-22 高分子材料密封时洞室内空气温度随时间的变化

图 3-22 显示在运营过程中空气温度最大值高于 70 ℃,发生在第一个循环内。对于第一个循环,在充气过程中,空气温度从 37 ℃升高到 74 ℃,随后在储存阶段,由于对流换热效应,洞室内空气受到洞壁的冷却作用而温度下降,空气温度降低到 70 ℃;在放气过程中,空气温度下降到 25 ℃,但是在放气后的储存阶段,洞室内空气受到洞壁的加热作用而温度上升到 30 ℃。对于第 30 个循环,在充气过程中,空气温度从 27 ℃升高到 69.5 ℃,随后在储存阶段,由于对流换热效应,洞室内空气受到洞壁的冷却作用而温度下降,空气温度降低到 65 ℃;在放气过程中,空气温度下降到 22 ℃,但是在放气后的储存阶段,洞室内空气受到洞壁的加热作用而温度上升到 27 ℃。洞室空气温度在一个循环周期内随着时间仍呈"上升—下降—下降—上升"的变化趋势。

2. 洞室内空气压力

钢衬密封情况下,洞室内空气压力在 30 个循环(30 天)内的变化情况如图 3-23 所示。一个循环内空气压力最大值和最小值均随着循环次数的增加而平缓增加。对于第 30 个循环,在充气过程中,空气压力从 4.55 MPa 升高到 6.88 MPa,随后在储存阶段,由于对流换热效应,洞室内空气受到洞壁的冷却作用而温度下降,空气压力随之降低到 6.8 MPa;在放气过程中,空气压力直线下降到 4.4 MPa,但是在放气后的储存阶段,洞室内空气受到洞壁的加热作用而温度上升,空气压力随之增加到 4.55 MPa。洞室空气压力在一个循环周期内随着时间呈"上升—下降—下降—上升"的变化趋势。

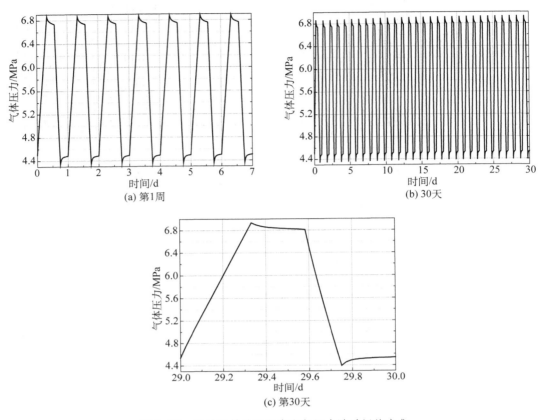

(a) 第1周

(b) 30天

(c) 第30天

图 3-23　钢衬密封时洞室内空气压力随时间的变化

　　气密性混凝土密封情况下,洞室内空气压力在 30 个循环(30 天)内的变化情况如图 3-24 所示。空气压力的变化与钢衬密封的规律一致,一个循环内空气压力最大值和最小值均随着循环次数的增加而平缓增加,但一个循环内空气压力最大值和最小值均较钢衬时大。对于第 30 个循环,在充气过程中,空气压力从 4.6 MPa 升高到 7.2 MPa,随后在储存阶段,空气压力降低到 7 MPa;在放气过程中,空气压力直线下降到 4.4 MPa,但是在放气后的储存阶段,洞室内空气压力增加到 4.6 MPa。洞室内空气压力在一个循环周期内随时间仍呈"上升—下降—下降—上升"的变化趋势。

　　高分子材料密封情况下,洞室内空气压力在 30 个循环(30 天)内的变化情况如图 3-25 所示。由于洞室内气体温度的变化规律与钢衬、气密性混凝土密封的情况不同,高分子材料密封时洞室内空气压力的变化规律也不尽相同。一个循环内空气压力最大值和最小值均随着循环次数的增加先减小后平缓增加,但一个循环内空气压力最大值和最小值均较钢衬和气密性混凝土时大。对于第 30 个循环,在充气过程中,空气压力从 4.5 MPa 升高到 7.38 MPa,随后在储存阶段,空气压力降低到 7.24 MPa;在放气过程中,空气压力直线下降到 4.4 MPa,但是在放气后的储存阶段,洞室内空气压力增加到 4.5 MPa。洞室空气压力在一个循环周期内随时间仍呈"上升—下降—下降—上升"的变化趋势。

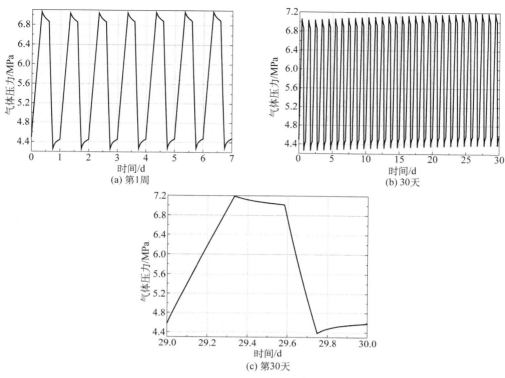

图 3-24　气密性混凝土密封时洞室内空气压力随时间的变化

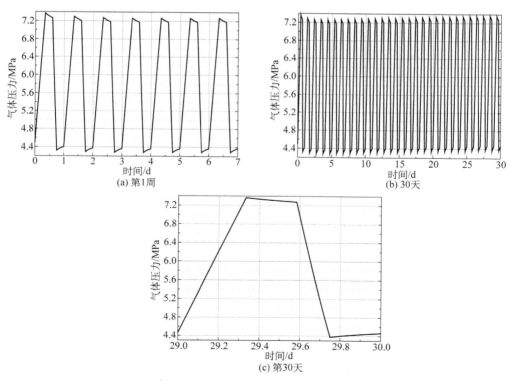

图 3-25　高分子材料密封时洞室内空气压力随时间的变化

3. 密封层、衬砌和围岩温度

以图 3-16 中 P1，P2 和 P3 作为特征点，以其温度代表密封层、衬砌和围岩的温度进行分析。

钢衬密封情况下，密封层、衬砌和围岩温度在 30 个循环（30 天）内的变化如图 3-26 所示。洞室密封层与衬砌的温度变化规律与空气温度一致，充气阶段和放气后的储存阶段温度升高，而放气阶段和充气后的储存阶段温度降低。在充气后的储存阶段，密封层的温度低于洞室内空气温度，但在放气后的储存阶段，密封层的温度高于洞室内空气温度。总之，在一个周期内，密封层、衬砌和围岩温度均随着时间呈"上升—下降—下降—上升"的变化趋势。

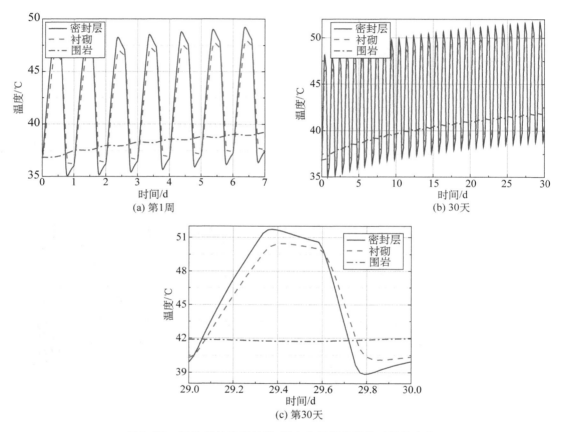

图 3-26 钢衬密封时密封层、衬砌和围岩温度随时间的变化

由于围岩特征点 P3 与洞室内表面的距离较大，在 30 个循环内其受压气储能的影响较小，因此，P3 点的温度随循环次数的增加而缓慢升高，其温度变化幅值低于密封层和衬砌温度变化幅值。在一个周期内，P3 的温度未发生剧烈变化。

气密性混凝土密封情况下，密封层、衬砌和围岩温度在 30 个循环（30 天）内的变化如图 3-27 所示。密封层、衬砌和围岩温度的变化规律与钢衬密封的情况一致，但不同的是，密封层处温度较钢衬时高，衬砌处温度较钢衬时低，且 P2 点与 P1 点温度相差较大。在一个周期内,密封层、衬砌和围岩温度随时间仍呈"上升—下降—下降—上升"的变化趋势。

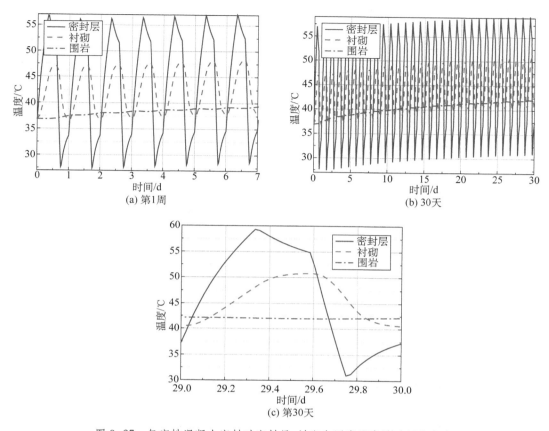

(a) 第1周

(b) 30天

(c) 第30天

图 3-27　气密性混凝土密封时密封层、衬砌和围岩温度随时间的变化

高分子材料密封情况下,密封层、衬砌和围岩温度在 30 个循环(30 天)内的变化如图 3-28 所示。密封层温度随循环次数的增加先减小后平稳升高,密封层温度较钢衬和气密性混凝土时大;衬砌和围岩温度随循环次数的增加而升高,但其温度值较钢衬和气密性混凝土时小;密封层与衬砌、围岩之间温度相差较大。在一个周期内,密封层、衬砌和围岩温度随时间仍呈"上升—下降—下降—上升"的变化趋势。

图 3-29 所示为钢衬密封时洞室周围温度场,该图说明,洞室内表面 7 m 外的温度场受压气储能影响不大,温度只在密封层、衬砌内变化较大,因而只有密封层、衬砌以及围岩内表面的温度受压气储能影响较大。对于图 3-16 中设定的路径 L1,图 3-30 给出了其在钢衬密封时温度沿径向的变化情况,该图分别对应第 30 个循环的 4 个关键时间节点。在第 30 个循环内,围岩内温度变化大的区域较小,从热力学角度来看,围岩外边界受压气储能的影响极小,因此,图 3-16 中给定的温度边界是合理的。此外,围岩内温度沿路径 L1 长度的增加而逐渐降低。

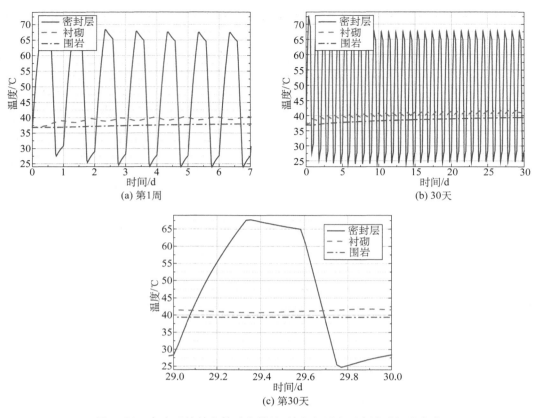

(a) 第1周

(b) 30天

(c) 第30天

图 3-28　高分子材料密封时密封层、衬砌和围岩温度随时间的变化

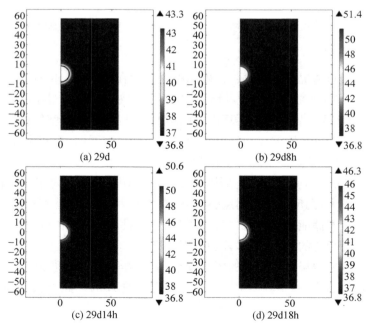

(a) 29d

(b) 29d8h

(c) 29d14h

(d) 29d18h

图 3-29　钢衬密封时第 30 个循环内的洞室温度场(℃)

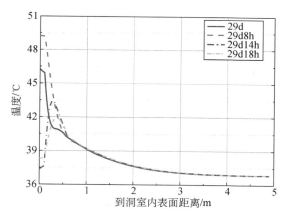

图 3-30　钢衬密封时温度随到洞室内表面距离的变化

图 3-31 所示为气密性混凝土密封时洞室周围温度场,图 3-32 是气密性混凝土密封时各层温度沿路径 L1 的变化。这两个图表明,洞室内表面 7 m 外的温度场受压气储能影响不大,温度也只在密封层、衬砌内变化较大,因而只有密封层、衬砌以及围岩内表面的温度受压气储能影响较大。围岩温度沿路径 L1 的变化规律与钢衬密封的情况一致,只是在第 30 个循环内温度变化剧烈区域较钢衬密封时小。

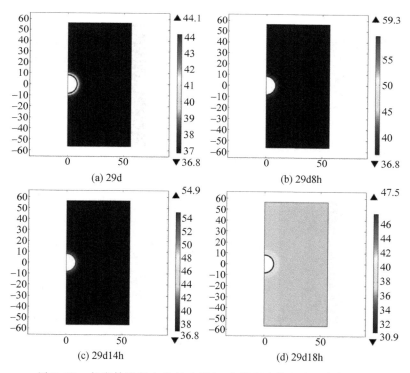

(a) 29d

(b) 29d8h

(c) 29d14h

(d) 29d18h

图 3-31　气密性混凝土密封时第 30 个循环内的洞室温度场(℃)

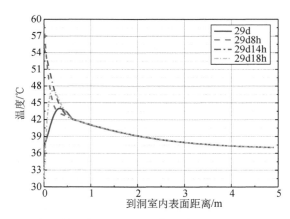

图 3-32　气密性混凝土密封时温度随到洞室内表面距离的变化

　　图 3-33 所示为高分子材料密封时洞室周围温度场，图 3-34 是高分子材料密封时各层温度沿路径 L1 的变化。与钢衬和气密性混凝土密封时不同，第 30 个循环内温度只在离洞室内表面很小的范围内剧烈变化，且温度变化的幅值较钢衬和气密性混凝土时大。

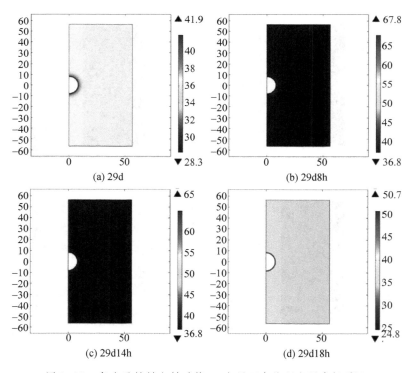

图 3-33　高分子材料密封时第 30 个循环内的洞室温度场(℃)

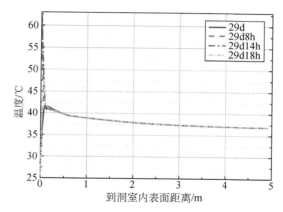

图 3-34　高分子材料密封时温度随到洞室内表面距离的变化

3.4.2　结构力学响应

1. 第一主应力

钢衬密封情况下,洞室周围第一主应力在 30 个循环(30 天)内的变化情况如图 3-35 所示。在一个循环内,密封层内表面和衬砌内表面的第一主应力先在充气阶段减小,然后在充气后的储存阶段和放气阶段随时间增加,最后在放气后的储存阶段不断减

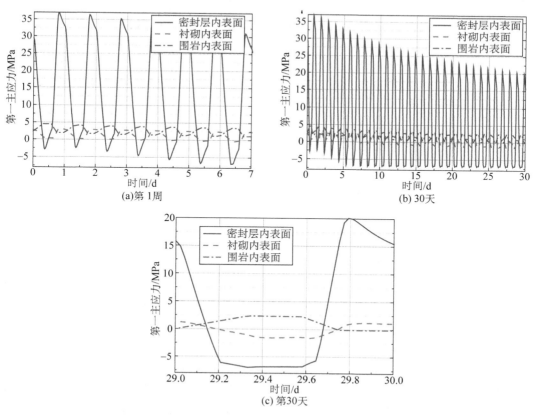

图 3-35　钢衬密封时第一主应力随时间的变化

小。围岩内表面第一主应力变化规律与密封层、衬砌内表面的情况相反,在充气阶段和放气后的储存阶段应力增加,而在放气阶段和充气后的储存阶段应力减小。本节中规定压应力和压应变为负。

在一个循环内,密封层内表面第一主应力最大值随着循环次数的增加而不断减小,但最小值在初始几个循环内先增大而后随着循环次数的增加而减小;衬砌和围岩内表面第一主应力最大值和最小值均随着循环次数的增加而减小。钢衬密封时密封层第一主应力的变化幅值远大于衬砌和围岩第一主应力的变化幅值。

气密性混凝土密封情况下,洞室周围第一主应力在 30 个循环(30 天)内的变化情况如图 3-36 所示。在一个循环内,密封层和衬砌内表面第一主应力随时间仍呈"下降—上升—上升—下降"的变化趋势,围岩内表面第一主应力随时间仍呈"上升—下降—下降—上升"的变化规律。但密封层内的应力较钢衬时明显减小,而衬砌与围岩内表面第一主应力值变化不大。

在一个循环内,密封层内表面第一主应力最大值随着循环次数的增加而不断减小,最小值在初始几个循环内先增大而后随着循环次数的增加而减小;衬砌和围岩内表面第一主应力最大值和最小值均随着循环次数的增加而减小,这与钢衬密封的情况一致。

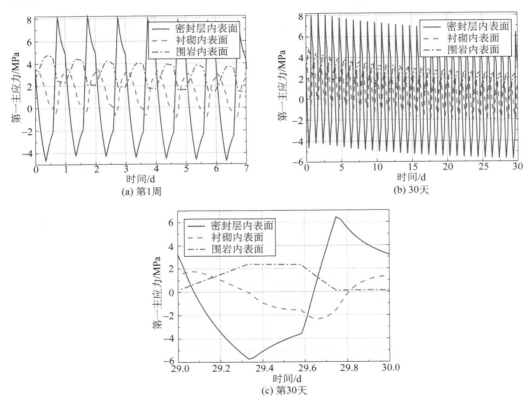

图 3-36　气密性混凝土密封时第一主应力随时间的变化

高分子材料密封情况下,洞室周围第一主应力在 30 个循环(30 天)内的变化情况如图 3-37 所示。高分子材料作为密封层时,由于温度在很小范围内剧烈变化,各材料层的第一主应力变化与钢衬和气密性混凝土的情况相差很大。在一个循环内,衬砌和围岩内表面第一主应力随时间呈"上升—下降—下降—上升"的变化趋势,密封层内表面第一主应力随时间呈"下降—上升—上升—下降"的变化规律。

在一个循环内,衬砌和密封层内表面第一主应力最大值和最小值均随着循环次数的增加而减小,但密封层内第表面一主应力最大值和最小值随时间几乎不变。由于橡胶材料的泊松比接近0.5,这时橡胶受力类似于静水受压,因此橡胶的第一主应力值均小于0,表明橡胶在每个循环内都受压。

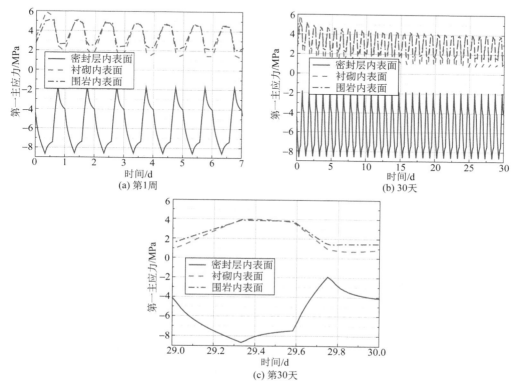

图3-37　高分子材料密封时第一主应力随时间的变化

2. 第三主应力

钢衬密封情况下,洞室周围第三主应力在30个循环(30天)内的变化情况如图3-38所示,图中所示第三主应力均为压应力。在一个循环内,密封层、衬砌和围岩内表面第三主应力变化规律一致,均随时间呈"下降—上升—上升—下降"的变化趋势,先在充气阶段减小,然后在充气后的储存阶段和放气阶段增加,最后在放气后的储存阶段不断减小。

在一个循环内,衬砌和围岩内表面第三主应力最大值和最小值随着循环的进行几乎不变,而密封层内表面第三主应力最大值随着循环次数的增加也几乎不变,但最小值在初始几个循环内先增大而后随着循环次数的增加而减小。钢衬密封时密封层第三主应力的变化幅值远大于衬砌和围岩第三主应力的变化幅值,但仍未达到钢衬的屈服强度。

气密性混凝土密封情况下,洞室周围第三主应力在30个循环(30天)内的变化情况如图3-39所示。在一个循环内,密封层和围岩内表面第三主应力仍随时间呈"下降—上

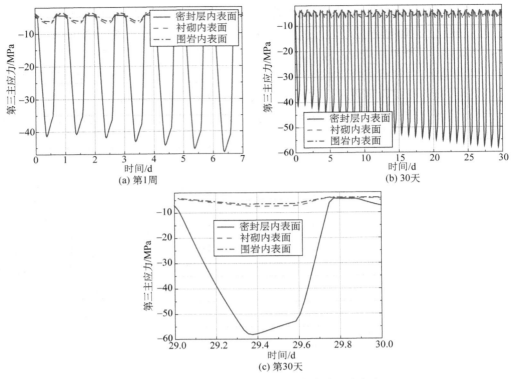

图 3-38　钢衬密封时第三主应力随时间的变化

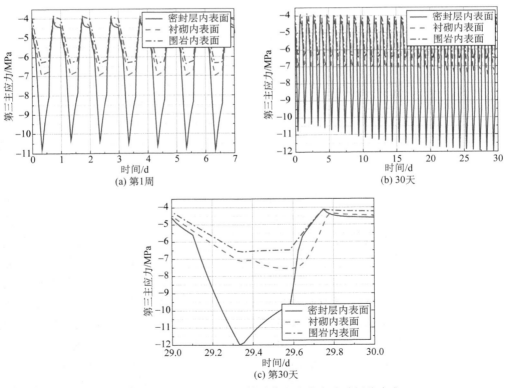

图 3-39　气密性混凝土密封时第三主应力随时间的变化

升—上升—下降"的变化趋势,衬砌内表面第三主应力随时间呈"深 V 形"的变化规律,先不断减小,然后逐渐增大。密封层内表面第三主应力值较钢衬时明显减小,而围岩内表面第三主应力值变化不大。

在一个循环内,密封层、衬砌、围岩内表面第三主应力最大值随着循环次数的增加而平缓减小,衬砌和围岩最小值也随着时间平缓减小,而密封层内表面应力最小值在初始几个循环内先增大而后随着循环次数的增加而减小,这与钢衬密封的情况一致。

高分子材料密封情况下,洞室周围第三主应力在 30 个循环(30 天)内的变化情况如图 3-40 所示。在一个循环内,密封层、衬砌和围岩内表面第三主应力随时间呈"下降—上升—上升—下降"的变化规律,第三主应力最大值和最小值均随着时间的增加而缓慢减小。图 3-40 所示的各层应力之间的差距较钢衬与气密性混凝土时小。

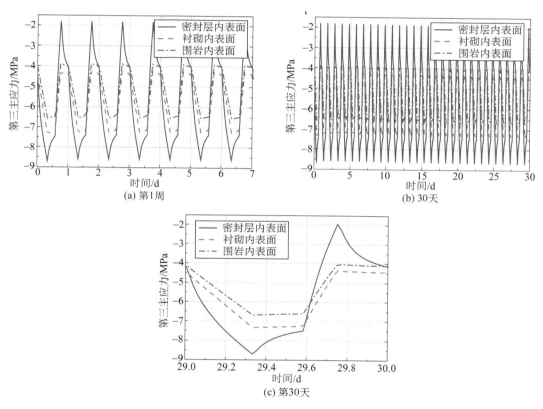

图 3-40　高分子材料密封时第三主应力随时间的变化

3. 环向应变

压气储能洞室设计中的密封性要求很大程度上需要通过控制密封层和衬砌环向应变来满足,一旦环向应变超过材料的极限值,材料就会产生张拉裂缝,空气可能从洞室内泄漏,进而对压气储能的效率产生影响。

钢衬密封情况下,洞室顶部密封层、衬砌和围岩环向应变在 30 个循环(30 天)内的变化情况如图 3-41 所示。从图中可以看出,洞顶各层环向应变均为拉应变,且一个循环内拉应变的变化趋势均为"上升—下降—下降—上升",先在充气阶段增加,然后在充气后的储存阶段和放气阶段随时间减小,最后在放气后的储存阶段不断增加。由于密封层厚度较小,密封层和衬砌内表面环向应变几乎相同,且大于围岩内表面环向应变。在30个循环中,每个循环内密封层、衬砌以及围岩洞顶环向应变最大值和最小值均随着循环次数的增加而增加。

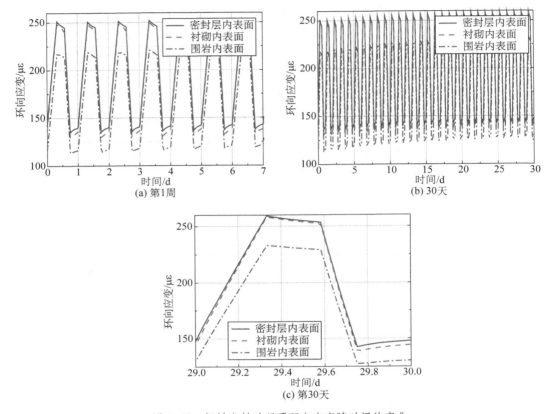

图 3-41 钢衬密封时洞顶环向应变随时间的变化

气密性混凝土密封情况下洞室顶部各层环向应变在30个循环(30天)内的变化情况如图3-42所示。与钢衬的情况相比,各层的应变几乎不变。在一个循环内,拉应变的变化趋势仍为"上升—下降—下降—上升"。在30个循环中,每个循环内密封层、衬砌以及围岩洞顶环向应变最大值和最小值仍随着循环次数的增加而增加。

高分子材料密封情况下,洞室顶部各层环向应变在30个循环(30天)内的变化情况如图3-43所示。衬砌与围岩内表面的环向应变较钢衬和气密性混凝土的情况变化不大,且随时间变化的规律也相同。但由于采用高分子材料作为密封层,密封层环向应变很大,且一个循环内可以出现拉应变和压应变。在一个循环内,密封层环向应变呈"下降—上升—上升—下降"的变化趋势,在第30个循环内,最大环向拉应变为 4 800 $\mu\varepsilon$,而最大环向压应变为 3 000 $\mu\varepsilon$。在30个循环中,每个循环内密封层环向应变最大值和最小值随着时间的增加基本上保持不变。

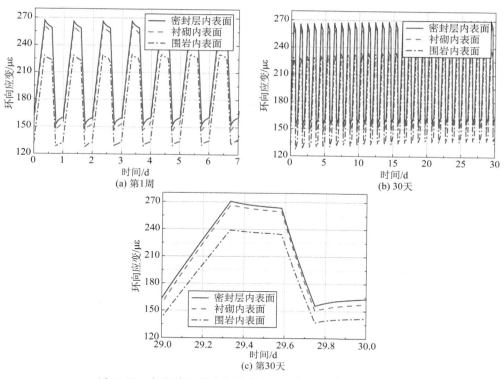

图 3-42　气密性混凝土密封时洞顶环向应变随时间的变化

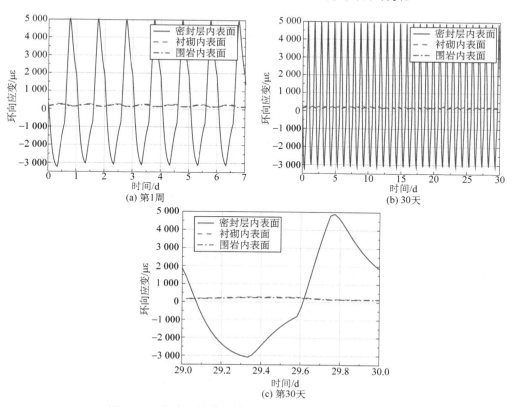

图 3-43　高分子材料密封时洞顶环向应变随时间的变化

4. 洞壁位移

图 3-44 给出了钢衬密封情况下洞室顶部和侧边洞壁位移在 30 个循环(30 天)内的变化情况。洞顶和侧边位移在一个循环内呈"上升—下降—下降—上升"的变化趋势,先在充气阶段增大,然后在充气后的储存阶段和放气阶段随时间减小,最后在放气后的储存阶段再次增大。在不同的时间节点之间,位移接近线性变化。在 30 个循环的模拟中,每个循环内位移最大值和最小值均随时间缓慢增大。由于洞顶承受的竖向围岩压力大于洞侧承受的水平向围岩压力,洞室受气压产生的位移在洞侧较大。

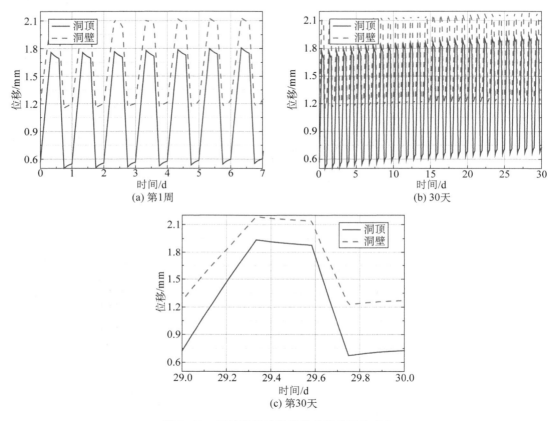

图 3-44　钢衬密封时洞壁位移随时间的变化

图 3-45 给出了气密性混凝土密封情况下洞室顶部和洞侧洞壁位移在 30 个循环(30 天)内的变化情况。洞顶和洞侧位移在一个循环内仍呈"上升—下降—下降—上升"的变化趋势,在不同的时间节点之间,位移仍接近线性变化。在 30 个循环的模拟中,每个循环的位移最大值和最小值均随时间缓慢增大。气密性混凝土密封时洞壁位移变化规律与钢衬的情况一致,只是位移值较钢衬时大。在第 30 个循环中,气密性混凝土密封时洞顶位移最大值为 2.22 mm,但钢衬密封时只有 2.19 mm。

图 3-46 给出了高分子材料密封情况下洞室顶部和侧边洞壁位移在 30 个循环(30 天)内的变化情况。洞壁位移与钢衬和气密性混凝土的情况有较大不同。洞顶和洞

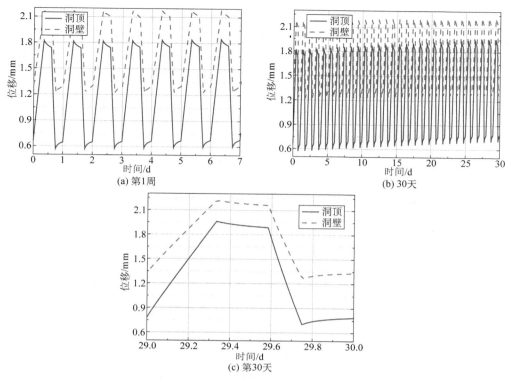

图 3-45　气密性混凝土密封时洞壁位移随时间的变化

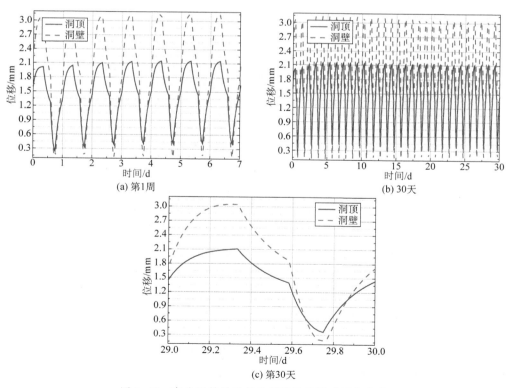

图 3-46　高分子材料密封时洞壁位移随时间的变化

侧位移在一个循环内仍呈"上升—下降—下降—上升"的变化趋势,但在不同的时间节点之间,位移与时间不再呈线性关系。在 30 个循环的模拟中,每个循环内位移最大值随着循环次数先增大后平缓减小,位移最小值则随时间缓慢增大。在第 30 个循环中,洞顶位移最大值为 3.1 mm,洞侧位移最大值为 2.1 mm,均较钢衬和气密性混凝土的情况有明显增加。

3.4.3 极限情况下围岩温度

根据 Kushnir 等(2012b)的研究,每个循环内围岩温度的大小与表 3-1、表 3-2 中的运营参数以及热力学参数相关:当导热系数、比热、一个循环内充气结束时间 t_1、初始空气压力减小时,每个循环内围岩最高温度升高;而当初始空气温度(局部岩石温度)、空气注入温度、空压机空气流动率、平均传热系数增加时,每个循环内围岩最高温度也随之升高。经过试算,采用表 3-7 所示参数时,围岩能达到最高温度。

表 3-7　　　　　　　　　　　围岩温度最高时的计算参数

围岩	导热系数 k/ $[\text{W} \cdot (\text{m} \cdot \text{K})^{-1}]$	比热 c_p/ $[\text{kJ} \cdot (\text{kg} \cdot \text{K})^{-1}]$	密度 ρ/ $(\text{kg} \cdot \text{m}^{-3})$	平均传热系数 h_c/ $[\text{W} \cdot (\text{m}^2 \cdot \text{K})^{-1}]$
大理岩	0.62	0.82	2 700	100
局部岩石温度 T_0/℃	空压机空气流动率 $\dot{m}_c$/$(\text{kg} \cdot \text{s}^{-1})$	一个循环内充气结束时间 t_1/h	注入空气温度 T_i/℃	初始压力 p_0/MPa
60	250	6	120	4.5

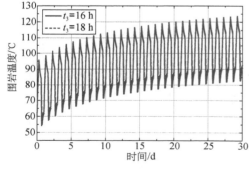

图 3-47　不同 t_3 时 30 个循环内围岩温度随时间的变化

1. 衬砌厚度为 0 时围岩极限温度

当密封层厚度很小,可忽略不计,衬砌厚度为 0 时,洞壁温度即围岩温度,围岩达到极限温度。当一个循环内放气结束时间 t_3 变化时,每个循环内围岩温度变化不大,但从图 3-47 可以看出,t_3 对一个循环内温度最大值没有影响,温度最大值不变,而 t_3 减小时温度最小值减小,这说明 t_3 减小,一个循环内温度的变化幅值增加。因此,下文主要以 $t_3 = 16$ h 给出不同条件下围岩的极限温度。

图 3-48(a)给出了初始空气压力分别为 2 MPa 和 4.5 MPa 时围岩在极限情况下的温度变化情况,从图中可以看出,初始压力小时,围岩温度高。当初始压力为 2 MPa 时,第 30 个循环内围岩最高温度为 135 ℃,最低温度为 74 ℃;当初始压力为 4.5 MPa 时,第 30 个循环内围岩最高温度只有 123 ℃,最低温度为 83 ℃。

2. 衬砌厚度为 0.5 m 时围岩极限温度

对于实际的压气储能地下内衬洞室工程,考虑密封性,必须设置一定厚度的衬砌,但衬砌的厚度非定值,这里给出衬砌厚度为 0.5 m 时围岩的极限温度,如图 3-48(b)所示。从图中可以看出,初始压力小时,围岩的温度高。当初始压力为 2 MPa 时,第 30 个循环内围岩最高温度为 113 ℃,最低温度为 74 ℃;当初始压力为 4.5 MPa 时,第 30 个循环内围岩最高温度只有 99 ℃,最低温度为 86 ℃。

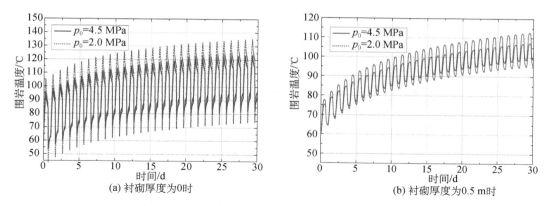

(a) 衬砌厚度为0时　　　　　　　　　(b) 衬砌厚度为0.5 m时

图 3-48　不同衬砌厚度时围岩极限温度随时间的变化

第4章　压气储能内衬洞室的长期稳定性

4.1　应力和温度反复变化耦合作用下岩石长期力学性质研究

　　当地下压气储能工程运营一段时间后,在地下压气储能洞室内,空气频繁、快速地充入和放出,使洞室产生显著的温度变化,同时洞室内壁受到循环空气压力作用,从工程安全的角度出发,需要对岩石在应力-温度循环作用下的力学性质展开研究,并获得相应的岩石受力变形特征。

　　由于绝大多数岩石在一定程度上都是含孔隙材料,广泛分布着原始的微细观缺陷和裂纹,当承受一定荷载或受热时,不可避免地会在其内部产生一定量的细观裂纹,并随着荷载的增大或温度的升高而逐渐扩展、贯通,在一定程度上表现出材料受力性能的劣化直至破坏,说明荷载、温度对岩石造成了损伤(许锡昌,2000,2003)。岩石温度变化时,内部将产生热应力。当温度较低时,可采用经典热线弹性理论来计算;但当温度较高时,岩石内不可避免地会产生大量细观裂纹,并随着温度的升高而逐渐扩展,致使弹性模量发生显著减小,这说明温度对岩石造成了损伤,热线弹性理论已不再适用,必须寻找一种新的方法来描述温度对岩石受力性能的影响。

　　因此,本章基于应力-温度循环这一特点,开展相应的试验并通过理论推演,获得岩石在应力-温度循环作用下的损伤计算模型、本构模型以及长期强度理论。

4.1.1　荷载-温度循环作用下岩石单轴加卸载试验

4.1.1.1　试样制备

　　试验岩样采自内蒙古乌兰察布市韩勿拉风场,该处是压气储能地下岩石洞室的一个候选场地。为尽量减小岩样离散性的不利影响,岩样取自完整岩块且位置相近。所采岩样为微风化灰色玄武岩,按照《工程岩体试验方法标准》(GB/T 50266—2013)进行制备,制得的岩样如图4-1所示。岩样按水钻法钻取并打磨成直径50 mm、高100 mm的圆柱试件,试件端面平整度控制在±0.05 mm以内。在试验前,对试验岩样进行含水率和干密度测试,测得含水率范围为0.077%~0.122 5%,干密度范围为3 309~3 326 kg/m³。含水率以及密度变化范围小,间接说明岩样的离散性较小。

图4-1　试验采用的岩样

4.1.1.2　试验仪器

　　加载试验机采用WDW-600电子万能试验机(图4-2),最大试验力为600 kN,有效测力范围为试验荷载 0.4%～100%FS,试验力精度每级均优于±1%,具有过载、过流、过压、位移上下限位和紧急停止等保护功能。为精确获取岩样应变信息,采用 YE15213 应变仪(图 4-3)进行应变记录。加温设备采用 101A 电热鼓风加热炉(图 4-4),其外壳采用优质冷轧钢板及表面高温烘漆,工作室内有试品隔板,工作室与箱体外壳之间有保温层。门中间装有双层钢化玻璃窗,用于保温状态下观察工作室情况,加热元件分布于工作室的底侧,箱内采用恒温系统,由温度传感器及控温仪控制,安装于箱体的控制箱内,并配有活络板装置。

图 4-3　YE15213 电子应变仪

图 4-2　WDW-600 电子万能试验机

图 4-4　101A 电热鼓风加热炉

4.1.1.3　试验方法

试验分为三个部分:①常规单轴压缩试验;②单轴加卸载及温度循环试验;③应力-温度循环作用后的单轴压缩试验。

首先,为获得岩石的平均单轴抗压强度和最小抗压强度,开展常规单轴压缩试验。单轴压缩试验共采用 5 个岩样,得到岩样平均单轴抗压强度为 67.7 MPa,最小单轴抗压强度为 56.7 MPa。试验中最大、最小抗压强度以及接近平均强度的三个岩样的应力-应变曲线如图 4-5 所示。本节中规定压应力和压应变为正。

对于应力-温度循环作用的岩石试验,由于目前的试验技术难以保证岩样升降温与加卸载快速同步,无法使试验中岩石升降温、加卸载与实际压气储能过程一一对

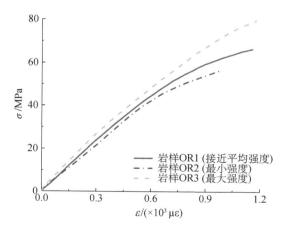

图 4-5　单轴压缩应力-应变曲线

85

应,因此难以实现真正意义上的应力-温度耦合循环试验,故采用一种简化方法,将一次应力加卸载过程和一次升降温过程作为一次完整的应力-温度循环。按照常规单轴压缩试验结果,以现有的应力阈值设置试验过程中最大加载应力为岩石平均抗压强度的80%和65%,且不超过最小岩石强度,这样,应力加卸载过程(图4-6)为:对岩样单轴加载到55 MPa(或45 MPa),然后卸载至压力为0。同时,在加卸载过程中采用电阻应变片法获取岩样的应变。升降温过程为:在101A电热鼓风加温炉(温度波动度≤1 ℃,温升50~300 ℃)中将岩样加热到指定温度(60 ℃或90 ℃),保持该温度1 h使岩样均匀受热,然后取出,在空气中自然冷却2 h,使岩样温度完全降低到室温(15 ℃)。不断重复单轴应力加卸载和升降温过程,使岩样受到应力-温度循环作用。试验过程中,岩样应变采用高温应变片(高温应变片在300 ℃以下正常工作)测量,并且通过合理的桥路连接来减小温度对应变片的影响。

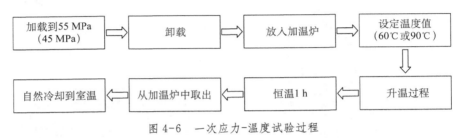

图4-6　一次应力-温度试验过程

为保证较小的离散性,应力-温度循环试验采用同一块完整岩块上的10个岩样,每个岩样对应的编号以及在试验中对应的最大应力和最高温度如表4-1所示。

表4-1　　　　　　　　试验过程中各岩样对应的最大应力和最高温度

岩样	最大应力/MPa	最高温度/℃
T1S1-1, T1S1-2	45	90
T1S2-1, T1S2-2	55	90
T2S1-1, T2S1-2, T2S1-3	45	60
T2S2-1, T2S2-2, T2S2-3	55	60

在目前的研究中,应力-温度循环作用下的岩石破坏机理尚不清楚,因此较难估计岩石在应力-温度循环作用下的寿命。同时,从试验过程中可以看出,一次应力-温度循环的试验时间较长,因此,需要在一定的循环次数后终止应力-温度循环试验。随后,在研究中开展了应力-温度循环试验后的单轴压缩试验,从而确定应力-温度循环作用后岩样的抗压强度。

4.1.1.4　试验结果

1. 应力-温度循环中的岩石应变

1) 应力-应变曲线

按照前述试验过程进行试验,当岩石在循环过程中受到的最大应力为55 MPa时,循环过程中的应力造成的损伤、劣化效应明显,岩样在应力-温度循环过程中破坏,此时岩样经历的循环次数一般较少，而破坏时的应力一般接近设定的应力上限（55 MPa）。T1S2-1(55 MPa，90 ℃)是这类岩样中的典型岩样，其破坏就发生在应力-温度循环过程内，该岩样从初始循环到破坏的应力-应变曲线如图 4-7(a)所示。需要说明的是，由于应变采用非连续测量（循环中有升降温作用），得到的应变未能如文献（葛修润，2004）中所述具有连续的变化趋势，但每一个加卸载循环内的应力-应变仍可获得，因此本书只给出了这些循环内的应力-应变情况。

从图 4-7(a)中可以看出，随着循环次数的增加，岩样应力-应变曲线往右偏移，出现了明显的损伤，峰值应变增大，弹性模量减小，且每个循环均出现了不可逆的塑性应变。在试验过程中，当损伤加剧到一定程度时，试件突然发生脆性破坏。另外，如果将岩样总的不可逆应变看作是每个循环内不可逆应变的叠加，这时总的不可逆应变增大。

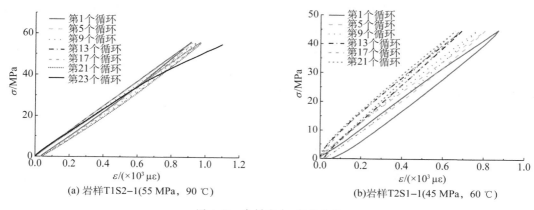

(a) 岩样T1S2-1(55 MPa，90 ℃)　　　(b)岩样T2S1-1(45 MPa，60 ℃)

图 4-7　岩样应力-应变曲线

在应力-应变循环过程中，当所受最大应力为 45 MPa、最高温度为 60 ℃时，岩样在循环过程中不会发生破坏。以岩样 T2S1-1(45 MPa，60 ℃)为例，图 4-7(b)给出了该岩样从初始循环到第 21 个循环的应力-应变曲线。从图中可以看出，随着循环次数的增加，应力-应变曲线往左偏移，峰值应变减小，弹性模量增大，这样可以认为岩样出现了"硬化"的特征，即"负损伤"。此处，"负损伤"可借助其在预应力混凝土中的应用进行理解（熊辉霞等，2010），应力循环和温度循环作用使存在的微裂缝和微孔隙闭合，从而使岩样实际受压面积增大，也可以说，应力和温度的施加使岩样的弹性模量增大，此时的损伤变量是一负值，因而岩样处于"负损伤"状态，即"硬化"状态。

当岩样受应力上限 45 MPa 和温度上限 90 ℃的应力-温度循环作用时，岩样应力-应变未如图 4-7 一样在相同应力-温度条件下具有明显的变化趋势，岩样 T1S1-1 随着循环次数的增加而不断损伤，岩样 T1S1-2 随着循环次数的增加而产生"负损伤"。岩样 T1S1-1 的应力-应变曲线随着循环次数的增加不断往峰值应变增加的方向偏移，而后在第 8 个循环发生破坏。而岩样 T1S1-2 不断硬化，应力-应变曲线随着循环次数的增加逐渐变陡，峰值应变减小。

根据葛修润等（2004）的研究，岩石受周期荷载作用存在"门槛值"，当周期荷载上限应力值高于某值时，岩石才会发生疲劳损伤。而当荷载上限值低于"门槛值"时，无论荷载作用多少个循环,岩石都不会破坏,这时小应力的荷载循环作用有使岩样变硬的趋势(王者超 等,2012)。当岩石受温度循环作用时,朱珍德等(2007)认为,温度循环作用是一种周期疲劳作用,会造成岩石峰值强度随周期次数的增加而减小,岩石的力学性质逐渐劣化,并且温度疲劳使初始温度造成的损伤加剧,所加温度越高,强度降低、损伤越明显。这里,将岩石在应力循环和温度循环下的研究结果同本章的试验结果对比,试验结果验证了应力循环和温度循环对岩石的损伤具有"叠加"效应,而温度循环作用加剧了岩石在应力循环作用下的损伤。玄武岩岩样在应力上限 55 MPa 的应力循环作用下,由于应力上限接近单轴抗压强度,高于疲劳"门槛值",故岩样随循环次数的增加而逐渐损伤劣化,温度循环(60 ℃和 90 ℃)的作用加剧了岩样损伤。但当岩石处于最大应力 45 MPa 的应力循环作用下,由于荷载上限只为抗压强度的 65%,低于疲劳"门槛值",应力循环作用下岩样具有"变硬"的趋势,而温度循环作用减弱了这种趋势。当循环的最高温度为 60 ℃时,温度效应不明显,岩样硬化,即出现了如图 4-7(b)所示的应力-应变曲线变化趋势。当循环的最高温度为 90 ℃时,温度效应已较为明显。这可参见文献(方荣,2002)中的大理岩试验,20~100 ℃的循环温度已使大理岩发生较为明显的损伤,弹性模量减小较为明显。应力循环效应与温度循环效应的相对强弱关系决定了岩石性质随循环次数的发展趋势,这也是岩样在应力上限 45 MPa 和温度上限 90 ℃的应力-温度循环作用下呈现出不同损伤趋势的原因。

2)应力-温度循环作用下的峰值应变

将应力-温度循环作用下的岩样按照损伤趋势进行归类。一类为损伤岩样,包括在循环过程中受最大应力 55 MPa 的全部岩样,或受最大应力 45 MPa、最高温度 90 ℃的部分岩样(岩样 T1S1-1)。损伤岩样对应的应力-应变曲线与图 4-7(a)类似,曲线往右偏移。另一类为硬化岩样,包括在循环过程中受最大应力 45 MPa、最高温度 60 ℃的全部岩样,或受最大应力 45 MPa、最高温度 90 ℃的部分岩样(岩样 T1S1-2)。硬化岩样对应的应力-应变曲线与图 4-7(b)类似,曲线往左偏移。

图 4-8(a)给出了典型损伤岩样在应力-温度循环过程中,峰值应变随循环次数的变化。从图中可以看出,损伤岩样在循环过程中,峰值应变随循环次数的增加而增加,峰值应变的变化规律与葛修润(2004)得到的荷载循环作用下岩石轴向变形三阶段发展曲线相

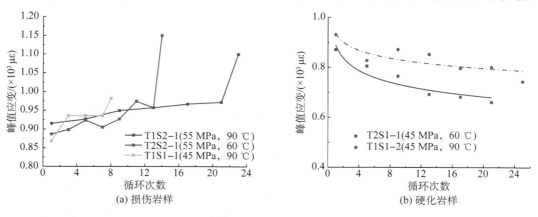

图 4-8 岩样峰值应变随循环次数的变化

似。在应力-温度循环作用下,损伤岩样也经历了三个阶段:初始阶段、等速阶段和加速阶段。在初始阶段,岩样峰值应变增加较为迅速;在等速阶段,峰值应变缓慢增加;在加速阶段,峰值应变再次迅速增加。在三个阶段中,初始阶段的循环次数占全部循环次数的比例较小。另外,从图中也可以看出,应力上限大时,破坏时的峰值应变也大。

图4-8(b)给出了典型硬化岩样在应力-温度循环过程中峰值应变随循环次数的变化情况。从图中可以看出,硬化岩样在循环过程中,峰值应变随循环次数的增加而减小。在初始的几个循环内,峰值应变变化较大,但随着循环次数的增加,峰值应变趋于平缓。同时,在相同应力循环下,最高温度为90 ℃的温度循环造成的岩样损伤效应大于最高温度为60 ℃的岩样损伤效应,较高的循环温度造成较大的峰值应变。

3)应力-温度循环作用下的残余应变

在应力-温度循环作用下,岩样变形的弹性部分在卸载的过程中得到恢复,而残余变形(又称不可逆变形、塑性变形)则会保留下来。残余应变的大小、增长趋势可反映岩石的疲劳性能,且与损伤直接相关。图4-9(a)给出了典型损伤岩样在应力-温度循环作用过程中残余应变随循环次数的变化情况,该图显示损伤岩样的残余应变在循环过程中呈现出很大的波动性。

图4-9(b)给出了典型硬化岩样在应力-温度循环作用过程中残余应变随循环次数的变化情况。从图中可以看出,虽然岩样的残余应变也略微波动,但随着循环次数的增加,岩样的残余应变逐渐减小。在初始几个循环内,残余应变减小的速率较快,而后随着循环次数的不断增加,残余应变减小的速率逐渐减小,残余应变趋于平缓。

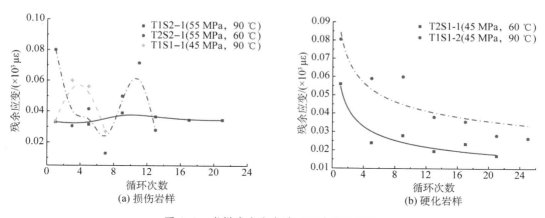

图 4-9 岩样残余应变随循环次数的变化

图4-9呈现了不同的变化规律,其原因在于,残余应变是岩样微裂隙扩展的具体体现,与应力循环和温度循环影响的程度有关。损伤岩样的损伤受应力循环和温度循环双重作用,岩样的损伤演化机制尚不明确,因此造成如图4-9(a)所示的波动。但对于硬化岩样,其硬化的规律主要受应力循环控制,因此,残余应变具有减小的趋势(王者超 等,2012)。

2. 应力-温度循环对岩石模量的影响

1)模量定义

岩石模量是岩石重要的力学性质,在应力-温度循环作用下,岩样的模量发生变化。

定义:岩石的峰值割线模量为一个应力循环内峰值应力与峰值应变的比值;根据《工程岩体试验方法标准》(GB/T 50266—2013),岩石割线弹性模量为峰值应力的一半与其对应应变的比值;卸载模量为峰值应力与弹性应变(峰值应变与残余应变之差)的比值。以下将分析应力-温度循环作用下岩样峰值割线模量、割线弹性模量和卸载模量的变化情况。

2) 损伤岩样

图 4-10 所示为应力-温度循环过程中典型损伤岩样模量随循环次数的变化情况。如图4-10(a)所示,在循环过程中,损伤岩样峰值割线模量先迅速减小,然后在中间阶段的循环内缓慢减小,最终在临近破坏时又突然急剧减小。同时,岩样受应力上限为 55 MPa 的循环作用时峰值割线模量的减小程度要大于应力上限为 45 MPa 时割线模量的减小程度。如图 4-10(b)所示,在循环过程中,损伤岩样割线弹性模量先迅速减小,然后随循环次数的增加而缓慢减小。如图4-10(c)所示,在循环过程中,损伤岩样卸载模量的变化情况与峰值割线模量和割线弹性模量不同,卸载模量减小的程度低,略微波动,并以相对稳定的速率随循环次数的增加而减小,直至试样破坏。

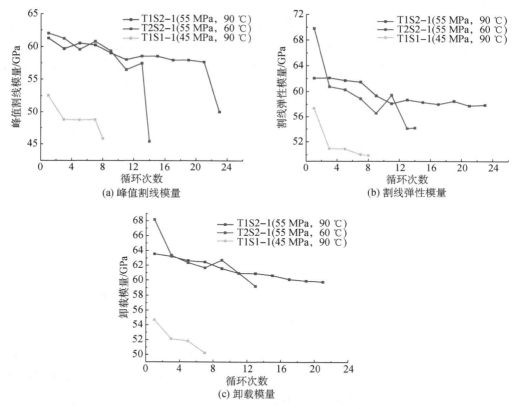

图 4-10　损伤岩样各种模量随循环次数的变化

3) 硬化岩样

图 4-11 所示为应力-温度循环过程中典型硬化岩样模量随循环次数的变化情况。从

图中可以看出,硬化岩样的峰值割线模量、割线弹性模量以及卸载模量的变化规律是一致的,在循环过程中,随着循环次数的增加,硬化岩样模量不断增大。

当岩样受最高温度为 90 ℃的循环作用时,由于温度的损伤效应,岩样模量出现较大波动,但最终模量增加的程度要小于受最高温度为 60 ℃循环作用下模量的增加程度。此外,最高温度为 60 ℃时,模量基本一直上升,但在最高温度为 90 ℃时,模量的增长呈倒"S"形,在前面几个循环内先上升再下降,下降到一定程度后再随循环次数增加而上升,但在循环时间内岩样模量总体呈上升趋势。

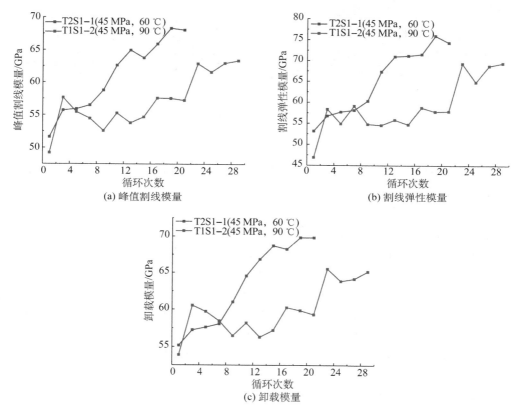

图 4-11　硬化岩样各种模量随循环次数的变化

此外,通过对比图 4-10 和图 4-11 发现,由于岩石模量定义的不同,岩样三种模量的变化趋势不尽相同。割线弹性模量和卸载模量的变化趋势较为接近,但峰值模量的计算采用峰值应力和峰值应变,而峰值附近岩样损伤最为明显,不同循环内岩样在峰值处的行为与接近弹性段的行为不一致,由此造成了割线模量与割线弹性模量、卸载模量的变化趋势不太相同。

3. 应力-温度循环对岩石强度的影响

1)对破坏形态的影响

由于试验机承压板与岩样两端面之间有较大的摩擦力,单轴压缩时最初的 5 个岩样破坏均呈圆锥形破坏模式,试件底部形成压力三角形区域,在无侧限压力条件下,侧向的部分岩石可自由向外变形、剥离,如图4-12(a)所示。但经过应力-温度循环后,对岩样进行强度测定时发现,应力-温度循环并未对岩样破坏形态产生影响,如图4-12(b)所示,破坏模式依然为圆锥形破坏模式。

(a) 未经过应力-温度循环作用   (b) 经过应力-温度循环作用

图4-12 岩样破坏形态

2) 损伤岩样破坏时的循环次数

当岩样在循环内破坏时(对应损伤岩样),岩样发生破坏时的峰值应力接近设定的最大应力,这时难以对应力-温度循环作用中岩样的抗压强度进行估计,循环内破坏的岩样强度衰减可通过循环次数间接反映。

损伤岩样破坏时对应的破坏应力以及循环次数如表4-2所示,从表中可以看出,当最大应力为55 MPa、最高温度为90 ℃时,损伤岩样破坏时的循环次数较稳定,平均值为23。而在最大应力为55 MPa、最高温度为60 ℃的情况下,岩样破坏时的循环次数波动较大,平均值为25。当最大应力为55 MPa时,不同温度循环作用下破坏时的循环次数接近,这也说明了在应力上限超过疲劳阈值的应力-温度循环过程中,当温度较低(如不大于100 ℃)且相差不大时,岩石性质随循环次数的发展趋势主要受应力控制,且作用温度高时破坏时的循环次数小于作用温度低时。而对于岩样T1S1-1,可能是其内部带有明显的初始缺陷,造成岩样内部微裂纹在应力-温度循环作用下迅速扩展,进而使岩样在应力-温度循环中迅速损伤、破坏。

表 4-2　　　　　　　　损伤岩样破坏时的循环次数

岩样编号	最大应力/MPa	最高温度/℃	破坏时的应力/MPa	破坏时的循环次数
T1S1-1	45	90	44.9	8
T1S2-1	55	90	54.6	23
T1S2-2	55	90	53.8	23
T2S2-1	55	60	52.4	14
T2S2-2	55	60	51.9	35
T2S2-3	55	60	49.6	26

3) 循环后的岩石单轴压缩强度

对于硬化岩样,由于其在循环过程中岩石模量逐渐增加,在相同应力循环作用下岩样难以破坏,因此,在经过一定的循环次数后直接进行单轴压缩试验,从而获得循环后的单轴压缩强度。图 4-13 给出了相关硬化岩样的试验结果以及初始单轴压缩强度的对比情况。结果表明,尽管岩样受到的应力、温度、循环次数以及初始割线弹性模量不同,但这些岩样在受循环作用后的抗压强度都较初始强度有了明显的提高。在较小应力的反复挤压作用下,硬化岩样的岩石颗粒被不断压密,使岩石矿物、颗粒之间的黏结力增强,岩石内部的

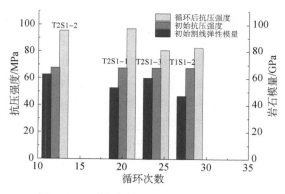

图 4-13　硬化岩样循环后抗压强度对比

微裂隙在反复作用下闭合,这是硬化岩样强度提高的主要原因。

4. 破坏时峰值应力与损伤因子的关系

目前的研究中经常用损伤因子来定量考量应力循环或温度循环的作用,这里根据岩石的峰值割线模量来定义损伤因子(谢和平,1990):

$$D_n = 1 - \frac{E_n}{E_0} \tag{4-1}$$

式中　D_n——损伤因子;

E_0——初始岩石峰值割线模量;

E_n——岩石受多次应力-荷载循环作用后的峰值割线模量。

将岩样破坏时根据峰值割线模量计算得到的损伤因子以及破坏时的峰值应力绘于图 4-14 中。如前文所述,损伤岩样在循环内破坏,因此,大部分岩样破坏时的峰值强度在 55 MPa 附近,峰值应力与损伤因子的关系不明显。对所有岩样的峰值应力和损伤因子进行线性拟合,相关系数为 0.95,表明破坏时峰值应力和损伤因子线性相关程度高,应力-温度循环过程中岩石强度与损伤因子具有一定的线性相关度。

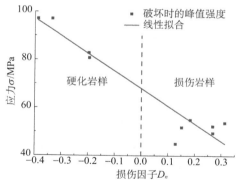

图 4-14　破坏时岩石峰值应力与损伤因子的关系

4.1.2　应力-温度循环作用下岩石损伤规律和损伤模型

4.1.2.1　温度循环引起的岩石损伤机理

硬岩(如花岗岩)中含有多种矿物成分,由于各种矿物颗粒的不同热膨胀率以及各向异性颗粒不同结晶方位的热弹性性质不同,引起跨颗粒边界的热膨胀不协调,从而造成颗粒间或颗粒内部的拉应力或压应力。在"门槛"温度以下,随着温度的升高,矿物颗粒的受热膨胀造成花岗岩中原生裂隙逐渐闭合,导致模量逐渐增大;超过"门槛"温度以后,颗粒

间或颗粒内应力进一步增大,大到足以产生微小裂纹或致使原生微小裂纹扩展和加宽,导致模量逐渐减小。引起热应力的基本条件是在约束条件下存在温度的变化。产生热应力的约束条件大致可以归纳为外部变形的约束、相互变形的约束和内部各区域之间变形的约束。就地质岩体而言,各矿物之间的物理力学性质有较大的差异,在温度变化时,由于内部各区域热变形的不协调而产生热应力;当有地温梯度存在时,即使没有外部约束,但由于相互变形的约束,也将产生较大的热应力。由这些因素引起的热应力很容易导致岩石中弱介质的破坏,从而改变岩体的力学性质和力学行为。

随着温度的变化,如果岩石是均匀材料且各向同性,在没有约束的情况下,岩体内部将不会产生热应力,而当岩石不满足这种理想假设时,热应力的产生则是必然的。因此,在研究岩石的热开裂中,必须考虑其非均匀性。但在过去的长期研究中,为了研究上的方便,往往忽略岩石复杂的内部结构,把它们平均化和均匀化为宏观均匀的连续体。但事实上,岩石热开裂的实质是一个微裂纹萌生、扩展、贯通乃至失稳的过程,是一个从细观到宏观的过程,实际上是一个破裂→应力场转移→破裂的循环过程。内部弱介质的不断破坏对整个模型的最终失稳有不可忽略的贡献。在温度循环作用下,岩石内部结构以及颗粒边界发生变化、错动等,使内部不均匀应力反复作用,此时岩石损伤不断扩展,从而影响岩石的受力变形性能。

4.1.2.2 荷载循环引起的岩石损伤过程

岩石的疲劳破坏过程宏观上可视为一个轴向不可逆变形逐渐发展积累,直到失稳破坏的过程。微观上是一个微裂纹萌生、扩展和贯通,最终断裂的过程。岩石疲劳损伤的宏观力学特性只不过是微观损伤演化的综合表现而已。葛修润(2004)指出,岩石能否发生疲劳破坏取决于疲劳"门槛值",当应力上限低于"门槛值"时,岩石的轴向、横向、体积变形随着循环次数的增加趋于稳定,这样无论进行多少次循环,岩石都不会发生破坏。周期性荷载循环作用下岩石的变形与损伤是紧密相关的。岩石在破坏过程中的性质变化或损伤程度是更应该值得关注的,为此,李树春(2009)根据周期性荷载作用下岩石变形破坏四阶段规律提出了周期性荷载作用下岩石损伤破坏四阶段规律,即损伤发展的初始(损伤)阶段、(损伤)稳定(发展)阶段、(损伤)加速(发展)阶段、破坏(失稳)阶段,与周期性荷载作用下岩石变形破坏四阶段规律相对应。

4.1.2.3 温度循环作用下的岩石损伤模型

要得到应力-温度循环作用下的岩石损伤模型,首先要对只有应力循环和只有温度循环作用下的岩石损伤进行研究。目前只在应力循环的研究方面建立了诸多模型,而鲜见只受温度循环作用的岩石损伤模型。因此,首先建立岩石受温度循环作用的损伤模型。

当岩石只受温度循环作用时,岩石在循环过程中发生损伤,从而引起材料微结构的变化和材料受力性能的劣化。根据宏观唯象损伤力学概念,岩石受温度循环引起的损伤变量 D_{Tn} 可以用岩石刚度的损伤来定义:

$$D_{Tn} = 1 - \frac{E_{Tn}}{E_0} \tag{4-2}$$

式中 E_0——岩石初始弹性模量；

E_{Tn}——经历 n 次温度循环作用后的岩石弹性模量。

对于温度引起的损伤，目前研究的重点在于高温引起的损伤，而对温度循环作用的研究不多。Mahmutoglu(1998)进行了大理岩和砂岩的温度循环试验，试验中温度在 $20\sim$ 600 ℃之间变化；秦世陶等(2006)对粉砂质泥岩和泥质粉砂岩施加 $4\sim45$ ℃的变温循环作用，进而研究弹性模量随循环次数的变化规律；Inada 等(1997)对花岗岩和凝灰岩进行从 $15\sim100$ ℃的加热、冷却循环，研究温度循环的作用。在这些试验中，岩石模量随温度循环次数的增加而减小，岩石随循环次数的增加而不断损伤。根据式(4-2)以及试验得到的结果，温度循环造成的岩石损伤随循环次数的变化如图 4-15 所示。这些结果表明，变温循环过程中损伤因子随循环次数的增加而增加，损伤因子的变化与循环次数呈负指数关系，温度循环造成的损伤 D_{Tn} 可以用式(4-3)表示：

$$D_{Tn} = A e^{-\frac{C}{n}} \tag{4-3}$$

式中，A 和 C 为参数。

按式(4-3)计算得到的损伤因子与试验数据得到的结果的对比如图 4-15 所示，从图中可以看出，按式(4-3)拟合得到的结果的 R^2(拟合优度)均接近 1，表明式(4-3)与试验结果有很强的相关性，因而式(4-3)能够准确描述损伤因子的变化，是合适可行的。

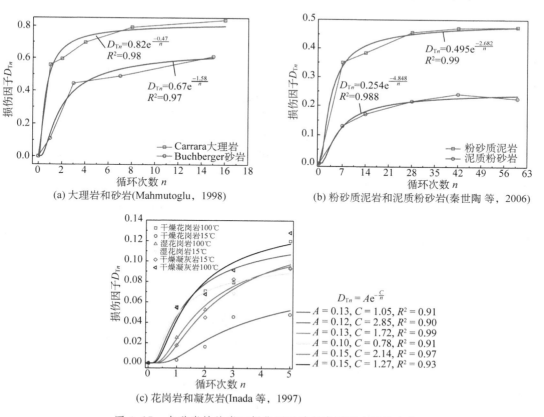

(a) 大理岩和砂岩(Mahmutoglu，1998)

(b) 粉砂质泥岩和泥质粉砂岩(秦世陶 等，2006)

(c) 花岗岩和凝灰岩(Inada 等，1997)

图 4-15　各种岩性的岩石损伤因子随温度循环次数的变化

然而,Mahmutoglu(1998)、秦世陶等(2006)、Inada 等(1997)对每一种岩石都只考虑了一种温度幅值的情况,而不涉及更多的变温工况。但实际上在温度循环作用过程中,温度造成的损伤应与温度变化的幅值有关,因此定义相对温度变化的概念,认为式(4-3)中 A 和 C 是相对温度变化的函数。设相对温度变化 ΔT^* 的表达式为

$$\Delta T^* = \frac{\Delta T}{T_0} \tag{4-4}$$

式中 ΔT——一个温度循环内最高温度与最低温度的差值,K;

T_0——温度循环内温度最低值,K。

为研究不同加温温度和循环次数下岩石模量的变化,方荣(2006)进行了温度周期变化作用下大理岩宏观力学变形的试验研究,给出温度变化从室温到 600 ℃,循环次数分别为 1 次、10 次和 20 次的大理岩弹性模量变化情况,如表 4-3 所示。根据方荣(2006)的试验结果,大理岩弹性模量随循环次数的增加而减小,并且按弹性模量计算得到的损伤因子变化仍可用式(4-3)表示,这时不同温度变化下系数 A 和 C 的变化情况如表 4-3 所示。

表 4-3   不同温度循环后大理岩弹性模量及系数 A,C 的变化

加温温度 /℃	弹性模量/GPa			温度变化 /℃	相对温度变化 ΔT^*	A	C
	1 次	10 次	20 次				
20	20.6	20.6	20.6	0	0	0	—
300	12.32	11.09	10.66	280	0.955	0.479	0.176
450	9.64	8.53	7.08	430	1.467	0.630	0.173
600	5.61	3.22	2.65	580	1.979	0.869	0.179

通过表 4-3 可以看出,系数 C 的值变化不大,可认为是一个与相对温度变化 ΔT^* 无关的常数 b_0,而系数 A 与 ΔT^* 的线性关系较明显,且考虑到当 $\Delta T^* = 0$ 时,A 必须为 0,以保证不出现损伤($D_{Tn} = 0$),因此系数 A 与 ΔT^* 的关系为

$$A = a_0 \Delta T^* \tag{4-5}$$

将式(4-5)和 b_0 代入式(4-3),最终得到:

$$D_{Tn} = a_0 \Delta T^* e^{-\frac{b_0}{n}} \tag{4-6}$$

取 $a_0 = 0.445$,$b_0 = 0.176$,采用式(4-5)计算得到的系数 A 与表 4-3 中试验数据所得结果的对比如图 4-16 所示,采用式(4-6)得到的损伤因子与试验结果之间的对比如表 4-4 所示。

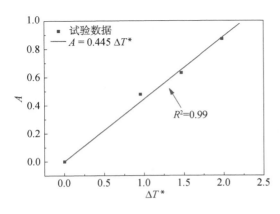

图 4-16 系数 A 的拟合结果与试验数据的对比

表 4-4 试验数据与计算值对比

加温度/℃	相对温度变化	损伤因子 D_{Tn}					
		1 次		10 次		20 次	
		试验数据	计算值	试验数据	计算值	试验数据	计算值
20	0	0	0	0	0	0	0
300	0.955	0.402	0.356	0.462	0.417	0.483	0.421
450	1.467	0.532	0.547	0.586	0.641	0.656	0.646
600	1.979	0.728	0.738	0.844	0.864	0.871	0.872

图 4-16 和表 4-4 表明,试验得到的数据与按式(4-6)计算得到的结果吻合,式(4-6)能够反映岩石在温度循环作用下的损伤变化规律,因此,采用式(4-6)作为温度循环作用下的损伤表达式,该式给出了损伤因子与循环次数和温度幅值的关系。

4.1.2.4　应力-温度循环作用下的岩石损伤模型

1.　一次应力-温度循环作用引起的岩石损伤

在应力-温度循环作用下,岩石损伤引起材料微结构的变化和受力性能的劣化,与只受温度循环作用的情况类似,应力-温度循环引起的岩石损伤因子 D_n 可定义为

$$D_n = 1 - \frac{E_n}{E_0} \tag{4-7}$$

式中,E_n 是经历 n 次应力-温度循环作用后的岩石弹性模量。

由于在应力-温度循环试验过程中观测到的应力循环与温度循环的"叠加"效应,为获得经历应力-温度循环作用后岩石损伤因子的表达式,假设当应力和温度同时作用时,一个循环内应力引起的损伤和温度引起的损伤相互独立且同时存在,此时在一个循环内有:

$$\frac{\delta D_n}{\delta n} = \frac{\delta D_{Tn}}{\delta n} + \frac{\delta D_{Sn}}{\delta n} \tag{4-8}$$

式中　$\dfrac{\delta D_n}{\delta n}$ ——一个循环内总损伤 D_n 的变化;

　　　$\dfrac{\delta D_{Tn}}{\delta n}$ ——一个循环内温度引起的损伤 D_{Tn} 的变化;

　　　$\dfrac{\delta D_{Sn}}{\delta n}$ ——一个循环内应力引起的损伤 D_{Sn} 的变化。

图 4-17 为应力和温度引起岩石微元破坏示意图,按照统计损伤力学概念(Li 等,2012),式(4-8)的物理含义可通过图 4-17 说明。

在图 4-17 中,设全部岩石微元数为 N_a,一个循环内应力作用造成的岩石微元体破裂数目为 N_1,温度作用造成的

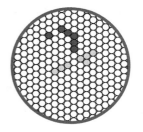

○ 应力引起岩石微元破坏
● 温度引起岩石微元破坏

图 4-17　应力和温度引起岩石微元破坏示意图

岩石微元体破坏数目为 N_2，一个循环内总的岩石破坏微元数目为 N_3。按照统计损伤理论(Li 等,2012),损伤因子为破坏微元数与全部微元数之比。一次应力-温度循环造成的损伤 $\delta D_n / \delta n$ 为 N_3 / N_a,应力造成的损伤 $\delta D_{Sn} / \delta n$ 为 N_1 / N_a,温度造成的损伤 $\delta D_{Tn} / \delta n$ 为 N_2 / N_a。这时在应力损伤和温度损伤相互独立且没有应力和温度同时造成微元损伤的情况下,有 $N_3 = N_1 + N_2$,因此式(4-8)是成立的。

式(4-8)表明应力循环与温度循环的共同作用使岩石总损伤加剧,这与应力-温度循环试验中岩石应力和温度的"叠加"效应是吻合的。在应力-温度循环试验过程中,温度循环作用导致岩石内部出现局部损伤,式(4-8)中 $\delta D_{Tn} / \delta n$ 为正。在较大的应力循环作用下,$\delta D_{Sn} / \delta n$ 为正,岩石晶粒之前产生的滑移与错动又重新滑移、错动,这在一定程度上破坏了岩石微元之间的连接,加剧了温度循环引起的局部损伤的发展。而在较小的应力循环作用下,$\delta D_{Sn} / \delta n$ 为负,小应力使温度循环引起的岩石微裂缝闭合,这时应力循环作用抑制了温度损伤的发展。

2. 应力循环作用下的岩石损伤

应力循环引起的损伤可分成两类:高周疲劳和低周疲劳。高周疲劳是指在低应力下岩石材料能承受很多次反复荷载的疲劳现象。对于低周疲劳,循环应力水平高,材料能承受的循环次数减少,低周疲劳一般有明显的塑性变形。为建立以循环次数表示的岩石疲劳损伤方程,基于李树春等(2009)和吴鸿遥(1990)的研究,假设疲劳损伤与微塑性应变有关,根据各向同性连续介质损伤力学,材料在一维状态下的损伤发展率为

$$\dot{D}_{Sn} = \left(\frac{Y}{Q}\right)^q \dot{p} \qquad (4-9)$$

式中,$\dot{D}_{Sn}$ 为应力循环引起的损伤发展率;Y 为损伤耗能率;$\dot{p}$ 为累积塑性应变率;q 和 Q 为参数。

在一维状态下,由于岩石总损伤为 D_n,自由能密度函数为

$$\phi = \frac{\sigma^2}{2 \rho E_0 (1 - D_n)} + K \qquad (4-10)$$

式中,ϕ 为自由能密度函数;σ 为轴向应力;ρ 为材料密度;K 为与损伤无关的项。

损伤耗能率由式(4-11)给出:

$$Y = \rho \frac{\partial \phi}{\partial D_n} = \frac{1}{2E_0} \left(\frac{\sigma}{1 - D_n}\right)^2 \qquad (4-11)$$

根据李树春等(2009)的研究,微观塑性应变与有效应力呈幂指数关系,单向加载时,微塑性应变率方程为

$$\dot{p} = f \frac{\sigma^{f-1} \dot{\sigma}}{F^f (1 - D_n)^f (\delta \sigma)^a n^c} \qquad (4-12)$$

式中,$\delta \sigma = \sigma_{max} - \sigma_{min}$,$\sigma_{max}$ 为一个周期内的最大应力,σ_{min} 为一个周期内的最小应力;F,f,a,c 为参数。

当式(4-12)应用于高周疲劳时，$a=0$，$c=0$；应用于低周疲劳时，$a\neq0$，$c\neq0$。

这样，由式(4-9)—式(4-12)得到：

$$\dot{D}_{Sn}=\frac{\sigma^{b-1}\dot{\sigma}}{B\,(1-D_n)^b n^c} \tag{4-13}$$

式中，$B=(2E_0 Q)^q F^f\,(\delta\sigma)^a/f$；$b=2q+f$。

假设 D_n 在每一个疲劳循环周期中变化很小，近似认为在一个循环内 D_n 为常数(李树春 等，2009)，且认为卸载不引起岩石损伤，对式(4-13)在一个加卸载周期内积分可得到一个应力-温度周期内应力引起的损伤量：

$$\frac{\delta D_{Sn}}{\delta n}=\frac{\sigma_{\max}^b-\sigma_{\min}^b}{bB\,(1-D_n)^b n^c} \tag{4-14}$$

3. 应力-温度循环作用下岩石损伤模型

根据式(4-6)，温度循环作用引起一个周期内岩石损伤为

$$\frac{\delta D_{Tn}}{\delta n}=\frac{a_0 b_0\Delta T^*}{n^2}\mathrm{e}^{-\frac{b_0}{n}} \tag{4-15}$$

由式(4-8)、式(4-14)和式(4-15)可以得到：

$$\frac{\delta D_n}{\delta n}=\frac{\sigma_{\max}^b-\sigma_{\min}^b}{bB\,(1-D_n)^b n^c}+\frac{a_0 b_0\Delta T^*}{n^2}\mathrm{e}^{-\frac{b_0}{n}} \tag{4-16}$$

式(4-16)的初始条件为

$$n=0,\ D_n=0 \tag{4-17}$$

对式(4-16)进行积分，并根据初始条件式(4-17)，得到应力-温度循环作用造成的损伤因子 D_n：

$$D_n=\frac{(\sigma_{\max}^b-\sigma_{\min}^b)n^{1-c}D_n}{M'[1-(1-D_n)^{1+b}]}+a_0\Delta T^*\mathrm{e}^{-\frac{b_0}{n}} \tag{4-18}$$

式中，$M'=bB$。

因为应力循环下岩石的损伤一般只跟应力与强度的比值有关(葛修润 等，2003；章清叙 等，2006)，因此将式(4-19)写成如下形式：

$$D_n=\frac{(\bar{\sigma}_{\max}^b-\bar{\sigma}_{\min}^b)n^{1-c}D_n}{M[1-(1-D_n)^{1+b}]}+a_0\Delta T^*\mathrm{e}^{-\frac{b_0}{n}} \tag{4-19}$$

式中，$M=M'/\sigma_c^b$；$\bar{\sigma}_{\max}=\sigma_{\max}/\sigma_c$；$\bar{\sigma}_{\min}=\sigma_{\min}/\sigma_c$；$\sigma_c$ 为岩石的单轴抗压强度。

式(4-18)即损伤岩样在应力-温度循环作用下的损伤模型，该损伤模型包含 5 个无量纲参数：b，c，M，a_0 和 b_0。

式(4-19)局限于损伤岩样，因为损伤岩样的损伤因子随应力-温度循环次数的增加而增加，因此，损伤的发展可以按照连续介质损伤力学概念来获得。但对于硬化岩样，岩石发生"负损伤"，损伤因子随循环次数的增加而减小，岩石应力的有效作用面积并未减小，

式(4-9)—式(4-14)已不适用。此外,因为岩样不能被无限压密,硬化岩样损伤最终会随循环次数的增加而稳定,此时可假设一个周期内应力循环造成的损伤与温度循环造成的损伤具有类似的表达式,且损伤量 $\delta D_{Sn}/\delta n$ 与相对应力幅值 $\delta\bar\sigma$ 和循环次数 n 有关:

$$\frac{\delta D_{Sn}}{\delta n} = -\frac{c_0 d_0(\delta\bar\sigma)}{n^2} \mathrm{e}^{-\frac{d_0}{n}} \tag{4-20}$$

式中,$\delta\bar\sigma = \delta\sigma/\sigma_c$;$c_0$ 和 d_0 为参数。

将式(4-20)代入式(4-8)中,得到:

$$\frac{\delta D_n}{\delta n} = \frac{a_0 b_0 \Delta T^*}{n^2} \mathrm{e}^{-\frac{b_0}{n}} - \frac{c_0 d_0(\delta\bar\sigma)}{n^2} \mathrm{e}^{-\frac{d_0}{n}} \tag{4-21}$$

采用与损伤岩样相同的求解过程,得到硬化岩样在循环过程中损伤因子与循环次数的关系如下:

$$D_n = a_0 \Delta T^* \mathrm{e}^{-\frac{b_0}{n}} - c_0(\delta\bar\sigma) \mathrm{e}^{-\frac{d_0}{n}} \tag{4-22}$$

式(4-22)即硬化岩样在应力-温度循环过程中的损伤演化方程,该式有 4 个无量纲参数:a_0,b_0,c_0 和 d_0。

4. 应力-温度循环损伤模型与其他模型的对比

以往的研究中尚未涉及岩石受应力循环和温度循环同时作用的情况,针对应力-温度循环这一特殊作用,本节提出了应力-温度循环损伤模型,对该损伤模型进行退化,可以与诸多应力循环作用下的损伤模型进行对比。当不考虑温度循环作用时,式(4-19)右端与温度有关的项为零,此时由式(4-19)得到:

$$1 - (1-D_n)^{1+b} = \frac{(\bar\sigma_{\max}^b - \bar\sigma_{\min}^b)n^{1-c}}{M} \tag{4-23}$$

进而得到只有应力循环作用下的损伤表达式:

$$D_n = 1 - \left[1 - \left(\frac{n}{N_f}\right)^{1-c}\right]^{\frac{1}{1+b}} \tag{4-24}$$

式中,$N_f = \left(\dfrac{M}{\bar\sigma_{\max}^b - \bar\sigma_{\min}^b}\right)^{\frac{1}{1-c}}$。

此时,式(4-24)与李树春等(2009)、Huang 等(2011)提出的损伤模型表达式相同。如果式(4-24)中的系数 $c = 0$,则式(4-24)与谢和平(1990)提出的损伤模型形式相同。若只考虑温度循环作用,将式(4-19)右端关于荷载循环作用的项略去,式(4-19)转化为温度循环作用下的岩石损伤模型,即式(4-6)。

综上可见,对本节提出的应力-温度循环损伤模型进行退化,能够获得与现有文献一致的损伤模型以及本节提出的温度循环作用下的损伤模型。应力-温度循环损伤模型可以看作是只有应力循环作用的损伤模型的一种拓展。

5. 应力-温度循环损伤模型与试验数据对比

为验证应力-温度循环损伤模型,开展了应力-温度循环试验,试验考虑了目前研究中尚未涉及的应力循环与温度循环同时作用于岩石这一特殊情况,将提出的损伤模型与应力-温度循环试验结果进行了对比分析。

1) 模型参数获取

对于硬化岩样,其损伤随循环次数减小的关系式为式(4-22),式(4-22)是显式,其参数可根据最小二乘法拟合得到。但对于损伤岩样,其损伤演化模型为式(4-19),式(4-19)为隐式,难以通过试验结果直接拟合获得参数,因此,本节综合应用非线性最小二乘法和迭代法来获得参数 b,c,M,a_0 和 b_0,具体步骤如下:

(1) 设置 b,c,M,a_0 和 b_0 的初值和可能的上、下边界;

(2) 设置向量 $\boldsymbol{n}=(0,1,\cdots,n_{\mathrm{f}})^{\mathrm{T}}$($n_{\mathrm{f}}$ 为最后一个循环数),$\boldsymbol{D}_{\exp}$ 为应力-温度循环试验中各循环次数对应损伤因子组成的列向量。构建由向量 $\boldsymbol{n}$ 和系数向量 $\boldsymbol{v}_{\mathrm{c}}$ 控制的函数 $f(\boldsymbol{n},\boldsymbol{v}_{\mathrm{c}})$,其中向量 $\boldsymbol{v}_{\mathrm{c}}$ 的各个分量($v_{\mathrm{c}1},v_{\mathrm{c}2},\cdots,v_{\mathrm{c}5}$)分别对应 b,c,M,a_0 和 b_0,且函数 $f(\boldsymbol{n},\boldsymbol{v}_{\mathrm{c}})$ 输出的结果为向量 $\boldsymbol{D}_{\mathrm{t}}$,$\boldsymbol{D}_{\mathrm{t}}$ 的各个分量按照迭代法获得。$\boldsymbol{D}_{\mathrm{t}}$ 的第 j 个分量的迭代公式为:$D_{\mathrm{t},j}^{k+1}=\dfrac{D_{\mathrm{t},j}^{k}(\bar{\sigma}_{\max}^{-v_{\mathrm{c}1}}-\bar{\sigma}_{\min}^{-v_{\mathrm{c}1}})n_{j}^{1-v_{\mathrm{c}2}}}{v_{\mathrm{c}3}[1-(1-D_{\mathrm{t},j}^{k})^{1+v_{\mathrm{c}1}}]}+v_{\mathrm{c}4}\Delta T^{*}\,\mathrm{e}^{-\frac{v_{\mathrm{c}5}}{n_{j}}}$,其中 k 代表迭代步,而 n_j 代表向量 $\boldsymbol{n}$ 的第 j 个分量。当 $|D_{\mathrm{t},j}^{k+1}-D_{\mathrm{t},j}^{k}|<10^{-6}$ 时迭代终止,并取 $D_{\mathrm{t},j}^{k+1}$ 作为 $\boldsymbol{D}_{\mathrm{t}}$ 的第 j 个分量。

(3) 以函数 $f(\boldsymbol{n},\boldsymbol{v}_{\mathrm{c}})$ 为基础,通过 $\boldsymbol{v}_{\mathrm{c}}$ 的初值、上、下边界,目标值 $\boldsymbol{D}_{\exp}$ 以及循环次数向量 $\boldsymbol{n}$ 编制非线性最小二乘法求解程序,计算中应用 Levenberg-Marquardt 算法,使计算得到损伤因子向量 $\boldsymbol{D}_{\mathrm{c}}$ 满足与目标值 $\boldsymbol{D}_{\exp}$ 差值的二阶范数最小,即要获得 $\min\left[\sum\limits_{j=0}^{n_{\mathrm{f}}}(D_{\mathrm{c},j}-D_{\exp,j})^{2}\right]$。获得最优损伤因子向量 $\boldsymbol{D}_{\mathrm{c}}$ 时的 $\boldsymbol{v}_{\mathrm{c}}$ 各个分量即所求的损伤模型参数。

2) 损伤岩样

对于损伤岩样,以第一个循环的弹性模量作为初始值计算损伤因子,令后续循环次数为 n,这样通过迭代法和最小二乘法拟合得到的典型损伤岩样的模型参数如表 4-5 所示,同时表中也给出了按照这些参数计算得到的损伤因子与本书试验结果以及按照式(4-7)所得结果的相关系数 R。这些相关系数均接近 1,说明式(4-19)与试验结果高度相关,采用式(4-19)得到的损伤因子与试验结果在数值上吻合。图 4-18(a)给出了应力-温度循环损伤模型损伤因子随循环次数变化与试验结果的对比情况,从图中也可以看出,本书提出的损伤模型与试验结果吻合,采用式(4-19)能够精确反映岩石在应力-温度循环作用过程中损伤因子的变化,因此式(4-19)是合理可行的。

表 4-5 典型损伤岩样的模型参数

岩样	b	c	M	a_0	b_0	相关系数 R
T1S2-2	2.475 5	0.453 6	6.033 0	0.284 3	21.792 0	0.983 0
T2S2-1	6.906 4	0.818 2	0.498 7	0.279 6	1.225 4	0.955 6
T1S1-1	5.063 9	0.334 5	3.873 6	0.440 8	0.519 6	0.990 7

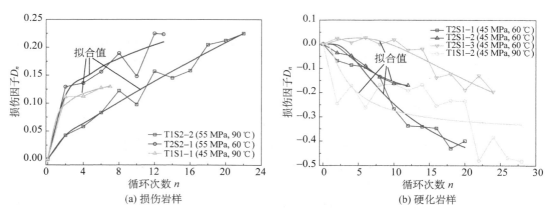

图 4-18　应力-温度循环损伤模型损伤因子随循环次数变化与试验结果对比

3) 硬化岩样

对于硬化岩样,也以第一个循环的弹性模量作为初始值计算损伤因子,同样令后续循环次数为 n,采用最小二乘法对式(4-22)进行拟合,得到的模型参数如表 4-6 所示。采用式(4-22)和表 4-6 中的参数得到的损伤因子与试验结果对比如图 4-18(b)所示。从图中可以看出,当最高温度为 60 ℃时,拟合结果的相关系数 R 均大于 0.92,式(4-22)与试验结果相关性较好,能够完全反映硬化岩样在应力-温度循环过程中损伤因子的变化,因此是合适可行的。但对于最高温度为 90 ℃的岩样,拟合结果的相关系数只有 0.683,这可能是由于岩样 T1S1-2 带有较多的初始缺陷,在第 20 个循环后,岩样内的初始缺陷、微裂隙等闭合较多,岩样的弹性模量突然增大。但在第 24 个循环后,岩样剩余微缺陷总体上在应力-温度循环作用下缓慢闭合,岩样弹性模量缓慢上升,这时岩样 T1S1-2 的损伤变化就如图 4-18(b)所示,从而使试验结果与式(4-21)渐变的表达形式吻合度不高。另外,如前文所述,最大应力为 45 MPa、最高温度为 90 ℃的情况比较特殊,岩样呈两种不同趋势,因此,岩样发生硬化时与最高温度只有 60 ℃时相比,损伤因子波动范围较大。总之,在应力循环作用大而温度循环作用小时,硬化岩样损伤因子随循环次数的变化总体上满足式(4-22),可以采用式(4-22)反映硬化岩样损伤因子的变化规律。

表 4-6　　　　　　　　　岩样硬化模型参数

岩样	ΔT^*	$\delta\bar{\sigma}$	a_0	b_0	c_0	d_0	相关系数 R
T2S1-1	0.156	0.65	2.466	10.85	1.718	10.86	0.959
T2S1-2	0.156	0.65	3.875	6.718	1.397	6.713	0.965
T2S1-3	0.156	0.65	0.261	1.928	1.302	30.60	0.927
T1S1-2	0.260	0.65	2.173	2.990	1.438	2.992	0.683

这里需要说明的是,对于硬化岩样仍采用损伤因子的概念来反映其硬化特性,这时损伤因子是针对岩石在应力-温度循环前的初始状态而言,硬化岩样在应力-温度循环后的负损伤因子表明弹性模量增加。首先,以损伤因子来定量表征循环过程中岩石弹性模量与初始弹性模量之间的关系是合理可行的;其次,岩石受到应力-温度循环作用时的损伤

规律(包括硬化特征等)对于相应的研究具有实际的工程意义,特别是对压气储能洞室稳定性的研究具有推动作用。

6. 温度循环和应力循环作用下岩石疲劳寿命预估

在对压气储能洞室进行前期的初步评估时,可先对岩石在温度循环和应力循环作用下的疲劳寿命进行初步估计,确定岩石的疲劳强度能否承受 10 000 次压气储能作用。对于硬化岩样,参见式(4-22),可以令 $D_n = 0$,进而得到岩石的疲劳寿命 N_f 为

$$N_f = \frac{b_0 - d_0}{\ln(a_0 \Delta T^*) - \ln[c_0(\delta \bar{\sigma})]} \tag{4-25}$$

对于损伤岩样,由于式(4-19)为隐式表达式,需要反复迭代,使 $D_n = 0$,进而得到岩石的疲劳寿命。这样可以采用一种简化方法对损伤岩石的疲劳寿命进行计算。

首先,略去温度循环的影响,一个周期内应力循环引起的损伤增量按式(4-26)进行计算:

$$\frac{\delta D_n}{\delta n} = \frac{\sigma_{\max}^b - \sigma_{\min}^b}{bB(1 - D_n)^b n^c} + \frac{a_0 b_0 \Delta T^*}{n^2} e^{-\frac{b_0}{n}} \tag{4-26}$$

式(4-26)的初始条件为

$$n = 0, \ D_n = 0 \tag{4-27}$$

式(4-26)的约束条件设为

$$n = N_f, \ D_n = 1 - a_0 \Delta T^* \tag{4-28}$$

根据式(4-26)和式(4-27)对式(4-26)进行积分,得到:

$$\frac{-(1 - D_n)^{b+1}}{1 + b} = \frac{\sigma_{\max}^b - \sigma_{\min}^b}{bB(1 - c)} n^{1-c} - \frac{1}{1 + b} \tag{4-29}$$

这样,岩石的疲劳寿命 N_f 为

$$N_f = \left\{ \frac{(1 - c)bB[1 - (a\Delta T^*)^{b+1}]}{(1 + b)(\sigma_{\max}^b - \sigma_{\min}^b)} \right\}^{\frac{1}{1-c}} \tag{4-30}$$

即

$$N_f = M'' \left[\frac{1 - (a\Delta T^*)^{b+1}}{\bar{\sigma}_{\max}^b - \bar{\sigma}_{\min}^b} \right]^{\frac{1}{1-c}} \tag{4-31}$$

式中,$M'' = \left[\frac{(1 - c)M}{1 + b} \right]^{\frac{1}{1-c}}$。

4.1.3 应力-温度循环作用下岩石损伤本构模型

1. 应力-温度循环作用下岩石损伤本构方程

根据 Lemaitre(1984)提出的应变等价原理:应力 σ 作用在受损材料上引起的应变与

有效应力 σ' 作用在无损材料上引起的应变等价,即

$$\varepsilon = \frac{\sigma}{E'} = \frac{\sigma'}{E} \qquad (4\text{-}32)$$

式中,E 和 E' 分别为无损材料和有损材料的弹性模量。

由于大多数岩石都带有初始损伤,测定真正密实无损的岩石弹性模量在实际中困难较大。张全胜等(2003)将岩石的初始损伤状态定义为基准损伤状态,提出推广后的应变等价原理:材料受到力 F 的作用,损伤产生扩展,任取其中的两种损伤状态(状态 A 和状态 B),材料在损伤状态 A 下的有效应力作用于损伤状态 B 引起的应变等价于材料在损伤状态 B 下的有效应力作用于损伤状态 A 引起的应变,则有:

$$\varepsilon = \frac{\sigma_A}{E_B} = \frac{\sigma_B}{E_A} \qquad (4\text{-}33)$$

式中,σ_A 和 σ_B 分别为状态 A 和状态 B 的应力;E_A 和 E_B 分别为状态 A 和状态 B 的弹性模量。

同时,状态 A 和状态 B 的应力还满足:

$$\sigma_A A_A = \sigma_B A_B \qquad (4\text{-}34)$$

式中,A_A 和 A_B 分别为状态 A 和状态 B 的有效承载面积。

由于岩石在应力-温度循环作用前带有初始损伤,处于岩石的基准损伤状态,此时可将该状态视作状态 A,而将岩石经历 n 次应力-温度循环作用后的状态视为状态 B。根据 Lemaitre(1984)的研究,经历 n 次应力-温度循环作用后的岩石损伤因子 D_n 可定义为

$$D_n = 1 - \frac{A_n}{A_0} \qquad (4\text{-}35)$$

式中,A_0 和 A_n 分别为基准损伤状态和经历 n 次应力-温度循环作用后的有效截面承载面积。

这样,根据推广后的等效应变原理,可以得到:

$$D_n = 1 - \frac{E_n}{E_0} \qquad (4\text{-}36)$$

式中,E_0 和 E_n 分别是基准损伤状态和经历 n 次应力-温度循环作用后的岩石弹性模量。

式(4-36)可以用来确定应力-温度循环过程中损伤因子的变化。

设岩石加载产生各向同性损伤,将 n 次应力-温度循环作用后的损伤状态设为状态 A,应力-温度循环作用后重新受荷引起的总损伤状态设为状态 B,再次应用推广后的应变等价原理,可以建立如下的岩石损伤本构关系:

$$\boldsymbol{\sigma} = \boldsymbol{C}_n \boldsymbol{\varepsilon}(1 - D) \qquad (4\text{-}37)$$

或

$$\boldsymbol{\sigma}^* = \frac{\sigma}{1-D} = \boldsymbol{C}_n \boldsymbol{\varepsilon} \qquad (4-38)$$

式中，$\boldsymbol{\sigma}$ 为名义应力矩阵；$\boldsymbol{\sigma}^*$ 为有效应力矩阵；$\boldsymbol{C}_n$ 为岩石材料受 n 次应力-温度循环作用后的弹性模量矩阵；$\boldsymbol{\varepsilon}$ 为应变矩阵；D 为岩石重新受荷引起的损伤因子。

$\boldsymbol{C}_n$ 可通过式(4-36)确定，这样，建立应力-温度循环作用下岩石加载损伤本构模型的关键在于损伤因子 D 的确定。

统计损伤方法是近几年发展起来的一种研究细观损伤的方法，这里采用该方法，可假设岩石的微元强度 F^* 服从 Weibull 分布，则其概率密度函数可表示为

$$p(F^*) = \frac{m}{F_0}\left(\frac{F^*}{F_0}\right)^{m-1} \exp\left[-\left(\frac{F^*}{F_0}\right)^m\right] \qquad (4-39)$$

式中，F^* 为强度分布变量；m，F_0 为 Weibull 分布参数，且 F_0 与应力的量纲相同。F^* 可以看成是应力水平，而 F_0 是其平均值(Wang 等，2007)。m 是形状参数或材料的均匀性因子，能够反映 F^* 的集中程度。

如图 4-19(a)所示，m 值越大，表示材料的均匀程度越高。

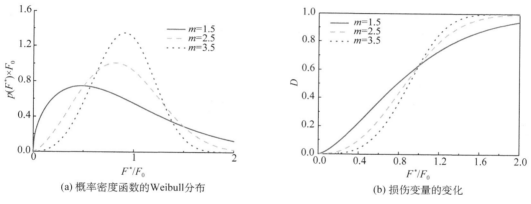

(a) 概率密度函数的Weibull分布   (b) 损伤变量的变化

图 4-19　不同 m 值对应的概率密度函数和损伤变量的变化

岩石材料的损伤由微元体的不断破坏引起的，因此以岩石微元体破坏的概率密度 $p(y)$ 来计算损伤因子 D，可以表示为

$$D = \int_0^{F^*} p(y)\mathrm{d}y = 1 - \exp\left[-\left(\frac{F^*}{F_0}\right)^m\right] \qquad (4-40)$$

式中，$\mathrm{d}y$ 为微元体位置。

式(4-40)是基于岩石统计损伤本构的微元体破坏的损伤演化方程，而图 4-19(b)给出了在不同 m 值的情况下损伤因子 D 随 F^*/F_0 的变化情况。从图中可以看出，损伤因子 D 随着 F^*/F_0 的增大而增大。但当 $F^*/F_0 > 1$，或岩石应力水平较大时，相同应力水平下，m 值越大，损伤因子 D 越大。此时，m 值越大，岩石越容易达到完全损伤的状态，即 $D = 1$。

由式(4-40)可以看出,确定损伤因子 D 的关键在于确定岩石微元强度 F^*。以往的研究中多用主应变来表示岩石微元的强度,但这样处理不能反映复杂应力状态对岩石微元强度的影响,因此,Li 等(2012)结合岩石的破坏模式与判据,提出了新的岩石微元强度表示方法。这里也以破坏模式来定义微元强度,假定岩石的破坏准则通式为

$$f(\boldsymbol{\sigma}^*) - k_0 = 0 \tag{4-41}$$

式中,k_0 是与材料黏聚力和内摩擦角有关的常数。$F^* = f(\boldsymbol{\sigma}^*)$ 反映了岩石微元破坏的危险程度,可作为岩石微元强度。

式(4-39)中,$F^* = f(\boldsymbol{\sigma}^*)$ 表示的微元强度的形式直接取决于岩石的破坏机理及其破坏形式。目前,岩石力学研究中采用的破坏准则有众多的表现形式,如 Drucker-Prager(D-P)准则、Hoek-Brown(H-B)准则等,这样 F^* 就有不同的形式。鉴于莫尔-库仑破坏准则具有参数形式简单、适用于岩石介质以及应用广泛等特点,这里采用基于莫尔-库仑岩石强度判据的微元强度 F^*,莫尔-库仑岩石强度判据的基本形式如下:

$$\sigma_1^* - \frac{1 + \sin\varphi}{1 - \sin\varphi}\sigma_3^* = \frac{2c\cos\varphi}{1 - \sin\varphi} \tag{4-42}$$

式中,c,φ 为岩石的黏聚力和内摩擦角。

由此确定岩石微元强度的基本形式为

$$F^* = \sigma_1^* - \alpha\sigma_3^* \tag{4-43}$$

式中,$\alpha = (1 + \sin\varphi)/(1 - \sin\varphi)$。

设岩石的三个有效主应力 σ_1^*,σ_2^* 和 σ_3^* 对应的名义主应力分别为 σ_1,σ_2 和 σ_3,三个主应变分别为 ε_1,ε_2 和 ε_3,根据式(4-38),有:

$$\sigma_1^* = \frac{\sigma_1}{1 - D} \tag{4-44}$$

$$\sigma_2^* = \frac{\sigma_2}{1 - D} \tag{4-45}$$

$$\sigma_3^* = \frac{\sigma_3}{1 - D} \tag{4-46}$$

且

$$1 - D = \frac{\sigma_1 - \mu(\sigma_2 + \sigma_3)}{E_n\varepsilon_1} \tag{4-47}$$

这样,通过式(4-43)—式(4-47),微元强度有如下形式:

$$F^* = \frac{(\sigma_1 - \alpha\sigma_3)E_n\varepsilon_1}{\sigma_1 - \mu(\sigma_2 + \sigma_3)} \tag{4-48}$$

从式(4-48)可以看出,当岩石处在单轴压缩状态时,即 $\sigma_2 = \sigma_3 = 0$,$F^* = E_n\varepsilon_1$,这时,

采用应力表示的方法与应变表示的方法是等效的。

最终，在确定了 F^* 的表达形式后，受 n 次应力-温度循环作用后基于 Weibull 分布的岩石加载过程损伤本构方程如下：

$$\sigma_1 = E_n\varepsilon_1(1-D) + \mu(\sigma_2+\sigma_3) = E_0(1-D_n)\varepsilon_1\exp\left[-\left(\frac{F^*}{F_0}\right)^m\right] + \mu(\sigma_2+\sigma_3)$$

$$(4-49)$$

$$\sigma_2 = E_n\varepsilon_2(1-D) + \mu(\sigma_1+\sigma_3) = E_0(1-D_n)\varepsilon_2\exp\left[-\left(\frac{F^*}{F_0}\right)^m\right] + \mu(\sigma_1+\sigma_3)$$

$$(4-50)$$

$$\sigma_3 = E_n\varepsilon_3(1-D) + \mu(\sigma_1+\sigma_2) = E_0(1-D_n)\varepsilon_3\exp\left[-\left(\frac{F^*}{F_0}\right)^m\right] + \mu(\sigma_1+\sigma_2)$$

$$(4-51)$$

对于单轴应力状态，应力-温度循环作用下的本构模型表示如下：

$$\sigma = E_0(1-D_m)\varepsilon = E_0(1-D_n)\exp\left[-\left(\frac{F^*}{F_0}\right)^m\right]\varepsilon \qquad (4-52)$$

式中，$D_m = D_n + D - DD_n$。

本构关系式(4-52)以岩石的初始损伤状态为基准状态，而基准状态下的弹性模量 E_0 容易测得，避开了求测真正密实无损岩石的弹性模量。式(4-52)中的 D_m 可以认为是总损伤。D_m 的表达式表明，先期受到的应力-温度循环作用与循环后荷载的共同作用使岩石总损伤加剧，并表现出明显的非线性特征。温度作用的本质是作用在矿物颗粒及岩石微孔隙间的不均匀力，而荷载的作用使岩石晶粒产生滑移与错动，由此诱发的损伤与温度损伤相互耦合、相互影响，从而带来岩石力学特性的变化。

2. 参数确定

岩石受到应力和温度多次循环作用后，重新加荷时的模型参数 m 和 F_0 可分成两种情况进行确定：①考虑岩石损伤软化，应力加载到峰值后应变继续增大，但应力水平减小；②应力未加至岩石的破坏点（屈服点）就卸载。

对于第①种情况，可以用峰值处的应力 $(\sigma_{1pe}, \sigma_{2pe}, \sigma_{3pe})$ 和应变 ε_{1pe} 来确定 m 和 F_0。在峰值处，可以认为 σ_1 对 ε_1 的偏微分为 0，那么由式(4-49)可以得到：

$$\frac{\partial\sigma_1}{\partial\varepsilon_1} = E_0(1-D_n)\varepsilon_1\exp\left[-\left(\frac{F^*}{F_0}\right)^m\right] +$$

$$(4-53)$$

$$E_0(1-D_n)\varepsilon_1\exp\left[-\left(\frac{F^*}{F_0}\right)^m\right](-m)\left(\frac{F^*}{F_0}\right)^{m-1}\frac{1}{F_0}\frac{\partial F^*}{\partial\varepsilon_1} = 0$$

将式(4-54)改写为

$$1 + (-m)\left(\frac{F^*}{F_0}\right)^{m-1}\frac{1}{F_0}\frac{\partial F^*}{\partial\varepsilon_1} = 0 \qquad (4-54)$$

由式(4-48)得到:

$$\varepsilon_1 \frac{\partial F^*}{\partial \varepsilon_1} = F^* \qquad (4\text{-}55)$$

因此,由式(4-48)和式(4-49)得到:

$$1 - m\left(\frac{F^*}{F_0}\right)^m = 0 \qquad (4\text{-}56)$$

将式(4-56)代入式(4-47)和式(4-48),得到:

$$m = \frac{1}{-\ln(1 - D_{pe})} \qquad (4\text{-}57)$$

$$F_0 = \sqrt[m]{m}\, F_{pe}^* \qquad (4\text{-}58)$$

式中, $D_{pe} = 1 - \dfrac{\sigma_{1pe} - \mu(\sigma_{2pe} + \sigma_{3pe})}{E_0(1 - D_n)\varepsilon_{1pe}}$, $F_{pe}^* = \dfrac{(\sigma_{1pe} - \alpha\sigma_{3pe})E_0(1 - D_n)\varepsilon_{1pe}}{\sigma_{1pe} - \mu(\sigma_{2pe} + \sigma_{3pe})}$ 。

这样在已知岩石 E_0 , D_n , c , φ 的情况下,只要知道应力-应变曲线峰顶处的 σ_{1pe} , σ_{2pe} , σ_{3pe} 和 ε_{1pe} ,就能够通过式(4-57)和式(4-58)计算得到 m 和 F_0 。

而对于应力-温度循环作用后应力未加至岩石破坏点(屈服点)就卸载的情况,可同时采用最小二乘法和迭代法来获得最符合试验曲线的 m 和 F_0 值。另外,应力循环和温度循环造成的损伤因子 D_n 通过开展相应的应力-温度循环试验,由式(4-36)得到。

3. 模型编程

为了使提出的应力-温度循环下岩石损伤本构模型能够应用于相应的数值软件中,需要建立本构模型子程序模块。下面将给出用户自定义的本构模型子程序构建方法,并用构建的子程序来得到相应的应力-应变结果。

在一些数值软件中,如 ABAQUS 或 FLAC 3D 等通常会给出一个用户自定义的材料模型,这些材料模型一般以应变增量 $\Delta\varepsilon_{ij}$ 为输入条件,输出应力结果 σ_{ij} 。为了与这些软件的接口兼容,应力-温度循环下岩石损伤本构模型的子程序采用了与这些软件相似的构建思路。

根据胡克定律将本构模型改写为 K-G 形式的增量方程:

$$\Delta\sigma_{ij} = K_d \Delta\varepsilon_{kk}\delta_{ij} + 2G_d \Delta e_{ij} \qquad (4\text{-}59)$$

式中　δ_{ij} ——Kronecker 符号, $i=j$ 时, $\delta_{ij}=1$,而 $i \neq j$ 时, $\delta_{ij}=0$;

　　　　σ_{ij} , e_{ij} ——应力张量和偏应变张量;

　　　　$\Delta\varepsilon_{kk}$ ——体积应变增量;

　　　　K_d , G_d ——按照损伤后的杨氏模量 E_d 和泊松比 μ 计算得到的体积模量和剪切模量,这里有:

$$E_d = E_0(1 - D_n)\exp\left[-\left(\frac{F^*}{F_0}\right)^m\right] \qquad (4\text{-}60)$$

用户自定义的子程序构建流程如下：

（1）通过试验获得损伤因子 D_n 的演化特征以及计算所需的各种参数；

（2）在给定应变增量 $\Delta\varepsilon_{ij}$ 的情况下计算应变分量 ε_{ij}；

（3）计算当前的体积应变 $\varepsilon_{kk}=\varepsilon_x+\varepsilon_y+\varepsilon_z$；

（4）估计应力分量 σ_{ij} 的值，可以以前一个荷载步时的值代替；

（5）通过应变分量 ε_{ij} 以及应力分量 σ_{ij} 的估计值计算强度分布参数 F^* 以及损伤因子 D；

（6）如果 $D<0$，取 $D=0$，如果 $D>1.0$，取 $D=1.0$，然后计算相应的 E_d，K_d 和 G_d；

（7）通过式(4-59)计算相应的应力增量 $\Delta\sigma_{ij}$ 并得到总的应力 σ_{ij}。

上述的用户自定义子程序构建思路类似于常刚度法，在 $\Delta\varepsilon_{ij}$ 取较小值时能够得到较好的结果，而且应用到一些常规应力路径上的数值结果也与实际吻合，这能说明研发的子程序的可行性以及合理性，也间接说明了本书所提出的损伤本构模型可应用在实际工程中。

4. 模型参数的影响

在编程实现了损伤本构模型后，进而对模型参数对应力-应变曲线的影响进行研究。从式(4-48)—式(4-51)可以看出，应力循环和温度循环作用后，影响岩石重新加荷的应力-应变关系的参数主要有：E_0，D_n，F_0，m，c，φ。以第一主应力方向的应力-应变关系为例，取 $E_0=120$ GPa，$D_n=0.2$，$f_0=350$ MPa，$m=2$，$c=1$ MPa，$\varphi=30°$，$\sigma_3=0$ MPa 为基准模型参数，通过调整其中一个基准参数而其余参数不变的方法来分析不同模型参数对应力循环和温度循环作用后应力-应变曲线的影响。

图 4-20 给出了不同模型参数下岩石应力-应变曲线的变化情况。从图 4-20(a)可以看出，岩石基准状态的弹性模量影响应力-应变曲线的形态，而岩石的峰值应力几乎不变，只随初始弹性模量的减小而轻微减小，但峰后的软化行为则受到的影响较大。图 4-20(b)说明了应力循环和温度循环引起的损伤对重新加荷后应力-应变曲线的影响，当应力-温度循环造成的损伤较大而其他模型参数不变时，重新加荷曲线的峰值应力只随损伤的加大而稍微减小，但峰值应变随损伤的增大而增大，损伤大的曲线在峰前和峰后阶段变化均较缓。图 4-20(c)，(d)解释了模型参数 F_0 和 m 对应力-应变曲线的影响，从图中可以看出：①岩石应力-应变曲线的峰值随 F_0 与 m 的增大而增大，但 F_0 与 m 的变化并不改变峰值前的线性变形部分；②F_0 与 m 对岩石应力-应变曲线的非线性变形部分，尤其是峰值后曲线的影响是明显的，可以改变曲线的形态；③峰值应变随 F_0 与 m 的增大而增大。另外，m 值可以用来反映岩石的脆性或延性的程度，m 值越大，岩石的脆性越不明显，而延性越大。图 4-20(e)说明了围压对应力-应变曲线的影响，从图中可以看出，围压的增大使初始轴向应力增大，峰值应力和峰值应变都随着围岩的增大而增大。这些现象与常规的三轴试验得到的结果是一致的，说明本节所提出的损伤本构模型能够充分反映围压对岩石变形性质的影响。

5. 岩石损伤本构模型验证

目前，关于温度循环对岩石性质影响的研究开展得较少(Mahmutoglu，1998；Inada 等，1998)，而岩石在应力循环与温度循环作用下的试验目前尚未见诸文献。

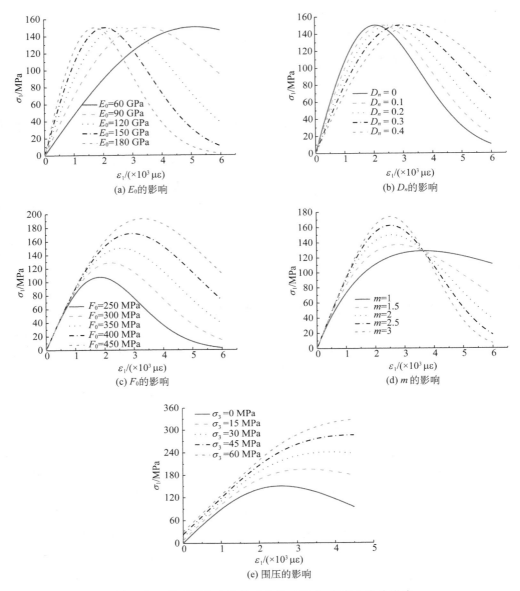

图 4-20　岩石损伤本构模型参数对应力-应变曲线的影响

为对本节提出的岩石损伤本构模型进行验证,应力-温度循环过程中的损伤因子 D_n 按式(4-19)和式(4-22)进行计算,结果表明,损伤因子 D_n 的计算结果与试验结果吻合。对于损伤岩样,根据式(4-39)和式(4-40),可以通过曲线拟合得到符合本构方程的 Weibull 参数 m 和 F_0,通过数据拟合结果发现,随着循环次数的增加,m 值先增大后减小,说明岩石材料受应力-温度循环作用在先期时脆性降低,但很快脆性变高,原因是强度低的微元在循环过程中已发生破坏,故微元强度的分布随着循环次数的增加而变得集中。而随着循环次数的增加,F_0 值则先增大后减小,这可以反映随着循环次数的增加,岩石的整体强度在前几个循环有一定的增强,但随后则不断地随着循环次数的增加而降低。通过对拟合得到的参数进行分析，m 和 F_0 与循环次数 n 满足下列关系：

$$m = An^2 + Bn + C \tag{4-61}$$

$$F_0 = Fn^2 + Gn + H \tag{4-62}$$

式中，A，B，C，F，G 和 H 均为参数。

图 4-21 给出了损伤岩样按照本书提出的岩石损伤本构模型获得的应力-应变曲线与

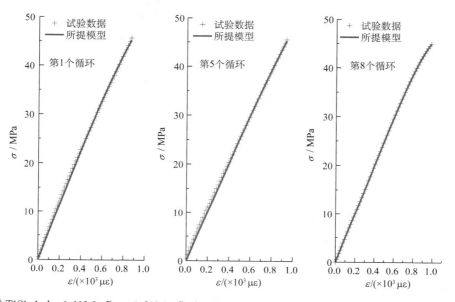

（a）岩样 T1S1-1：$A = 0.092\,8$，$B = -0.201\,3$，$C = 2.357\,1$，$F = -2.543\,7$ MPa，$G = 9.684\,5$ MPa，$H = 133.60$ MPa

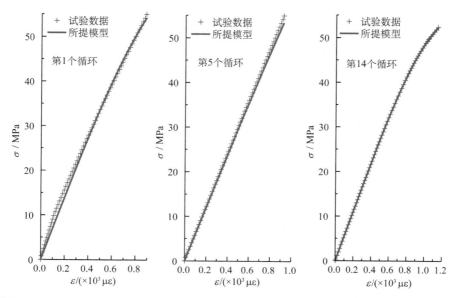

（b）岩样 T2S2-1：$A = 0.008\,2$，$B = -0.073\,4$，$C = 2.462\,0$，$F = -3.290\,6$ MPa，$G = 40.56\,0$ MPa，$H = 140.25$ MPa

图 4-21 损伤岩样应力-应变实测结果与拟合曲线

试验结果的对比情况。从图中可以看出,该模型得到的结果与试验结果吻合,能够获得损伤岩样在应力循环和温度循环同时交变作用后重新加荷的应力-应变特征或趋势,而式(4-61)和式(4-62)也能够充分反映岩石强度的 Weibull 参数的变化趋势,因此,对于损伤岩样,该模型是合适的。

对于硬化岩样,根据式(4-39)以及式(4-40),可以通过曲线拟合得到符合本构方程的 Weibull 参数 m 和 F_0,通过分析拟合结果发现,随着循环次数的增加,硬化岩样的 m 值不断减小,但最终会趋于稳定,这说明岩石材料受应力-温度循环的"硬化"作用时,岩石的脆性不断增加。出现这种现象的原因是,强度低的微元在循环过程中已发生破坏,微元强度的分布随着循环次数的增加而变得集中。随着循环次数的增加,F_0 值不断增大直至某一稳定值,这可以反映,岩石的整体强度随循环次数的增加有一定的增强,但由于强度不能无限增大,因此只能增大到某一稳定值。通过对拟合得到的参数进行分析,m 和 F_0 与循环次数 n 满足下列关系:

$$m = A_1 + B_1 \exp\left(-\frac{n}{C_1}\right) \tag{4-63}$$

$$F_0 = F_1 + G_1 \exp\left(-\frac{n}{H_1}\right) \tag{4-64}$$

式中,A_1,B_1,C_1,F_1,G_1 和 H_1 均为参数。

图 4-22 给出了硬化岩样按照本书提出的岩石损伤本构模型获得的应力-应变曲线与试验结果的对比情况。从图中可以看出,该模型得到的结果与试验结果吻合,能够获得硬化岩样在应力循环和温度循环同时交变作用后重新加荷的应力-应变特征或趋势,而式(4-63)和式(4-64)也能够充分反映岩石强度的 Weibull 参数的变化趋势。因此,对于硬

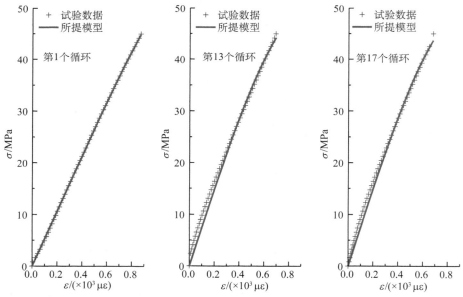

岩样 T2S1-1:$A_1 = 2.448$, $B_1 = 1.870$, $C_1 = 0.311$, $F_1 = 110.6$ MPa, $G_1 = -7.989$ MPa, $H_1 = 3.042$

图 4-22　硬化岩样应力-应变实测结果与拟合曲线

化岩样,该模型是合适的。

综上所述,在岩石受到 n 次应力循环和温度循环交变作用后,用本书提出的岩石损伤本构模型能得到与实际岩石情况一致的应力-应变曲线,验证了模型的准确性以及适用性,可以为压气储能地下工程的长期稳定性研究提供参考。

6. 对应力循环和温度循环引起损伤的进一步探讨

由于在应力-温度循环试验中损伤岩样的损伤特性更为明显,以下将以损伤岩样中的岩样 T1S1-1 和岩样 T2S2-1 为例,分析它们的损伤特性。

图 4-23 是利用试验测得的数据,由式(4-61)—式(4-63),通过式(4-52)得到的岩石受应力循环和温度循环作用后受荷总损伤变量演化的理论曲线。由图 4-23 可以看出,损伤岩样受应力循环和温度循环作用引起的损伤劣化程度大体上随着循环次数的增大而增大。而在有无应力-温度循环作用的情况下,岩样损伤的差异程度显著。相较于无应力循环和温度循环作用时,在经历应力-温度循环作用后,总损伤 D_m 的演化曲线的初始损伤逐渐增大,但增大的幅度逐渐减小。图 4-23 中两个岩样的初始损伤值均不超过 0.3,说明这两个岩样的损伤破坏主要由应力-温度循环作用后的重新加荷引起。在受到的应力-温度循环次数不变的情况下,损伤岩样的总损伤随应变的增大而增大,总损伤 D_m 的演化曲线呈现三个阶段:初始缓慢增加阶段、中间加速增加阶段和后期缓慢增加阶段。D_m 的演化是与岩石的受荷情况相对应的。在应力循环和温度循环作用后,岩石受荷的初始阶段为损伤弱化阶段,岩石微孔隙、微裂纹逐渐闭合,密度增大,强度提高;之后岩石处于线性阶段,当岩石变形达到一定程度后,岩石的损伤开始演化、稳定扩展,直至损伤加速发展,损伤变量趋于 1,这是伴随着岩石内部微裂纹萌生、扩展、会合贯通,出现宏观裂纹的过程;最后岩石强度达到峰值,产生破坏。

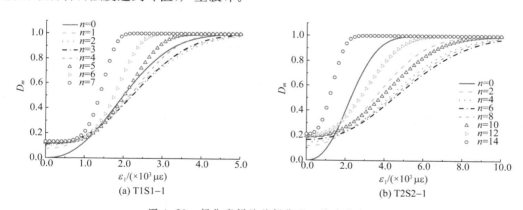

图 4-23 损伤岩样的总损伤 D_m 的演化曲线

图 4-23 显示,随着循环次数的增加,总损伤曲线的形态开始较缓,中间加速阶段以及后期缓慢增加阶段跨越的应变范围增大;但随着循环次数的进一步增加,总损伤曲线的形状变陡,中间加速阶段以及后期缓慢增加阶段跨越的应变幅度急剧减小,这说明岩样加载较小的应变就有可能发生破坏。需要说明的是,图 4-23 中的两个岩样由于在试验中的应变范围均处于(0, 1 500 $\mu\varepsilon$)的区间内,$D_m < 1$,因此在图中所示的循环内不会破坏。

由式(4-52)可以得到：

$$\frac{\partial D_m}{\partial \varepsilon_1} = \exp\left[-\left(\frac{F^*}{F_0}\right)^m\right]\left(\frac{F^*}{F_0}\right)^m \frac{m}{\varepsilon_1} \tag{4-65}$$

在应力-温度循环次数不变的情况下,式(4-65)可以看作是总损伤的演化率,表征总损伤增加的速率。图4-24是利用试验提供的实测数据,由式(4-61)—式(4-63)和式(4-65)得到岩样损伤率演化曲线。图4-24显示,应力-温度循环次数不影响损伤率的变化趋势,只影响其数值大小。随着循环次数的增加,损伤率大于0的应变域先增大后减小,损伤率的峰值大小先减小后增大。在应力-温度循环次数相同的情况下,随着岩石应变的增加,损伤岩样的损伤率呈增加趋势,但在达到峰值后逐渐减小,这与图4-24呈现的规律是一致的。另外,在循环次数增大到较大值后,由于损伤率的下降段较陡,说明岩石脆性的增大。

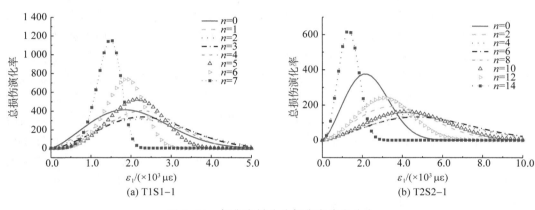

图 4-24　损伤岩样的总损伤率演化曲线

4.1.4　考虑应力-温度循环效应的岩石长期强度准则

1. 应力-温度循环作用过程中的岩石能量耗散

热力学第二定律指出,宏观过程实际上总是不可逆的,这反映出实际物理过程中能量是耗散的这一特性,材料物理过程的本质特征可以通过能量间的转化来进行描述(谢和平等,2004)。对于岩石,能量耗散是其变形破坏的本质属性,它反映了岩石内部微缺陷的不断发展、强度不断弱化并最终丧失的过程。因而能量耗散与损伤和强度丧失直接相关,耗散量反映了原始强度衰减的程度。岩体单元在经历一定的能量耗散后其内部损伤达到最大值,微结构的黏聚力丧失,然后岩石发生破坏。因此,岩石受应力-温度循环作用后的破坏过程就是能量耗散到一定程度从而使岩石失稳的过程,岩石经历应力-温度循环作用后的强度与能量耗散量密切相关。

具体地讲,在荷载循环作用的岩石试验中,岩体被加工成岩样在实验室进行各种加载试验。在受载之前,该岩样处于一个(准)平衡状态。加载后,由试验机液压源提供的能量开始对岩样做功,该平衡状态将被打破,此时岩石的变形破坏过程是岩石不断与外部交换能量的过程。随着荷载的增加或循环次数的增加,液压源所做的功逐步转化为其他能量,如试验机储存的弹性能,岩样变形时储存的弹性能、塑性耗散能,岩石变形过程产生新表面的表面能、热能、电磁能等。当岩石破坏时,能量一部分被释放出来,一部分被耗散掉。而在荷载循环作用过程中,岩石耗散能主要用于形成内部损伤和塑性变形。在荷载和温度同时作用的情况下,内部损伤和塑性应变还可由岩石的温度差和热传导形成(左建平 等,2005)。

由于岩石在应力-温度循环作用过程中破坏的能量耗散特性,可以采用最小耗能原理来获得岩石在应力-温度循环作用下的强度。同时,最小耗能原理表明,任何耗能过程,都将在与其相应的约束条件下以最小耗能的方式进行,该约束条件可以作为岩石在应力-温度循环作用下的强度准则(周筑宝,2001)。

2. 基于最小耗能原理的岩石强度准则

从微细观角度说明岩石的破坏,需要选取特征微元体,或岩石的代表性体积单元。从能量角度来看,只有当促使微元体发生破坏的能量积累到一定程度时,岩石微元体的屈服破坏才有可能发生(左建平 等,2005)。这样,在压气储能过程中,或当岩石处于地层深部时,岩石受到反复的热-力耦合作用,使岩石微元体破坏的能量可以采用一些热力学变量(如热流量、温度)以及力学变量(如应力、应变)的组合来表示。同时,在反复的热-力耦合过程中,岩石的屈服或破坏准则同时也可以看作该岩石微元体发生屈服破坏耗能所必须满足的约束条件。因为只有满足了强度准则,屈服破坏才可能发生。

最终,热-力耦合循环过程中岩石发生屈服破坏所耗散的能量取决于岩石温度、材料性能和屈服破坏时的应力状态等因素。在热-力耦合循环过程中,可将岩石屈服破坏所需耗散的能量表达式写为

$$\phi = \phi_\sigma + \phi_{\text{int}} + \phi_T \tag{4-66}$$

式中 ϕ_σ——由于应力状态所造成的能量耗散;

　　　　ϕ_{int}——与岩石材料本身特性有关的内变量所造成的能量耗散;

　　　　ϕ_T——由于温度差和热传导所造成的能量耗散。

左建平等(2005)在研究深部岩体的热-力耦合能量耗散时,忽略了与内变量有关的能量耗散,并将深部岩石由于地应力造成的不可恢复塑性应变率 $\boldsymbol{\varepsilon}^P$ 与由于温度梯度引起的热传导作为岩石在屈服破坏过程中的主要耗能机制,并提出了岩石在破坏刚开始时刻,岩体微元体耗散能 ϕ 的表达式。然而,在应力-温度耦合循环作用下,岩石材料产生损伤并发生劣化,在后续循环中尽管受力和热力学状态与初始循环一致,但岩石仍可能发生屈服破坏,因此需要考虑岩石材料的劣化效应。定义 D_n 为每个循环内岩石的损伤因子,根据损伤力学(谢和平,1990),由于材料劣化,岩石受力过程中由有效应力控制(Li 等,2012),因此左建平等(2005)的耗散能表达式可以写成:

$$\phi = \frac{\boldsymbol{\sigma}}{1-D_n} : \boldsymbol{\varepsilon}^P - \nabla T \frac{\boldsymbol{q}}{T} \tag{4-67}$$

式中,$\boldsymbol{\sigma}$ 为二阶应力张量;$\boldsymbol{\varepsilon}^P$ 为不可逆塑性应变张量;∇ 为梯度算子;$T = T(x, y, z)$ 为岩石微元体在某点的温度;$\boldsymbol{q}$ 为热流矢量。

对于式(4-67),谢和平(2004)、周筑宝(2001)等已经说明了不可逆塑性应变率可作为耗能机制的可行性,而把温度梯度作为耗能机制是因为从热力学的角度上讲,热能是一种利用

效率较低的能量(左建平 等,2005)。左建平等(2005)采用塑性增量理论来表示岩石微元体在屈服之后的不可逆塑性应变率,而在考虑损伤因子 D_n 后,不可逆塑性应变率表达式为

$$\dot{\varepsilon}_i^P = \frac{2\lambda}{3(1-D_n)}[\sigma_i - \mu(\sigma_j + \sigma_k)] \tag{4-68}$$

式中,$\dot{\varepsilon}_i^P$ 为主塑性应变率;σ_i 为主应力($i=1, 2, 3$);μ 为泊松比;λ 为与岩石微元体屈服相关的比例系数。

考虑塑性(左建平 等,2005),根据式(4-67)和式(4-68),受应力-温度循环作用的岩石材料微元体在外荷载和温度耦合作用下的耗散能表达式为

$$\phi(t) = \frac{2\lambda}{3(1-D_n)^2}[\sigma_1^2 + \sigma_2^2 + \sigma_3^2 - (\sigma_1\sigma_2 + \sigma_2\sigma_3 + \sigma_3\sigma_1)] - \nabla T \frac{\boldsymbol{q}}{T} \tag{4-69}$$

考虑岩石受应力-温度循环作用,因此,岩石破坏的屈服条件可视为应力状态 $\boldsymbol{\sigma}$、温度 T 以及不断循环造成的损伤因子 D_n 的函数,即

$$f(\sigma_1, \sigma_2, \sigma_3, D_n, T) = 0 \tag{4-70}$$

根据最小耗能原理,材料发生屈服时,在满足式(4-70)的屈服条件下,式(4-69)应该取驻值,引入拉格朗日乘子 λ^* 和泛函 F,令

$$F(\sigma_1, \sigma_2, \sigma_3, D_n, T) = \phi + \lambda^* f(\sigma_1, \sigma_2, \sigma_3, D_n, T) \tag{4-71}$$

F 取驻值的条件是:

$$\begin{cases} \dfrac{\partial F(\sigma_1, \sigma_2, \sigma_3, D_n, T)}{\partial \sigma_i} = 0, \ i=1, 2, 3 \\[3mm] \dfrac{\partial F(\sigma_1, \sigma_2, \sigma_3, D_n, T)}{\partial T} = 0 \\[3mm] \dfrac{\partial F(\sigma_1, \sigma_2, \sigma_3, D_n, T)}{\partial D_n} = 0 \end{cases} \tag{4-72}$$

将式(4-69)和式(4-71)代入式(4-72)得到:

$$\begin{cases} \dfrac{\partial f}{\partial \sigma_1} = -\dfrac{2\lambda}{3\lambda^*(1-D_n)^2}(2\sigma_1 - \sigma_2 - \sigma_3) \\[3mm] \dfrac{\partial f}{\partial \sigma_2} = -\dfrac{2\lambda}{3\lambda^*(1-D_n)^2}(2\sigma_2 - \sigma_3 - \sigma_1) \\[3mm] \dfrac{\partial f}{\partial \sigma_3} = -\dfrac{2\lambda}{3\lambda^*(1-D_n)^2}(2\sigma_3 - \sigma_1 - \sigma_2) \\[3mm] \dfrac{\partial f}{\partial D_n} = -\dfrac{4\lambda}{3\lambda^*(1-D_n)^3}[\sigma_1^2 + \sigma_2^2 + \sigma_3^2 - (\sigma_1\sigma_2 + \sigma_2\sigma_3 + \sigma_3\sigma_1)] \\[3mm] \dfrac{\partial f}{\partial T} = \dfrac{1}{\lambda^*}\left[\dfrac{\partial(\nabla T)}{\partial T} \cdot \dfrac{\boldsymbol{q}}{T} - \nabla T \cdot \dfrac{\boldsymbol{q}}{T^2}\right] \end{cases} \tag{4-73}$$

将屈服条件 f 写成微分形式,有:

$$df = \frac{\partial f}{\partial \sigma_1}d\sigma_1 + \frac{\partial f}{\partial \sigma_2}d\sigma_2 + \frac{\partial f}{\partial \sigma_3}d\sigma_3 + \frac{\partial f}{\partial D_n}dD_n + \frac{\partial f}{\partial T}dT \tag{4-74}$$

将式(4-73)代入式(4-74),并对 f 进行积分得到:

$$
\begin{aligned}
&f(\sigma_1, \sigma_2, \sigma_3, D_n, T)\\
&= -\frac{1}{\lambda^*}\left[\frac{2\lambda}{3(1-D_n)^2}(\sigma_1^2 + \sigma_2^2 + \sigma_3^2 - \sigma_1\sigma_2 - \sigma_2\sigma_3 - \sigma_3\sigma_1) - \nabla T \cdot \frac{\boldsymbol{q}}{T} + C\right]\\
&= 0
\end{aligned}
\tag{4-75}
$$

式中,C 为积分常数。

将式(4-75)改写成应力偏张量第二不变量 J_2 的形式:

$$\sqrt{\frac{J_2}{(1-D_n)^2} - \frac{1}{2\lambda}\nabla T \cdot \frac{\boldsymbol{q}}{T}} = C' \tag{4-76}$$

式中,$J_2 = (\sigma_1^2 + \sigma_2^2 + \sigma_3^2 - \sigma_1\sigma_2 - \sigma_2\sigma_3 - \sigma_3\sigma_1)/3$;$C' = \sqrt{-C/(2\lambda)}$。

式(4-76)即考虑应力循环和温度循环作用后的长期强度准则,当 C' 不变时,该准则为 Mises 强度准则。但 Mises 强度准则只适用于高围压下具有延性的岩石(Renshaw 和 Schulson,2007),对于脆性岩石的适用性不强。同时,式(4-76)说明,当不考虑应力循环和温度循环时,岩石的强度只与偏应力有关而与平均应力无关,但脆性岩石基本上是与平均应力有关的摩擦型介质(Ulusay 和 Hudson,2012),因此需要对式(4-76)进行改进,使其能够较好地描述大部分岩石,特别是具有脆性变形特征的岩石。

将 C' 考虑为有效应力张量第一不变量 I_1' 的函数:

$$C' = C'(I_1') \tag{4-77}$$

式中,$I_1' = I_1/(1-D_n)$,I_1 为应力张量第一不变量,且 $I_1 = \sigma_1 + \sigma_2 + \sigma_3$。

对 C' 和 I_1 采用简单的线性关系:

$$C' = aI_1' + b = \frac{aI_1}{1-D_n} + b \tag{4-78}$$

式中,a 和 b 为参数。

这样式(4-76)变为如下形式:

$$\sqrt{\frac{J_2}{(1-D_n)^2} - \frac{1}{2\lambda}\nabla T \cdot \frac{\boldsymbol{q}}{T}} = \frac{aI_1}{1-D_n} + b \tag{4-79}$$

式(4-79)的屈服条件由塑性力学中增量理论推导及改进得出,因此,该屈服准则应适用于一些简单的荷载工况,如单轴拉伸或单轴压缩状态等。以常规的岩石三轴压缩试验来获得常数 a 和 b,此时由于三轴压缩为恒温过程,$\nabla T = 0$,且 D_n 为考虑了长期循环效应的损伤因子,在一个短期加载循环内不考虑。根据式(4-79)得到:

$$\sqrt{J_2} = aI_1 + b \tag{4-80}$$

式(4-80)与 D-P 准则相似,因此,a 和 b 与 D-P 准则中的参数 α 和 k 相似,可以按照相同的方法获得。最后,式(4-79)的强度准则可以写成如下形式:

$$\sqrt{\frac{J_2}{(1-D_n)^2}-\lambda_T \nabla T \cdot \frac{\boldsymbol{q}}{T}}=\frac{aI_1}{1-D_n}+b \qquad (4-81)$$

式中,$\lambda_T = 1/(2\lambda)$。

式(4-81)即长期应力-温度循环下岩石的长期强度准则,该准则包含了参数 a,b,λ_T 以及长期循环的损伤因子 D_n 四个参数。同时,该长期强度准则也具有明确的物理意义:岩石材料的塑性耗散能及温度梯度引起的耗散能积累到一定程度,或岩石材料在循环过程中损伤不断加剧时,岩石会发生破坏。

该准则中的参数 a 和 b 可以通过常规三轴试验得到的黏聚力以及内摩擦角换算得到。参数 λ_T 可通过岩石的高温试验来获得:通过恒定速率加温使岩石软化,在该状态认为岩石屈服,得到此时 $\nabla T \cdot \boldsymbol{q}/T$ 的值。由于整个过程无应力存在,$\lambda_T = -b^2/(\nabla T \cdot \boldsymbol{q}/T)$。另外,长期应力循环的损伤因子 D_n 与循环次数、应力幅值、温度幅值、岩性等有关,可以通过本节前述方法进行计算。损伤因子 D_n 的值一旦确定,该长期强度准则就能对应力-温度循环作用下的完整岩石强度进行预测。

此外,确定应力-温度循环作用后岩石的单轴压缩强度也是该长期强度准则和损伤因子 D_n 的一个应用。当岩样处在温度不变的状态时,由该长期强度准则得到:

$$\frac{\sigma_{cn}}{1-D_n}\left(\frac{1}{\sqrt{3}}-a\right)=b \qquad (4-82)$$

式中,σ_{cn} 是应力-温度循环作用后的单轴抗压强度。

对于常规单轴压缩试验得到:

$$\sigma_{c0}\left(\frac{1}{\sqrt{3}}-a\right)=b \qquad (4-83)$$

式中,σ_{c0} 是初始单轴压缩模量。

基于式(4-82)和式(4-83),可以得到:

$$\sigma_{cn}=\sigma_{c0}(1-D_n) \qquad (4-84)$$

通过式(4-84)就可以预测岩石在应力-温度循环作用后的长期单轴抗压强度。

3. 长期强度准则的试验验证

由于目前尚没有考虑应力-温度耦合循环作用下的岩石强度准则,也未有文献报道岩石在应力-温度耦合循环作用下的力学试验,因此,利用前述应力-温度循环作用的岩石单轴试验,通过强度预测值与试验结果进行对比,对提出的岩石长期强度准则进行验证。

式(4-81)的岩石长期强度准则与损伤因子 D_n 有关。而目前,岩石损伤因子的定义方法有孔隙面积定义法(谢和平,1990)、弹性模量定义法(Xiao 等,2010)、残余应变法(Xiao 等,2010)等,为了分析方便,采用岩样的模量定义应力-温度循环作用后的损伤因子 D_n:

$$D_n = 1 - \frac{E_n}{E_0} \tag{4-85}$$

式中，E_n 为岩样受 n 次应力-温度循环后的模量；E_0 为岩样初始模量。

这里，可以分别选取 1/2 模量 $E_{1/2}$、割线模量 E_s 以及卸载模量 E_u 对损伤因子 D_n 进行计算。$E_{1/2}$，E_s 和 E_u 的定义分别为：1/2 峰值应力与 1/2 峰值应变的比值；峰值应力与峰值应变的比值；峰值应力与弹性应变（峰值应变与残余应变之差）的比值。对于岩样 T2S2-3，试验得到的岩石模量随循环次数的变化如图 4-25(a) 所示，$E_{1/2}$，E_s 和 E_u 的初始值分别为 61.48 GPa，58.42 GPa 和 60.51 GPa，到最后一个循环，$E_{1/2}$ 和 E_s 分别为 49.80 GPa 和 42.72 GPa，而卸载模量只能在前一个循环（第三个循环）计算，E_u 为 58.20 GPa。这样，根据式(4-85)计算得到的损伤因子 D_n 分别为 0.190，0.269 和 0.038。根据初始岩石抗压强度平均值，由岩石长期强度准则式(4-81)得到循环后的强度预测值分别为 54.84 MPa，49.49 MPa 和 65.1 MPa，此时，$E_{1/2}$ 和 E_s 的强度预测值与岩石破坏时的峰值应力 49.55 MPa 是相符的，但 E_u 的预测值则有 31% 的误差（表 4-7）。

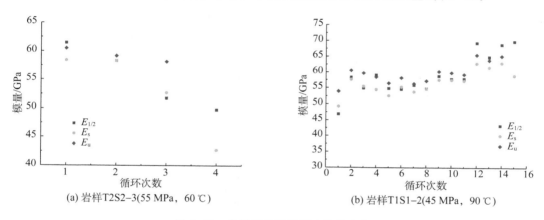

(a) 岩样T2S2-3(55 MPa，60 ℃)   (b) 岩样T1S1-2(45 MPa，90 ℃)

图 4-25　岩样模量随循环次数的变化

表 4-7　　　　　　　　　　岩样 T2S2-3 强度(55 MPa，60 ℃)

模量	初始值/MPa	最终值/MPa	损伤因子 D_n	强度预测值/MPa	强度测量值/MPa	偏差
$E_{1/2}$	61.48	49.80	0.19	54.84		10.8%
E_s	58.42	42.72	0.27	49.49	49.55	<0.1%
E_u	60.51	58.20	0.04	65.10		31.4%

对于循环内未破坏的岩样（硬化岩样），在循环一定次数后被单轴压缩到破坏，此时经历的循环次数较多。以岩样 T1S1-2 为例，其岩石模量随循环次数的变化如图 4-25(b) 所示，$E_{1/2}$，E_s 和 E_u 的初始值分别为 46.88 GPa，49.23 GPa 和 53.89 GPa，到破坏阶段，$E_{1/2}$ 和 E_s 分别为 69.84 GPa 和 58.95 GPa，而卸载模量只能在破坏的前一个循环内计算，E_u 为 65.19 GPa。这样，根据式(4-85)计算得到的损伤因子 D_n 分别为 -0.21，-0.49 和 -0.20。根据初始岩石抗压强度平均值，由岩石长期强度准则式(4-39)得到循环后的

强度预测值分别为 99.15 MPa，79.71 MPa 和 80.52 MPa，这时按照割线模量和卸载模量得到的预测值与岩石破坏时的峰值应力 82.89 MPa 相符，但按 $E_{1/2}$ 得到的预测值与实测值相差 19.6%（表 4-8）。

表 4-8 岩样 T1S1-2 强度(45 MPa, 90 ℃)

模量	初始值/MPa	最终值/MPa	损伤因子 D_n	强度预测值 /MPa	强度测量值 /MPa	偏差
$E_{1/2}$	46.88	69.84	−0.21	99.15		19.6%
E_s	49.23	58.95	−0.49	79.71	82.89	3.8%
E_u	53.89	65.19	−0.20	80.52		2.9%

同样，采用 $E_{1/2}$，E_s 和 E_u 对岩样在不同应力-温度循环过程中破坏时的损伤因子进行计算，利用平均初始单轴抗压强度平均值对不同损伤因子的岩石强度进行预测，并与实测值进行对比，以分析该岩石长期强度准则的预测效果。需要说明的是，尽管采取了一定的措施来消除岩石性质的离散性，但岩石强度的离散性依然存在（如常规单轴试验中的压缩曲线）。为考虑岩石离散性的影响，利用初始抗压强度的最小值和最大值对岩石在应力-温度循环作用下的强度值进行预测，从而获得该岩石长期强度准则预测值波动范围的上、下界，其预测值与实测值的对比如图 4-26 所示。

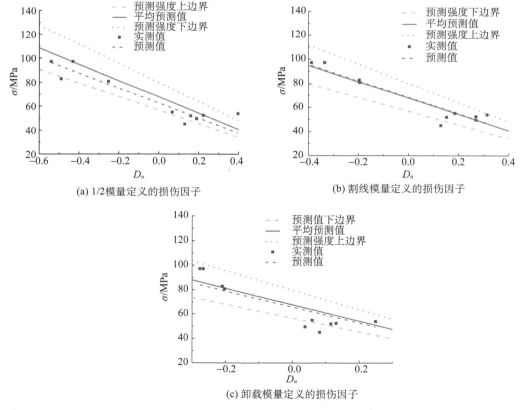

(a) 1/2模量定义的损伤因子

(b) 割线模量定义的损伤因子

(c) 卸载模量定义的损伤因子

图 4-26 岩石长期强度准则预测值与实测值的对比

从图 4-26 可以看出,尽管采用了不同的损伤因子进行计算,但岩石强度的预测值与实测值相符,岩石强度实测值基本上在平均预测值附近波动,验证了本书提出的岩石长期强度准则的可靠性。而根据 $E_{1/2}$ 和 E_s 计算的岩石强度平均预测值与实测值的差异程度小于按 E_u 计算结果的差异程度,这说明了选择 $E_{1/2}$ 和 E_s 计算 D_n 的效果优于 E_u。

4. 讨论

1) 温度循环作用下的岩石强度

不考虑荷载循环作用,方荣(2006)开展了大理岩在温度(20 ℃,100 ℃,300 ℃,450 ℃和600 ℃)循环作用后的单轴压缩试验,获得了温度循环作用后的岩石单轴抗压强度以及峰值应变(表 4-9),而此时对应的循环次数分别为 1,10 和 20,他将 D_n 的表达式写为

$$D_n = c_n \left(1 - \frac{E_{Tn}}{E_{T0}}\right) \tag{4-86}$$

式中,E_{Tn} 为温度循环作用后的岩石模量;E_{T0} 为温度循环作用前的岩石初始模量;c_n 为调整系数,可取为 0.8,0.9 和 1.0。

当 $c_n = 1.0$ 时,式(4-86)转化为式(4-85),此时损伤因子的定义与本书一致。按照式(4-86)与表 4-9,采用割线模量计算损伤因子,用本书提出的强度准则计算岩石在不同温度循环后的强度预测值,与试验实测值之间的对比如图 4-27 所示。

表 4-9　　　　　　　　　　温度循环作用后大理岩压缩参数

加温温度/℃	峰值强度/MPa			峰值应变/($\times 10^3 \mu\varepsilon$)		
	1 次	10 次	20 次	1 次	10 次	20 次
20	84.03			4.87		
100	84.64	84.54	82.63	4.63	4.16	4.65
300	64.17	69.77	67.23	5.86	6.07	6.05
450	56.04	53.63	50.53	7.55	8.61	10.12
600	47.24	29.03	25.34	9.4	9.63	9.33

从图 4-27 可以看出,温度循环作用下大理岩强度的预测值与实测值吻合,特别是当 $c_n = 0.8$ 时,只有轻微的差别。而强度出现轻微差异主要有三方面的原因:①损伤因子的选择;②选取的岩石非同一块岩石;③岩石自身的离散性。

Mahmutoglu(1998)研究了致密 Buchberger 砂岩在温度循环作用后的受力变形特征。先将岩样加热到 600 ℃,然后在 12 h 内降温到 20 ℃,并记录各个岩样的循环次数、弹性模量以及单轴抗压强度,如表 4-10 所示。将第一次循环时两个岩样弹性模量的平均值作为岩样的初始弹性模量,然后用本书提出的岩石长期强度准则计算得到强度预测值,与试验得到的数据进行比较,如图 4-28 所示。图 4-28 与图 4-27 相似,表明 Buchberger 砂岩强度与该强度准则预测的强度吻合。

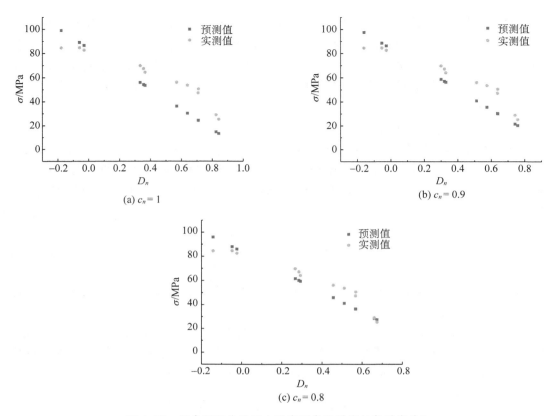

(a) $c_n = 1$

(b) $c_n = 0.9$

(c) $c_n = 0.8$

图 4-27 温度循环作用下大理岩强度预测值与实测值对比

表 4-10 Buchberger 砂岩弹性模量以及抗压强度变化

循环次数	单轴抗压强度/MPa	弹性模量/GPa
1	96.1	11.44
1	92.5	11.28
2	100	10.7
2	81	9.52
4	63.7	6.44
4	60.1	6.18
8	66.8	6.7
8	53.7	4.88
16	55	4.76
16	46.2	4.08

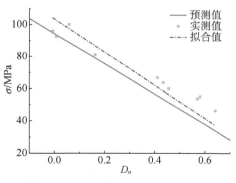

图 4-28 Buchberger 砂岩实测值与本书
提出的强度准则预测值对比

总之,当只有温度循环作用时,采用本书提出的强度准则计算的预测值可以得到与实测值相符的岩石强度值,这也从侧面反映了该准则的合理性。

2) 损伤因子 D_n 的选择

损伤因子 D_n 的选择不同,会使该强度准则预测的强度值略有不同。为进一步说明损伤因子选择的重要性,在分析中引入屈服接近度(α_{YAI})的概念(周辉 等,2005),按照式(4-81)定义为

$$\alpha_{YAI} = \sqrt{\frac{J_2 - \lambda_T(1 - D_n)^2 \nabla T \cdot \boldsymbol{q}/T - aI_1}{b(1 - D_n)}} \tag{4-87}$$

在单轴应力-温度循环试验中,根据式(4-84),式(4-87)变为

$$\alpha_{YAI} = \frac{\sigma_1}{\sigma_{c0}(1 - D_n)} \tag{4-88}$$

α_{YAI} 能够定量评价岩石接近塑性屈服的程度,描述某点的现时状态与相对最安全状态的参量的比,其范围为 $0 \leqslant \alpha_{YAI} \leqslant 1$。$\alpha_{YAI}$ 越接近 1,表明岩石越接近屈服状态,α_{YAI} 为 1 时,岩石屈服破坏。根据 α_{YAI} 的定义,以岩样 T1S2-2 为例,对本书中应力-温度循环试验结果进行分析。

岩样 T1S2-2 受应力 55 MPa 和温度 90 ℃ 的循环作用,在第 13 个循环发生破坏,发生破坏时应力为 53.83 MPa。图 4-29 给出了岩样 T1S2-2 在应力-温度循环作用过程中的模量变化。令破坏时 $\alpha_{YAI}=1$,根据图 4-29 计算 D_n,然后通过式(4-88)反算得到初始单轴压缩强度,进而可以通过式(4-87)得到每个循环内 α_{YAI} 的变化情况。

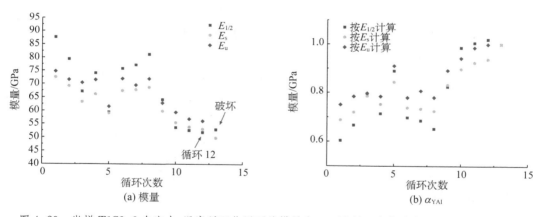

图 4-29　岩样 T1S2-2 在应力-温度循环作用下的模量和 α_{YAI} 随循环次数的变化(55 MPa,90 ℃)

图 4-29 是岩样 T1S2-2 在应力-温度循环过程中最大 α_{YAI} 的变化情况。采用 $E_{1/2}$ 计算得到岩样最大 α_{YAI} 在第 11 个循环和第 12 个循环就已经超过 1,这说明采用 $E_{1/2}$ 计算损伤因子会产生偏差。另外,由于卸载模量只能在前一个循环获得,而在当前的循环无法得到,因此,建议采用割线模量对损伤因子进行计算,然后利用本书提出的强度准则对岩石在应力-温度循环过程中的强度进行预测。

3)强度准则的进一步探讨

从式(4-81)可以看出,本书提出的强度准则是一个考虑了多种因素的强度准则,此时若略去某些因素并对其进行简化,则可以退化为目前文献中所述的不同强度准则。

首先,若不考虑应力-温度循环作用,而只是考虑应力与温度的耦合,令 $D_n=0$,当式(4-81)中 $a=0$ 时,式(4-81)变为

$$3b^2 = (\sigma_1^2 + \sigma_2^2 + \sigma_3^2 - \sigma_1\sigma_2 - \sigma_2\sigma_3 - \sigma_3\sigma_1) - \frac{3\nabla T}{2\lambda} \cdot \frac{\boldsymbol{q}}{T} \tag{4-89}$$

这时,式(4-89)与左建平等(2005)提出的岩石热-力耦合强度准则一致。

其次,如果岩石的破坏发生在等温状态下,并且不考虑荷载循环作用造成的损伤,此时,$D_n = 0$,式(4-81)退化为 D-P 准则,如式(4-80)所示。

另外,当不考虑长期循环引起的损伤且不考虑温度效应时,由式(4-81)可以得到:

$$(\sigma_1 - \sigma_2)^2 + (\sigma_2 - \sigma_3)^2 + (\sigma_3 - \sigma_1)^2 = -\frac{3C}{\lambda} \tag{4-90}$$

式(4-90)即塑性力学中经典的 Mises 屈服准则。本书提出的强度准则退化后与左建平等(2005)提出的准则、D-P 准则以及 Mises 屈服准则相吻合,是这三个准则的拓展,这从侧面反映了本书所提强度准则的合理性。

4.2 长期运营时压气储能内衬洞室疲劳损伤演化规律和稳定性

4.2.1 长期运营时压气储能内衬洞室疲劳损伤演化规律

在长期运营中,压气储能地下洞室内,空气频繁、快速地充入和放出,使压气储能洞室产生显著的温度变化,同时洞室内壁有空气压力循环作用,此时压气储能地下工程岩体受到的应力循环以及温度循环作用明显,长期运营中,压气储能洞室温度场和应力场呈明显的周期性变化。在周期性应力场和温度场作用下,围岩受到应力和温度反复作用,其力学性能将发生改变,从而影响工程的长期稳定性,但目前工程中特别是压气储能内衬洞室的岩石本构关系还只是采用弹性模型(Zhou 等,2015;Rutqvist 等,2012)或理想弹塑性模型(Zimmels 等,2002),这与实际情况不甚相符。因此,以长期温度循环和应力循环引起的损伤为基础,将前文获得的损伤模型以及强度准则嵌入数值模型中,进而对压气储能内衬洞室的长期稳定性进行分析。

分析采用的网格划分与图3-16一致,但需要在图3-17模块的基础上添加一个全新的模块(图4-30),该模块主要基于固体力学模块以及相应的强度准则开发,用于计算力学响应以及长期运营中的损伤场。对模型离散后,进行压气储能内衬洞室应力场和温度场的求解,主要过程如下:

(1)建立固体力学模块,得到初始地应力场、模块的边界条件以及荷

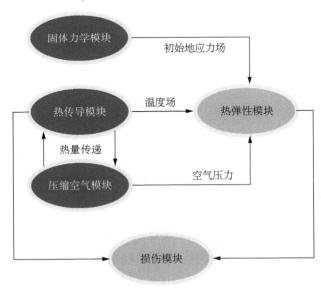

图 4-30 每个模块之间的相互关系

载条件;建立空气状态求解模块,该模块囊括了洞室内气体温度、压强和密度求解所需的所有控制方程。

(2)建立由密封层、衬砌和围岩组成的热弹性模块。

(3)对四个模块之间进行耦合求解,洞室内气体和传热模块之间具有热量传递,将传热模块得到的温度场作为热弹性模块的温度条件,洞室内气体压强作为力边界作用到热弹性模块上;将初始地应力模块得到的应力场作为热弹性模块的初始地应力条件施加在模型上。

(4)由热弹性模块确定损伤场计算需要的应力幅值以及温度幅值等,然后进行损伤场计算。

(5)由计算得到的损伤场、初始热弹性参数、岩石强度准则以及温度场重新计算应力场和位移场。

(6)设定好计算时间以及初始状态,进行计算,得到运营期间的洞室力学响应。

以表 4-11 的参数进行计算,可以获得压气储能内衬岩石洞室的损伤演化规律。图 4-31 所示为不同密封材料密封时整个洞室在 10 000 d 运营期后的损伤区域。从图中可以看出,洞室损伤主要集中在距洞壁 1 m 范围内,围岩内表面损伤因子最大。采用钢衬密封时,最大损伤因子为 0.11;采用气密性混凝土密封时,最大损伤因子为 0.13;采用高分子材料密封时,最大损伤因子为 0.08。

表 4-11 计算参数

洞室几何构型				
V/m^3	r_0/m	r_1/m	r_2/m	r_3/m
3×10^5	8	8.05	8.15	12
空气参数				
$R/[\text{kJ}\cdot(\text{kg}\cdot\text{K})^{-1}]$	p_c/MPa	T_c/K	$c_{p0}/[\text{kJ}\cdot(\text{kg}\cdot\text{K})^{-1}]$	$c_{v0}/[\text{kJ}\cdot(\text{kg}\cdot\text{K})^{-1}]$
0.287	3.766	132.65	1.005	0.718
压气储能运营参数							
T_0/K	P_0/MPa	T_i/K	t_1/h	t_2/h	t_3/h	t_p/h	$\dot{m}_c/(\text{kg}\cdot\text{s}^{-1})$
310	4.5	322.4	8	14	18	24	236

力学参数以及热物理参数							
类型	导热系数 /[W·(m²·K)⁻¹]	比热 /[kJ·(kg·K)⁻¹]	密度 /(kg·m⁻³)	热膨胀系数/K⁻¹	弹性模量 /GPa	泊松比	传热系数 /[W·(m²·K)⁻¹]
衬砌	1.4	0.837	2 500	1.2×10^{-5}	30	0.3	
围岩	3.5	1	2 700	1.2×10^{-5}	30	0.3	
钢衬	45	0.5	7 800	1.7×10^{-5}	2×10^5	0.3	50
气密性混凝土	1.4	0.837	2 500	1.2×10^{-5}	3 000	0.3	
高分子材料	0.091	1.94	920	4.8×10^{-4}	1.5	0.499 5	

图 4-32 所示为不同密封情况下洞室损伤沿径向的变化情况。从图 4-32(a)中可以看出,当采用钢衬密封时,洞室损伤在不同层内的变化趋势不尽相同。在密封层内,由于钢衬仍处于弹性阶段,损伤因子为 0;在衬砌内,当与洞室内壁的距离增加时,衬砌的损伤因子先增加后减小,最大损伤因子为 0.045;在围岩内,损伤因子自围岩内表面起先逐渐增大到峰值(0.11),之后随距离的增加逐渐减小到一个局部低值。当与洞壁的距离超过 1 m 后,围岩的损伤因子也是先增大后减小,但损伤因子较小,说明洞壁 1 m 以外受循环作用影响较小。

图 4-32(b)所示为采用气密性混凝土密封时洞室损伤沿径向的变化情况。在密封层

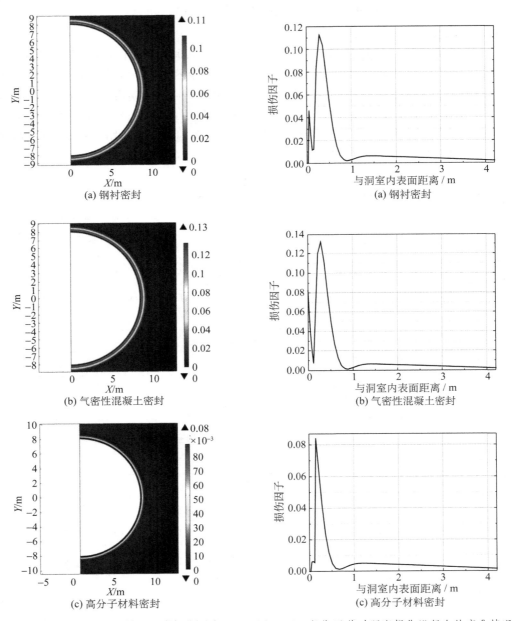

图 4-31　长期运营时不同密封洞室的损伤区域　　图 4-32　长期运营时洞室损伤沿径向的变化情况

和衬砌内,损伤因子随距离的增加大致呈直线下降,损伤因子最大值为 0.082;围岩损伤因子的变化规律与钢衬密封时类似,只是损伤因子最大值为 0.13。

图 4-32(c)所示为采用高分子材料密封时洞室损伤沿径向的变化情况,衬砌损伤因子先增加到 0.007 而后缓慢减小;围岩损伤因子的变化规律与气密性混凝土以及钢衬密封时一致,但最大损伤因子只有 0.085。

对比分析图 4-32(a),(b),(c)可知,当采用气密性混凝土密封时,密封层、衬砌以及围岩的最大损伤因子最大,高分子材料密封时最小;当采用不同的密封方式时,围岩损伤因子随距离的增加呈现的规律一致,但衬砌变化规律不同;采用高分子材料密封时,压气储能内衬洞室的损伤因子剧烈变化区域较小。

对围岩和衬砌取特征点,分析特征点损伤因子随时间的变化规律,如图 4-33 所示。从图中可以看出,不管是围岩还是衬砌,均呈现出相同的规律:损伤因子在 30 个循环内急速增加,而在 30 个循环后缓慢增加到稳定值,在 100 个循环后基本上保持不变。

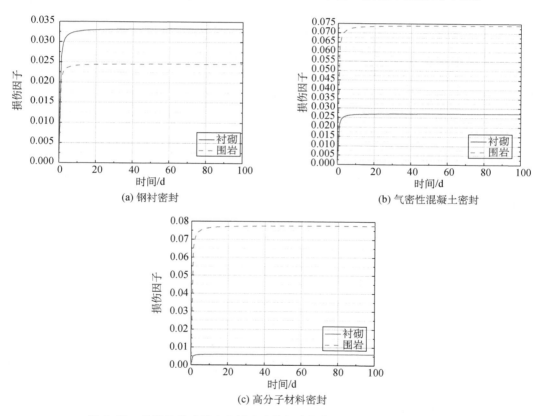

图 4-33　长期运营时衬砌和围岩上特征点损伤因子随时间的变化曲线

4.2.2　长期运营时内衬洞室的稳定性

1. 钢衬密封内衬洞室

以内蒙古韩勿拉风场玄武岩岩石力学试验结果为基础,对钢衬密封情况下洞室长期运营时(计算时间为 10 000 d)的受力变形进行分析,并与采用热弹性模型时的计算结果进行对比,由于衬砌和围岩是维持洞室稳定的最主要部分,重点对图 4-34 中的洞室顶部围岩内表面以及衬砌内表面特征点进行研究。

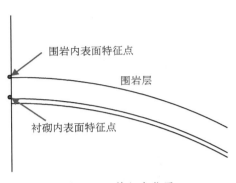

图 4-34　特征点位置

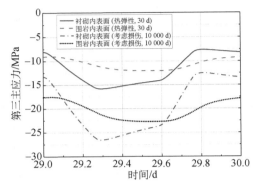

图 4-35　钢衬密封时衬砌及围岩内表面第三主应力

图 4-35 所示为一个周期内钢衬密封时衬砌及围岩内表面第三主应力的变化情况。图中第 30 d 的计算结果由热弹性模型获得,而长期运营结果是考虑了洞室损伤场后的第 10 000 d 的计算结果(下文中长期运营结果均指 10 000 d 的计算结果)。从图中可以看出,由于在充气阶段和第二个储气阶段,衬砌及围岩温度上升,根据热弹性本构关系(热胀冷缩)及约束效应,围岩及衬砌的第三主应力增加(压应力,应力值增加,本节规定压应力和压应变为负),而在第一个储气阶段及放气阶段,围岩及衬砌的温度下降,则围岩和衬砌的第三主应力下降。第三主应力的变化规律依然如第 2 章所述。

对于衬砌,考虑应力循环和温度循环效应后,每个时间节点的第三主应力分别增加了 63%,70%,65% 和 75%(−4 MPa,−10 MPa,−8 MPa 和 −6 MPa),在 t_1 时间点应力增加幅度最大。对于围岩,每个时间节点的第三主应力分别增加了 95%,90%,65% 和 100%(−9 MPa,−10 MPa,−9 MPa 和 −9 MPa),在 t_0 时间点应力增加幅度最大。另外,长期运营时,一个运营周期中衬砌内表面第三主应力最大值为 −26.7 MPa,最小值为 −12.5 MPa;围岩内表面第三主应力最大值为 −22.5 MPa,最小值为 −17.5 MPa。

图 4-36(a)所示为一个周期内钢衬密封时衬砌及围岩内表面第一主应力的变化情况。图中第 30 d 的计算结果由热弹性模型获得,而长期运营结果是考虑了洞室损伤场后的计算结果。由于在充气阶段和第二个储气阶段,衬砌及围岩温度上升,根据热弹性本构关系(热胀冷缩)及约束效应,围岩及衬砌的第一主应力增加(压应力,应力值增加),而在第一个储气阶段及放气阶段,围岩及衬砌的温度下降,则围岩和衬砌的第一主应力下降,此时第一主应力的长期运营计算结果与第三主应力一致。但采用热弹性本构模型时,围岩的第一主应力变化规律不一致,呈现出"下降—上升—下降—上升"的变化规律。

对于衬砌,考虑应力循环和温度循环效应后,每个时间节点的第一主应力分别增加了 170%,225%,200% 和 225%(−7 MPa,−18 MPa,−16 MPa 和 −10 MPa),在 t_1 时间点应力增加幅度最大。对于围岩,每个时间节点的第一主应力分别增加了 220%,370%,200% 和 350%(−11 MPa,−15 MPa,−14 MPa 和 −14 MPa),在 t_1 时间点应力增加幅度最大。另外,长期运营时,一个运营周期中衬砌内表面第一主应力最大值为

—26.2 MPa,最小值为—12.2 MPa;围岩内表面第一主应力最大值为—21 MPa,最小值为—16 MPa。

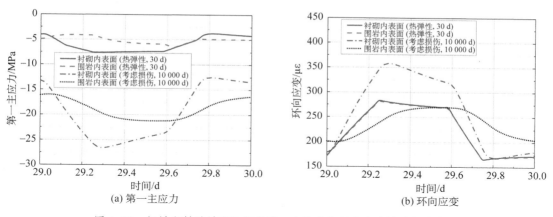

图 4-36　钢衬密封时衬砌及围岩第一主应力和环向应变随时间的变化

　　一个周期内钢衬密封时衬砌及围岩内表面环向应变的变化情况如图 4-36(b)所示。从图中可以看出,衬砌和围岩内表面均呈现出受拉的环向应变。采用热弹性本构模型时,衬砌和围岩环向应变呈"上升—下降—下降—上升"的变化规律。在考虑长期的温度循环和应力循环效应后,只有衬砌环向应变的变化规律不变,而围岩环向应变随时间先增加后减小。

　　对于衬砌,考虑应力循环和温度循环效应后,每个时间节点的环向应变分别增加了 0%,23%,18% 和 11%(0,64 $\mu\varepsilon$,48 $\mu\varepsilon$ 和 19 $\mu\varepsilon$),在 t_1 时间点应力增加幅度最大。对于围岩,每个时间节点的环向应变分别增加了 16%,—14%,0% 和 47%(29 $\mu\varepsilon$,—41 $\mu\varepsilon$,0 $\mu\varepsilon$ 和 77 $\mu\varepsilon$),在 t_3 时间点环向应变变化幅度最大。长期运营时,一个运营周期中衬砌内表面环向应变最大值为 360 $\mu\varepsilon$,最小值为 173 $\mu\varepsilon$;围岩内表面环向应变最大值为 271 $\mu\varepsilon$,最小值为 201 $\mu\varepsilon$。

　　2. 高分子材料密封内衬洞室

　　图 4-37(a)所示为高分子材料密封时衬砌和围岩内表面第三主应力变化情况。采用热弹性模型时,衬砌和围岩第三主应力随时间的增加大体上呈先增大后减小的变化规律,这主要是由于采用高分子材料密封时,温度集中区域较小,衬砌和围岩受洞室气温影响较钢衬密封时小。另外,一个周期内衬砌第三主应力最大值较围岩大。当考虑长期的温度循环和应力循环效应后,衬砌和围岩第三主应力较热弹性模型计算时大。衬砌第三主应力最大值增大达—6 MPa,增加幅度为 60%;围岩第三主应力最大值增大达—9 MPa,增大超过 1 倍。

　　图 4-37(b)所示为高分子材料密封时衬砌和围岩内表面第一主应力变化情况。采用热弹性模型时,衬砌和围岩第一主应力随时间的增加大体上呈先减小后增大的变化规律,这主要是由于采用高分子材料密封时,温度集中区域较小,衬砌和围岩受洞室气温影响较钢衬密封时小,围岩和衬砌受空气内压影响较大,有"受拉"的趋势。另外,一个周期内衬砌第一主应力最大值较围岩大。当考虑长期的温度循环和应力循环效应后,衬砌和围岩

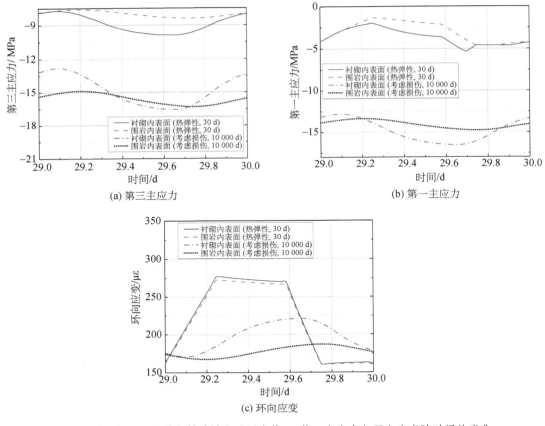

(a) 第三主应力　　(b) 第一主应力

(c) 环向应变

图 4-37　高分子材料密封时衬砌及围岩第三、第一主应力与环向应变随时间的变化

第一主应力随时间的变化规律基本不变,且较热弹性模型计算时大。衬砌第一主应力最大值增大达 12 MPa,增加幅度为 600%;围岩第一主应力最大值增大达 12 MPa,增大超过4 倍。

图 4-37(c)所示为高分子材料密封时衬砌和围岩内表面环向应变的变化情况。采用热弹性本构模型时,衬砌和围岩环向应变呈明显的"上升—下降—下降—上升"变化规律,但考虑长期的温度循环和应力循环效应后,衬砌和围岩环向应变最大值减小,且呈较为光滑的"下降—上升—上升—下降"趋势,在 t_1 时间点环向应变变化的幅度最大。

对比不同的密封材料可以发现:当采用钢衬和气密性混凝土密封时,长期运营时两种密封方式得到的受力变形特征较为一致;但是采用高分子材料作为密封层时,围岩和衬砌的第三主应力最大值减小,第一主应力最大值减小;围岩和衬砌的环向应变最大值减小。

第5章 压气储能内衬洞室密封性能的多场耦合计算方法

压气储能内衬洞室密封性能的计算涉及热力学、力学以及空气渗流(透)的多场耦合过程,目前仅有 Kim 等(2012e)和 Rutqvist 等(2012)进行了数值计算,但他们的研究没有考虑洞室空气的对流换热效应,也没有与实测数据进行对比。本章对压气储能内衬洞室的多场耦合过程进行分析,对主要的耦合过程建立了数学模型,利用有限元数值计算软件 COMSOL Multiphysics 对该数学模型进行求解。

此外,由于压气储能内衬洞室多场耦合问题的复杂性,其计算方法都非常复杂,很难应用到实际工程设计中。在此背景下,本章推导了一系列解析解:①可以计算洞室温度和压力的热力学解;②可以计算洞室温度、压力、空气泄漏率和围岩应力、位移的迭代解;③可以计算洞室温度、压力和整个洞室附加应力、位移场的热力耦合简化解。这些解析解复杂程度不一,可以根据工程设计的不同阶段进行选用。

5.1 压气储能内衬洞室温度与压力变动的热力学解

洞室空气温度和压力的循环变动是压气储能洞室的主要特征。在压气储能运营过程中,洞室会经历不断的充气、抽气,根据热力学原理,充气过程会导致洞室空气温度、压力升高,而抽气过程会导致洞室空气温度、压力降低。这种温度和压力的变动会影响密封层的气密性能和洞室围岩的稳定性,因此,对于一个压气储能洞室,最开始关注的问题就是洞室空气温度和压力是怎样变动的,如何能够简洁、有效地进行计算。

与整个压气储能系统中压缩机或涡轮机部分相比,地下洞室的温度和压力变化(即热力学性能)一直未被重视。目前,在压气储能系统的热力学分析中,对地下洞室大致有四类处理方式:①直接忽略地下洞室的热力学响应(Lund 等,2009;Najjar 和 Zaamout,1998)。②假设洞室的温度是恒定不变的(Grazzini 和 Milazzo,2008;Yang 等,2014)。③假设洞室是绝热的(Hartmann 等,2012;Kushnir 等,2012b;Osterle,1991;Zhang 等,2013)。④考虑了洞室空气与围岩的对流换热。前三类处理方式都没有考虑洞室空气和围岩的对流换热,因而不能正确地反映地下洞室的热力学性能。Tada 等(1999)和 Yoshida 等(1998)推导了二维条件下洞室热力学、流体力学控制方程组,联立该方程组和围岩的传热方程进行求解,可以得到洞室中的温度和压力分布。Raju 和 Khaitan(2012)基于质量守恒、能量守恒方程模拟了压气储能洞室的温度和压力变动,该模拟中假定围岩的温度是不变的,此外他们还提出了一种对流换热公式。Kim 等(2012e)和 Rutqvist 等(2012)运用 TOUGH-FLAC 软件对压气储能洞室进行了多场耦合模拟,但该模拟中的对流换热实际上是热传导。Kushnir 等(2012c)基于质量守恒方程、能量守恒方程和围岩的热传导方程建立了压缩空气储能洞室的热力学控制方程组,并用亨托夫电站的数据验证了该控制方程组的有效性。目前已有一些学者将第四类方法运用到压缩空气储能系统的热力学计算中(Kim 等,2012e;Quast 和 Crotogino,1979)。然而,该方法也有缺点:需要求解常微分和偏微分方程组,非常复杂,不便于实际应用。因此,有必要推导一种既准确又简洁的传热计算方法。

5.1.1 热力学解的推导

图 5-1　压气储能地下岩石洞室示意图

压气储能洞室可以考虑为一个常容系统,洞室的出口和洞壁就是该常容系统的边界,如图 5-1 所示。在运营过程中,空气被周期性地注入或抽出洞室,空气的动能和势能可以忽略。另外,如果密封层的气密性较好,则近似地认为空气泄漏可以忽略。由于洞室的纵向长度一般远大于横向半径,将洞室的热传导作为一维热传导问题考虑,就可以得到 Kushnir 等(2012c)提出的压气储能洞室热力学控制方程[式(5-1)—式(5-7)]。需要说明的是,这里的控制方程是针对无衬洞室的,而内衬洞室的热力学控制方程还需要增加密封层和衬砌的热传导方程,见 3.1 节。

质量守恒方程:

$$V \frac{\mathrm{d}\rho}{\mathrm{d}t} = \dot{m}_i(t) + \dot{m}_e(t) \tag{5-1}$$

能量守恒方程:

$$V\rho c_v \frac{\mathrm{d}T}{\mathrm{d}t} = \dot{m}_i(t)\left(h_i - h + ZRT - \rho \left.\frac{\partial u}{\partial \rho}\right|_T\right) + \dot{m}_e(t)\left(ZRT - \rho \left.\frac{\partial u}{\partial p}\right|_T\right) + \dot{Q} \tag{5-2}$$

对流换热方程:

$$\dot{Q} = h_c A_c (T_{RW} - T) \tag{5-3}$$

围岩热传导方程:

$$\rho_R c_{PR} \frac{\mathrm{d}T_R}{\mathrm{d}t} = \frac{1}{r} \frac{\partial}{\partial r}\left(k_R r \frac{\partial T_R}{\partial r}\right) \tag{5-4}$$

围岩热传导方程的边界条件:

$$r = R_w, \; -k_R \frac{\partial T_R}{\partial r} = h_c (T - T_{RW}) \tag{5-5}$$

$$r \to \infty, \; T_R = T_0 \tag{5-6}$$

广义气体状态方程:

$$p = Z\rho RT \tag{5-7}$$

式中，ρ 为洞室空气的密度，kg/m^3；p 为洞室空气的压力，Pa；T 为洞室空气的温度，K；r 为与洞室中心的径向距离；R_w 为洞室半径，m；V 为洞室体积，m^3；h 为空气焓，J；u 为空气内能，J；$\dot{Q}$ 为对流换热速率，J/s；k_R 为导热系数，$W/(m \cdot K)$；t 为计算时间，s；$\dot{m}_i(t)$，$\dot{m}_e(t)$ 分别为充入气体速率函数和抽出气体速率函数（图 5-2）；A_c 为洞室表面积，m^2；c_p 为空气等压比热，$1\,004\ J/(kg \cdot K)$；c_v 为空气等容比热，$717\ J/(kg \cdot K)$；h_c 为洞室空气与围岩的热交换系数，$W/(m^2 \cdot K)$；R 为空气常数，$286.7\ J/(kg \cdot K)$；T_0 为洞室初始温度，K；T_i 为充入空气温度，K；T_{RW} 为围岩温度，K；Z 为空气压缩系数。

此外，定义注入洞室的空气速率为正，反之为负。图 5-2 显示了注入空气速率 $\dot{m}_i(t)$ 和抽出空气速率 $\dot{m}_e(t)$ 的变动过程。在空气注入阶段（$t \leqslant t_1$），空气以常速率 m_i 注入洞室中。在空气抽出阶段（$t_2 \leqslant t \leqslant t_3$），空气以常速率 m_e 被抽出。

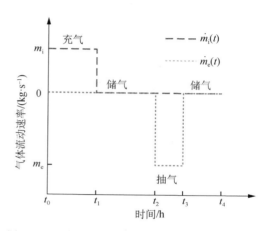

图 5-2　压气储能洞室运营周期内空气速率变化

要得到洞室中温度和压力的，需要同时对式(5-1)—式(5-7)进行计算。式(5-1)可以直接得到洞室空气密度的解析解，求解的困难主要还是式(5-2)，因此在计算式(5-2)时引入一些假设后，就可以得到简洁的表达式：当洞室中的温度波动比较小，或对流换热系数、围岩热物理参数比较大的时候，可以假设洞壁温度是恒定的；当注入空气的质量远小于洞室中的空气质量时，洞室中的空气密度可以用平均密度代替。有了以上假设，控制方程中只有能量守恒方程需要求解，再假设空气为理想状态气体（$Z=1$），该方程就简化为

$$V\rho_{av}c_v \frac{dT}{dt} = \dot{m}_i(t)(h_i - h + RT) + \dot{m}_e(t)RT + h_cA_c(T_{RW} - T) \tag{5-8}$$

对于给定的阶段，注入空气速率 $\dot{m}_i(t)$ 是常数，同样地，抽出空气速率也是常数。所以，公式(5-8)就是一个常微分方程，很容易得到它的解为

$$T = (T_0 + \alpha)e^{\beta(t-t_0)} - \alpha \tag{5-9}$$

其中，

$$\alpha = \begin{cases} \dfrac{m_ic_pT_i + h_cA_cT_{RW}}{m_i(R - c_p) - h_cA_c}, & t_0 \leqslant t \leqslant t_1\,(\text{充气阶段}) \\[2mm] -T_{RW}, & t_1 < t \leqslant t_2\,(\text{储气阶段}) \\[2mm] \dfrac{h_cA_cT_{RW}}{m_eR - h_cA_c}, & t_2 < t \leqslant t_3\,(\text{抽气阶段}) \\[2mm] -T_{RW}, & t_3 < t \leqslant t_4\,(\text{二次储气阶段}) \end{cases} \tag{5-10}$$

$$\beta = \begin{cases} \dfrac{m_i(R-c_p)-h_cA_c}{V\rho_{av}c_v}, & t_0 \leqslant t \leqslant t_1(\text{充气阶段}) \\[3mm] \dfrac{-h_cA_c}{V\rho_{av}c_v}, & t_1 < t \leqslant t_2(\text{储气阶段}) \\[3mm] \dfrac{m_eR-h_cA_c}{V\rho_{av}c_v}, & t_2 < t \leqslant t_3(\text{抽气阶段}) \\[3mm] \dfrac{-h_cA_c}{V\rho_{av}c_v}, & t_3 < t \leqslant t_4(\text{二次储气阶段}) \end{cases} \tag{5-11}$$

式中，ρ_{av} 为一个周期内洞室空气的平均密度，kg/m^3；t_n 为各阶段的起始时间(图 5-2)；T_0 为洞室初始温度，K；T_n 为 t_n 时的洞室温度，K。

若想取得更精确的结果，ρ_{av} 可以在各个阶段取平均值。洞室空气的密度和平均密度的计算公式为

$$\begin{cases} \rho = \rho_0 + \dfrac{1}{V}\displaystyle\int_{t_0}^{t}\left[m_i(t)+m_e(t)\right]\mathrm{d}t, & t_0 \leqslant t \leqslant t_4 \\[4mm] \rho_{av} = \dfrac{\displaystyle\int_{t_n}^{t_{n+1}}\rho\,\mathrm{d}t}{t_{n+1}-t_n} \end{cases} \tag{5-12}$$

式中，ρ_0 为洞室空气初始密度，kg/m^3。

为了得到整个运营周期的洞室温度，需要将前一个阶段末的温度作为后一个阶段的初始温度进行求解。例如，假设充气阶段末的温度是 T_1，接下来的储存阶段的温度就是：

$$T = (T_1 + \alpha)\mathrm{e}^{\beta(t-t_1)} - \alpha \tag{5-13}$$

通过这样的方式，就可以得到整个周期的洞室温度，再通过式(5-7)就可以得到洞室压力。由此，洞室的温度和压力就可以分别通过一个具有统一表达式的解析解得到，适用条件参考相关文献(Zhou，2015)。

5.1.2 热力学解的验证

为了验证热力学解的有效性，将热力学解的计算结果与亨托夫电站 NK1 洞室的实测数据以及其他热力学计算方法的结果进行对比。需要说明的是，本节仅作热力学解的对比，5.4 节中本书的热力学解还将与其他方法进行对比。如果都放在一起进行对比，那么计算曲线太多不利于结果分析。

亨托夫电站是世界上第一个商业化的压气储能电站，在其第一次充气及后续的试运行阶段，其地下洞室的温度和压力被详细地记录下来。这里计算用到的参数来自Kushnir 等(2012c)，见表 5-1。三次注入空气的温度分别是 50.96 ℃，45.95 ℃，49.08 ℃，充抽气速率见图 5-3。Kushnir 等(2012c)并没有直接给出对流换热系数，因此，通过 Kushnir 的结果反求对流换热系数，为 30 W/(m²·K)。另外，为了简化计算，第一个小时内的抽出空气速率取平均值-150 kg/s。

表 5-1   亨托夫电站测试的相关参数

参数	数值	单位
洞室半径	20	m
洞室体积	141 000	m^3
洞室表面积	25 000	m^2
围岩密度	2 100	kg/m^3
围岩导热系数	4	$W/(m \cdot K)$
围岩比热	840	$J/(kg \cdot K)$
气体常数	286.7	$J/(kg \cdot K)$
空气等压比热	1 000.4	$J/(kg \cdot K)$
空气等容比热	717.0	$J/(kg \cdot K)$
初始温度	40	℃

图 5-4(a),(b)分别为亨托夫电站洞室的温度和压力随时间的变化曲线。可以看到,Kushnir 等(2012c)提出的控制方程的数值计算结果与实测数据最为吻合,而本书的热力学解虽然有小幅偏差,但结果与实测数据也吻合得比较好。Kushnir 等(2012c)还提出了一种假设围岩为恒温的等温解,可以看到,等温解计算的压力值出现了很大偏差。另外,Raju 和 Khaitan(2012)的模型计算结果也比较差,这是因为他们给出的对流换热系数公式计算出来的值太小,若将其改为 30 $W/(m^2 \cdot K)$,计算结果就很好。总的来看,热力学解的计算结果是令人满意的。

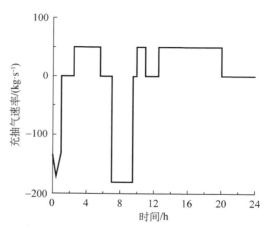

图 5-3 亨托夫电站 NK1 洞室的充抽气速率

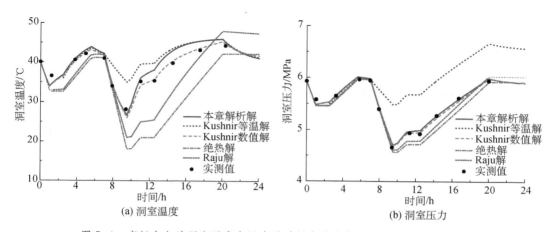

(a) 洞室温度   (b) 洞室压力

图 5-4 亨托夫电站洞室温度和压力随时间变化的实测数据与计算结果对比

5.2 压气储能内衬洞室的迭代计算方法

5.2.1 温度和压力计算

气密性是压气储能洞室最关键的性能之一,内衬洞室的气密性主要是由密封层来提供的。密封层的气密性受洞室温度、压力变动的影响。特别地,对高分子材料密封层来说,温度的升高会降低其气密性,而温度的降低可能会提高其气密性。此外,密封层的气密性发生改变后会影响洞室空气泄漏的程度,而空气泄漏反过来又会改变洞室的温度和压力。因此,密封层气密性与其工作状态(密封层的温度、密封层所受的空气压力)是紧密结合在一起的,计算密封层的工作性能和工作状态是一个复杂的多场耦合问题。

5.1 节推导了一种计算洞室温度和压力的热力学解析解,但是该解析解没有考虑密封层的气密性(空气泄漏问题)。本节在 5.1 节的基础上,提出了一种求解压气储能内衬洞室温度、压力、空气泄漏率(气密性)以及围岩应力场、位移场的迭代计算方法。该方法的基本思路是:先利用 5.1 节提出的热力学解估算出运营过程中洞室的初始温度和压力,用初始压力求解初始空气泄漏率,再将初始泄漏率代入简化解反算洞室压力,形成关于洞室压力和泄漏率的迭代求解,最终得到洞室压力、泄漏率,再用得到的洞室压力求解洞室的应力场和位移场。

计算洞室温度和压力,需要联立求解洞室的质量守恒方程、能量守恒方程以及热传导方程,一般需要通过数值计算进行求解。但是,5.1 节已经推导了可以计算洞室温度和压力的热力学解,只需要利用该解就可以求得结果。通过式(5-7)、式(5-9)—式(5-11)就可以计算得到洞室温度和压力,但是该计算结果是在不考虑洞室泄漏的情况下计算得到的。如果要考虑洞室泄漏,需要在控制方程中加入泄漏项。Kim 等(2012e)的研究及多次计算表明,泄漏项主要是通过改变洞室空气密度来影响洞室压力的,对洞室温度的影响相对较小,因此,忽略泄漏对洞室温度的影响,只需要将式(5-12)改用式(5-14)计算洞室空气密度就可以考虑泄漏对洞室压力的影响。

$$\rho = \rho_0 + \frac{1}{V}\int_{t_0}^{t}\left[m_i(t) + m_e(t) - m_1(t)\right]\mathrm{d}t \tag{5-14}$$

式中,$m_1(t)$ 为洞室空气质量泄漏速率,kg/s。

5.2.2 密封层泄漏率计算

要求解式(5-14)就需要求出式中的泄漏项 $m_1(t)$。泄漏计算不考虑地下水的作用,因为在压气储能洞室外侧通常会设置排水系统,所以,洞室衬砌和洞周围岩近似处理为干燥的,两者孔隙中的空气与外界大气连通。

到目前为止,压气储能内衬洞室的密封层仅研究钢衬和高分子材料密封层两种形式。一般认为钢材是不渗透材料,而橡胶等高分子材料是渗透材料,所以,泄漏计算时主要针对的是高分子材料密封层。采用高分子材料(如橡胶)作为密封层时,洞室内的高压空气会(渗)透过高分子材料密封层进入混凝土衬砌、围岩。由于高分子材料的渗透系数远小于混凝土和围岩,所以经过密封层渗入衬砌、围岩的气体很少,并且通过排水系统会很快向外界大气消散,衬砌、围岩内的孔隙气压力近似地保持大气压。整个过程中,高分子材料密封层起主要的密封作用,而衬砌、围岩的影响可以忽略,所以,洞室空气泄漏的过程主要就是空气在高分子材料中的渗透过程,洞室的泄漏项就可以用高分子材料的气体渗透方程求解。为了简化计算,采用稳态的高分子材料气体渗透方程(George 和 Thomas,2001;Matteucci 等,2006),该方程与达西渗流公式类似:

$$m_1(t) = \rho_s \times A_c \times P \times \left(\frac{p - p_{out}}{h} \right) \tag{5-15}$$

式中,$m_1(t)$ 为洞室空气泄漏质量速率,kg/s;A_c 为洞室表面积,m^2;ρ_s 为在温度 273.15 K 及一个大气压下的空气密度,kg/m^3;P 为高分子材料的渗透系数,$[m^3(STP) \cdot m]/(m^2 \cdot s \cdot Pa)$;$p$ 为洞室压力,Pa;p_{out} 为高分子材料密封层外侧的空气压力,Pa,取大气压。

　　也有部分内衬洞室不采用密封层,而采用特殊的混凝土衬砌起密封作用。此时,洞室内的高压空气会直接进入混凝土衬砌,由于其渗透系数远小于围岩的渗透系数(否则就不可能实现密封),孔隙气压力主要在衬砌内积聚,而经衬砌渗入围岩的气体则会通过排水系统很快向外界大气消散,围岩内的孔隙气压力近似地保持大气压。整个过程中,混凝土衬砌起主要的密封作用,而围岩的影响可以忽略,所以,洞室空气泄漏的过程就是空气在多孔介质(衬砌)中的渗流过程。采用 Katz 等(1959)的稳态径向层流渗流方程[式(5-16)],该方程多应用在天然气工程中,Bui 等(1990)用该方程计算多孔岩石储库中的压气储能测井的空气流动情况,计算结果与实测数据比较吻合。使用该方程时,需要将公式中 $m_1(t)$ 的单位转换为 kg/s。

$$m_1(t) = \frac{0.703 \times 10^{-6} k_r H (p^2 - p_e^2)}{\mu Z T \ln(r_e/r_0)} \tag{5-16}$$

式中,p 为洞室压力,psi(1 psi ≈ 6.895 kPa);p_e 为衬砌外侧空气压力,psi,取为大气压;k_r 为混凝土衬砌渗透率,mD(毫达西);H 为洞室长度,ft(1 ft ≈ 0.304 8 m);T 为衬砌的朗肯温度(Rankine degrees);μ 为温度 T 和压力 p_e 下的气体黏度(厘泊,centipoises);Z 为气体压缩系数(取 $Z=1$,认为空气是理想气体);r_e 和 r_0 分别为衬砌外径和衬砌内径,ft;$m_1(t)$ 是空气流动质量速率(温度 60 °F 和压力 14.7 psi 下的百万标准 ft^3/d,MMSCFD)。

5.2.3　应力场及位移场计算

　　压气储能洞室的半径一般为 3~5 m,而洞室埋深一般为 100~200 m,洞室埋深大于10 倍洞室半径,按照现行规范及认识,已属于深埋洞室。对于深埋洞室,可以近似地看作无限大平板中的孔口问题来求解洞室应力和位移(郑颖人 等,2012)。

　　洞室压力引起的附加应力计算实际上是无限大平板受内压问题,与无穷远处压力为 0 时厚壁圆筒受内压问题是等效的,因此采用多层厚壁圆筒受内压的解(蔡晓鸿 等,2013)来计算洞室的应力及位移[式(5-17)—式(5-18)]。在计算围岩、衬砌附加应力时,需要在接触面上满足位移连续条件[式(5-20),式(5-21)],求出接触面的压力 $P_1(t)$,$P_2(t)$。如果要计算围岩的总应力,还需要计算开挖引起的重分布应力,可以用不等压条件下无限大平板孔口问题的解来计算重分布应力[式(5-22)—式(5-24)]。对位移场来说,通常关注的是洞室内压引起的附加位移[式(5-19)],所以不用叠加求解总位移。值得注意的是,上述计算并不考虑温度应力。前人的研究(Kim 等,2012e;Kushnir 等,2012c)及计算经验表明,运营引起的洞室温度变化主要局限在衬砌范围内,只有在长时间的运营下,围岩的温度才会缓慢上升。这里暂不考虑围岩的长期升温效应,则上述计算基本能够满足要求。

$$\sigma_{rj}(r,\,t)=-\frac{r_{j-1}^2(r_j^2-r^2)}{r^2(r_j^2-r_{j-1}^2)}P_{j-1}(t)-\frac{r_j^2(r^2-r_{j-1}^2)}{r^2(r_j^2-r_{j-1}^2)}P_j(t),\,j=1,\,2,\,3 \quad (5\text{-}17)$$

$$\sigma_{\theta j}(r,\,t)=\frac{r_{j-1}^2(r_j^2+r^2)}{r^2(r_j^2-r_{j-1}^2)}P_{j-1}(t)-\frac{r_j^2(r^2+r_{j-1}^2)}{r^2(r_j^2-r_{j-1}^2)}P_j(t),\,j=1,\,2,\,3 \quad (5\text{-}18)$$

$$u_{rj}(r,\,t)=\frac{1+\mu_j}{E_j}\left\{\frac{r_{j-1}^2}{r(r_j^2-r_{j-1}^2)}\big[(1-2\mu_j)r^2+r_j^2\big]P_{j-1}(t)-\right.$$
$$\left.\frac{r_j^2}{r(r_j^2-r_{j-1}^2)}\big[(1-2\mu_j)r^2+r_{j-1}^2\big]P_j(t)\right\},\,j=1,\,2,\,3 \quad (5\text{-}19)$$

$$u_{r1}=u_{r2},\,r=r_1 \quad (5\text{-}20)$$

$$u_{r2}=u_{r3},\,r=r_2 \quad (5\text{-}21)$$

$$\sigma'_{r2}(r)=-\frac{P_\gamma}{2}\left[(1+\lambda)\left(1-\frac{r_1^2}{r^2}\right)-(1-\lambda)\left(1-4\frac{r_1^2}{r^2}+3\frac{r_1^4}{r^4}\right)\cos 2\theta\right] \quad (5\text{-}22)$$

$$\sigma'_{\theta2}(r)=-\frac{P_\gamma}{2}\left[(1+\lambda)\left(1+\frac{r_1^2}{r^2}\right)+(1-\lambda)\left(1+3\frac{r_1^4}{r^4}\right)\cos 2\theta\right] \quad (5\text{-}23)$$

$$\tau'_{\theta r}(r)=-\frac{P_\gamma}{2}\left[(1-\lambda)\left(1+2\frac{r_1^2}{r^2}-3\frac{r_1^4}{r^4}\right)\sin 2\theta\right] \quad (5\text{-}24)$$

式中,下标 1,2,3 分别表示密封层、衬砌和围岩;r_0,r_1,r_2,r_3 分别为洞室半径、密封层与衬砌接触面半径、衬砌与围岩接触面半径,围岩外计算边界半径(通常大于 5 倍洞径),m;P_0,P_1,P_2,P_3 分别为作用在洞壁表面的压力(即洞室压力)、密封层与衬砌接触面压力、衬砌与围岩界面的接触压力、围岩外计算边界压力(由于此时半径大于 5 倍洞径,近似无穷远处,压力近似为 0);P_γ 为上覆围岩自重,Pa;r 为计算半径,m;σ_r 为径向应力,Pa;σ_θ 为切向应力,Pa,u_r 为洞室径向位移,m;E 为弹性模量,Pa;μ 为泊松比;θ 为任意点到洞室中点连线与 x 轴的夹角,(°);λ 为侧压力系数。

5.2.4　迭代计算流程

(1)以一个运营周期作为计算时间段,用式(5-7)、式(5-9)—式(5-12)计算出无泄漏时初始洞室温度和压力;

(2)将初始洞室压力代入式(5-15)或式(5-16)计算出初始洞室泄漏率;

(3)将初始洞室泄漏率代入式(5-14)并联立式(5-7)、式(5-9)—式(5-12)计算洞室温度和压力,这样就形成了关于泄漏率和洞室压力的迭代计算,当迭代计算的误差小于允许值时就可以得到洞室的温度、压力和泄漏率;

(4) 将洞室压力代入式(5-17)—式(5-21)计算洞室的应力场和位移场,具体步骤见图5-5。

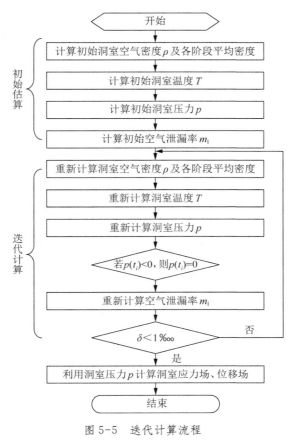

图5-5 迭代计算流程

将式(5-7)、式(5-14)代入式(5-16)[式(5-15)同理],可以得到核心迭代方程[式(5-25)],该方程有助于更好地理解迭代过程。

$$m_1^{(k+1)}(t) = \frac{0.703 \times 10^{-6} k_r H}{\mu Z T \ln(r_e/r_0)} \times$$
$$\left[\left[\left\{ \rho_0 + \frac{1}{V} \int_{t_0}^{t} [m_i(t) + m_e(t) - m_1^{(k)}(t)] dt \right\} R T \right]^2 - p_e^2 \right] \qquad (5\text{-}25)$$

式中,上标 k 表示第 k 次迭代的结果。

另外,图5-5中迭代计算的误差是以洞室空气的泄漏率来定义的:

$$\delta = \left| \frac{m_1^{(k+1)}(t_4) - m_1^{(k)}(t_4)}{m_1^{(k+1)}(t_4)} \right| \qquad (5\text{-}26)$$

式中,$m_1^{(k+1)}(t_4)$ 表示第 $k+1$ 次迭代计算的运营周期结束时的泄漏率。

5.3　压气储能内衬洞室密封性能的多场耦合数值解

前面几节针对不同的情况推导了不同的解析解。随着假设条件的减少,解析解越来越精确,也越来越复杂。前文推导的力学响应解即使不考虑空气泄漏,其计算公式也比较复杂。若对压气储能内衬洞室进行比较精确的计算,解析方法就比较复杂,因此,根据压气储能洞室的特点,建立了压气储能内衬洞室的多场耦合数值模型。该数值模型利用数值软件 COMSOL Multiphysics 进行计算得到洞室温度、压力、空气泄漏率及洞室应力、位移。

5.3.1　多场耦合过程

压气储能内衬洞室区别于其他普通洞室的最大特点就是,压气储能洞室的温度和压力会发生周期性的变动。一个典型的压气储能运营周期由充气、储气、抽气和再储气四个阶段组成。在运营周期的充气阶段,充入洞室的空气会使洞室压力升高,并且随着空气压缩产生热量,洞室温度也会升高。而在运营周期的抽气阶段,高压空气会从洞室中抽出,洞室压力降低,随着空气膨胀吸收热量,洞室温度也会降低。除了上述两种效应外,洞室空气与密封层、衬砌、围岩不断地进行热交换,该热交换倾向于减小洞室温度的变动幅度。另一种贯穿了整个运营周期的效应就是洞室空气泄漏。如果压气储能洞室的围岩是盐岩或采用的密封层是钢衬,那么洞室空气泄漏量比较小,一般认为可以忽略。但是,若压气储能洞室采用其他材料的密封层(如高分子材料密封层),则洞室空气泄漏的影响就需要考虑。总的来说,压气储能内衬洞室运营是涉及热力学、力学以及空气渗透的复杂多场耦合过程。

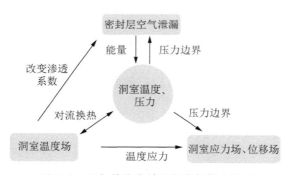

图 5-6　压气储能内衬洞室多场耦合过程

压气储能内衬洞室的实际多场耦合过程很复杂,本节仅考虑主要的耦合过程,见图 5-6。可以看到,洞室热力学(温度、压力)是整个耦合过程的核心过程。洞室压力增加导致洞室空气渗透过密封层发生泄漏,也对密封层、混凝土衬砌、围岩施加力的作用。与此同时,洞室温度也在升高,洞室空气与密封层、衬砌、围岩发生热交换,改变后者的温度进而产生温度应力。另外,密封层温度的变化会改变其渗透性,影响空气泄漏率,空气泄漏反过来会导致洞室温度和压力下降。空气泄漏对洞室温度场没有直接的影响,而是通过洞室温度间接影响的。空气泄漏对洞室应力场也没有直接的影响,而是通过洞室压力间接影响的。整个压气储能洞室的多场耦合过程与常规的热-流-固(T-H-M)耦合过程有类似的地方,但是压气储能过程多了洞室热力学变化的过程,并且空气泄漏(渗透)不直接改变洞室温度场。另外,由于密封层的渗透系数远小于衬砌、围岩,本节主要考虑空气在密封层内的渗透过程,而不考虑在混凝土衬砌、围岩中的气体渗透过程,所以也不会引起孔隙压力变化,没有多孔介质的流-固耦合过程。

5.3.2 多场耦合数值模型的建立

1. 基本假设

为了运用数学方程描述压气储能内衬洞室的多场耦合过程,需要引入一些基本假设:

(1) 密封层、混凝土衬砌和围岩是均质且各向同性介质。

(2) 洞室空气为理想状态气体。

(3) 温度场计算时,不考虑密封层与衬砌、衬砌与围岩之间的热阻。

(4) 热力学计算时,忽略洞室空气动能、势能的变化。

(5) 采用 Kushnir 等(2012c)的假设:由于空气流通以及温度变化的速率较小,假设洞室内的空气密度、温度、压力是均匀分布的,仅与时间相关。

(6) 洞室长度远大于洞室半径,传热过程可以考虑为径向上的一维传热。

(7) 洞室空气的泄漏过程主要是空气在密封层中的渗透过程。由于密封层的渗透系数远小于衬砌和围岩,洞室空气经过密封层渗入衬砌、围岩的气体很少,并且通过排水系统会很快向外界大气消散,衬砌、围岩内的孔隙气压力近似地保持大气压。整个过程中,密封层起主要的密封作用,而衬砌、围岩的影响可以忽略,所以,洞室空气泄漏的过程主要是空气在密封层中的渗透过程,不考虑衬砌、围岩中的空气渗透过程。

(8) 由于压气储能内衬洞室外侧会设置排水系统,保持洞周密封层、衬砌及围岩的干燥状态,计算中不考虑洞室地下水的影响。

(9) 压气储能洞室是稳定的,并且洞室围岩应力应变是弹性的。

(10) 假设衬砌和密封层为弹性材料。特别地,由于高分子材料密封层在压气储能洞室中主要受压,且与高分子材料动辄百分之几十甚至百分之几百的应变相比较,其应变范围较小,忽略高分子材料的超弹性,仅考虑其线弹性。该假设符合高分子材料的计算惯例,也可以在 6.1 节的高分子材料应力-应变曲线的线性段得到验证,该假设将极大地简化计算。

此外,空气泄漏计算主要是针对高分子材料密封层,为了简化计算,采用高分子材料的稳态渗透方程;钢衬是不透气密封层,不考虑其空气泄漏过程。压气储能洞室一般建造在质量较好的围岩中,洞室开挖后短时间内就完成了应力的重分布。开挖之后,施作的衬砌和密封层承受围岩收敛变形压力,仅受到洞室温度和压力引起的附加应力。

2. 多场耦合数值模型

基于上述假设,可以得到压气储能内衬洞室的多场耦合数值模型,该数值模型由三部分组成:

(1) 热力学部分,由洞室热力学控制方程[式(5-27)—式(5-29)]和热传导方程组成,但此时的洞室热力学控制方程假设空气是理想状态气体并且包含了空气泄漏项;

(2) 空气泄漏部分,由于主要研究高分子材料密封层的空气泄漏状态,故采用高分子材料的稳态气体渗透方程[式(5-15)];

(3) 热弹性力学部分,由弹性力学经典的平衡方程[式(5-30)]、热弹性本构方程[式(5-31)]和几何方程[式(5-33)]组成。

$$V \frac{\mathrm{d}\rho}{\mathrm{d}t} = (F_i + F_e)\dot{m}_c - \dot{m}_1(t) \tag{5-27}$$

$$V\rho c_v \frac{\mathrm{d}T}{\mathrm{d}t} = F_i \dot{m}_c [c_p(T_i - T) + RT] + F_e \dot{m}_c RT - \dot{m}_1(t)RT + \dot{Q} \tag{5-28}$$

$$\dot{Q} = h_c A_c [T_1(r_0, t) - T] \tag{5-29}$$

$$-\nabla \cdot \sigma = \boldsymbol{F}_v \tag{5-30}$$

$$\sigma - \sigma_0 = C : (\varepsilon - \varepsilon_0 - \varepsilon_T) \tag{5-31}$$

$$\varepsilon_T = \alpha(T - T_0) \tag{5-32}$$

$$\varepsilon = \frac{1}{2}[(\nabla \boldsymbol{u})^T + \nabla \boldsymbol{u}] \tag{5-33}$$

式中，$\dot{m}_1(t)$ 为洞室空气泄漏率，kg/s；$T_1(r_0, t)$ 为洞壁温度，K；σ 为应力张量，MPa；$\boldsymbol{F}_v$ 为体积力向量，N；ε 为应变张量；σ_0 为初始应力，MPa；ε_0 为初始应变；$\boldsymbol{u}$ 为位移向量，m；ε_T 为温度应变；α 为热膨胀系数；C 为四阶弹性张量；":" 表示张量双点积。

以上方程组构成了压气储能内衬洞室的多场耦合数值模型，该模型可以计算洞室温度、压力、空气泄漏率以及洞室的附加应力场、位移场。该数值模型的计算是利用有限元数值计算软件 COMSOL Multiphysics 完成的，数学模型中热弹性力学部分可以直接利用 solid mechanics 模块，热传导部分可以直接利用 heat transfer 模块，但是洞室热力学以及空气泄漏没有现成的计算模块，是直接将方程写入 ODE 模块实现的。最终，由 COMSOL Multiphysics 软件进行离散、计算，计算流程见图 5-7。

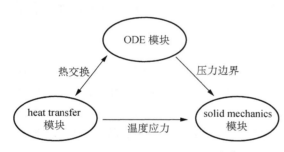

图 5-7　COMSOL Multiphysics 计算流程

5.4　算例验证

本节通过 4 个不同的算例来验证热力学解、迭代解、数值解以及 3.1 节简化形式的解析解（以下简称"简化解"）共 4 种计算方法的准确性并探讨其优缺点。

5.4.1　用亨托夫电站实测数据验证

压气储能洞室最大的特征就是运营过程中洞室温度、压力的变化，因此，准确计算洞室温度、压力是压气储能洞室计算中最关键的部分。与 5.1 节相同，这里用亨托夫电站的实测数据来验证本书提出的各方法的热力学计算部分。计算参数除了表 5-1 中的参数外，数值解中围岩参数参照 Kushnir 等(2012c)的数据：密度为 2 100 kg/m³，导热系数为 4W/(m·K)，等压比热为 840 J/(kg·K)。运营条件见图 5-3。另外，由于简化解是基于压气储能标准的"充气—储气—抽气—储气"运营周期推导的，而亨托夫电站实测时的运营并非标准运营周期,简化解难以运用在本算例中,所以计算结果中不作比较,但后续的算例证明简化解的温度、压力计算是比较准确的。

图 5-8(a)是各方法计算的亨托夫电站洞室的温度。可以看到,热力学解和迭代解几乎是重合的,在 12 h 后都略高于实测温度。数值解的温度与实测结果吻合得最好。图 5-8(b)是各方法计算的亨托夫电站洞室的压力,其计算结果的差别要小于洞室温度计算结果的差别,各方法都与实测结果吻合较好。

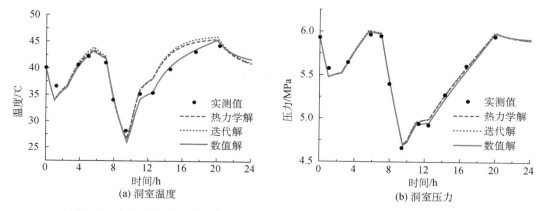

图 5-8　亨托夫电站洞室温度和压力随时间变化的实测数据与计算结果的对比

5.4.2　用日本神冈压气储能试验洞室验证

亨托夫电站洞室的算例没有涉及洞室空气泄漏问题,因而未能验证本章推导的各方法中泄漏量的计算部分,接下来将用现场试验数据对泄漏量的计算部分进行验证。

密封性是压气储能洞室最重要的性能之一,但由于压气储能洞室工期较长、成本巨大,到目前为止,涉及密封性(空气泄漏)的压气储能洞室现场试验非常少。Nakata 等(1998b)、Nakayama 和 Yamachi(1999)在日本一个无衬洞室中进行了现场试验。虽然本书的研究对象是内衬洞室,但是由于现场试验数据非常少,无衬洞室的试验数据也十分珍贵,所以,利用无衬洞室的现场试验作为算例来验证本章的各种方法。

试验洞室建造在日本岐阜县神冈町一个锌矿平硐内(Nakata 等,1998b;Nakayama 和 Yamachi,1999)。洞室为正方形,宽 5.5 m、高 4.5 m、深 9.0 m,低于地表约 1 000 m。该地区长期地下水位低于洞室,洞室的围岩基本是干燥的。在试验洞开挖后就用混凝土将入口处塞住,洞室内没有采取任何密封措施,其目的是研究岩石洞室在无衬条件下的泄漏特征。试验开始时,向洞室注入空气约 2 h,将洞室内压力从大气压增加到高于大气压 0.6 MPa。然后继续向洞室注入空气,维持洞室压力高于大气压 0.6 MPa 约 3 h。此后停止注入空气,让洞室压力自然降低至大气压力,该减压过程大概持续了 5 h。整个试验过程中的注入空气温度、洞室温度和洞室压力都被传感器记录下来,现场试验的计算参数见表 5-2。

由于无衬洞室现场试验的充放气运营规律并非典型周期的运营规律,所以本节不考虑简化解,而主要针对迭代解和数值解进行验证。另外,虽然迭代解和数值解中的渗透方程用的是高分子材料的渗透方程,但只要把高分子材料的渗透方程改为多孔介质的渗流方程[式(5-16)]就可以对无衬洞室进行计算。

表 5-2　　　　　　　　　　　神冈压气储能试验洞室计算参数

参数	数值	参数	数值
洞室长度(H)	9 m	持续阶段注入空气速率(m_{cl})	13.90 kg/min
洞室表面积(A_c)	211.5 m²	对流交换速率(h_c)	30 W/(m²·K)
洞室体积(V)	222.75 m³	初始温度(T_0,T_{Rw})	20 ℃
洞室等效半径(r_0)	2.806 8 m	围岩渗透率(k)	8×10⁻¹⁴ m²
注入空气温度(T_i)	30.82 ℃	围岩孔隙率(ϕ)	0.1
2 h 前的注入空气速率(m_i)	18.38 kg/min	空气动力黏度(μ)	1.79×10⁻⁵ Pa·s

图 5-9(a)是迭代解、数值解以及现场实测的洞室温度对比,可以看到,数值解的洞室温度与实测温度很接近,基本上反映了洞室温度的实际变化特征。迭代解的温度变化幅度明显小于实测结果,在充气阶段低于实测温度 2 ℃,在抽气阶段高于实测温度 2 ℃。

图 5-9(b)是迭代解、数值解以及现场实测的洞室压力对比,图中的洞室压力是相对

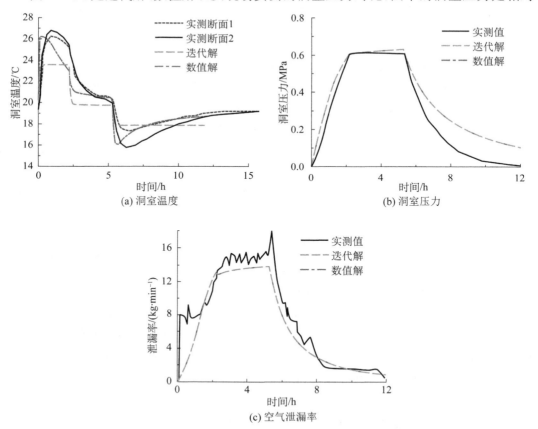

图 5-9　神冈试验洞室温度、压力及空气泄漏率实测数据与计算结果对比

于大气压的相对压力(即已经减去了一个大气压)。可以看到,迭代解和数值解的洞室温度的计算差异并未导致洞室压力有明显的差异,两者的洞室压力曲线基本是重合的。在充气阶段结束后,迭代解和数值解的洞室压力都达到了实测的洞室压力 0.6 MPa,但此后两者的洞室压力略大于实测压力。在 12 h 后,实测洞室压力基本下降到大气压,而迭代解和数值解的洞室压力略大于大气压约 0.1 MPa。

图 5-9(c)是迭代解、数值解以及现场实测的洞室空气泄漏率,迭代解和数值解的泄漏率曲线是重合的,而实测的空气泄漏率在充气阶段之后略大于迭代解、数值解,但三者总体上是比较吻合的。另外,由于迭代解、数值解是用常渗透系数计算的,所以,实测泄漏率大于迭代解和数值解的结果也表明了实际测试中围岩的渗透系数可能变大了。考虑到试验洞室没有施作衬砌,围岩在内压作用下可能发生张开,围岩渗透系数增大是完全可能的。

5.4.3 用日本北海道压气储能试验洞室验证

20 世纪 90 年代,日本研究人员在北海道建造了压气储能内衬试验洞室,提供了极为珍贵的内衬条件下的空气泄漏数据(Hori 等,2003)。该试验洞室建造于北海道 Kamimasagawa 市一处煤矿内,围岩为砂质泥岩。洞室半径 3 m,洞室体积约 1 600 m^3,在开挖后施作 0.3 m 厚的分块式衬砌和 3 层 3 mm 厚的橡胶板密封层。现场试验由初始的气密试验和循环运营试验组成。本节以气密试验为算例,运营模式如下:0~24 h,向洞室充气,洞室压力由大气压升至 8 MPa;24~144 h,停止向洞室充气,任由洞室空气泄漏;144~168 h,从洞室抽气,洞室压力降至大气压。其中,24~144 h 为气密试验段。迭代计算参数见表 5-3。

表 5-3　　　　日本北海道压气储能内衬试验洞室的迭代计算参数

计算参数	参数值	计算参数	参数值
洞室半径(r_0)	3 m	充入空气温度(T_i)	21.5 ℃
洞室长度(H)	57 m	充入空气速率(m_i)	1.668 6 kg/s
洞室表面积(A_c)	1 074.4 m^2	抽出空气速率(m_e)	1.668 6 kg/s
洞室体积(V)	1 611.6 m^3	密封层渗透系数(P)	3.085 1×10^{-9} [m^3(STP)・m]/(m^2・s・Pa)
对流换热系数(h_c)	17.5 W/(m^2・K)	空气动力黏度(μ)	1.76×10^{-5} Pa・s
洞室初始压力	1.013 3×10^5 Pa	围岩弹性模量(E)	2.4 GPa
洞室初始温度(T_0,T_{RW})	28.5 ℃	围岩泊松比	0.3

由于原文献并未提供洞室温度、压力数据,所以,分析洞室温度、压力时,仅对各方法的计算结果进行对比。此外,利用周舒威解对算例进行了计算,作为洞室温度、压力的参考。

图 5-10(a)是各方法计算的试验洞室温度对比,数值解的洞室温度与周舒威解的温度基本是相等的。简化解的洞室温度变化幅度小于周舒威解,其最大值小于周舒威解约 10 ℃。造成这种差异的原因是,本算例中使用的橡胶密封层热阻非常大,所以简化解在橡胶密封层

条件下的计算结果要差于钢衬条件下的计算结果。迭代解的温度则明显低于其余解。

图 5-10(b)是各方法计算的洞室压力对比,各解的洞室压力大小关系与洞室温度是相对应的,依然是数值解、周舒威解最高,简化解次之,迭代解最低。但是由于数值解考虑了洞室泄漏,所以到了试验后期,数值解的洞室压力逐渐小于周舒威解。

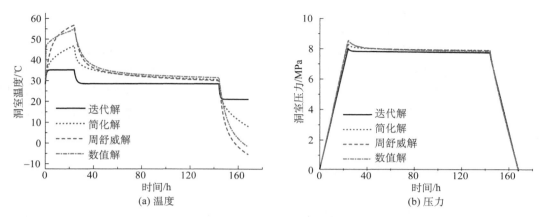

图 5-10　北海道试验洞室温度和压力随时间变化的对比

图 5-11 是迭代解、数值解和实测的标况下洞室空气体积随时间变化的对比,由于简化解和周舒威解不能计算泄漏量,所以该图没有包含这两种解的结果。图中的空气体积是依靠空气状态方程换算得到的标准气体状态下(温度 20 ℃,一个大气压)的空气体积,是衡量洞室储存空气量的一种指标。如图 5-11 所示,在测试刚开始时,实测的洞室空气体积减小比较剧烈,随着时间的推移,空气体积减小的速度逐渐稳定在 0.18 Nm³/min。由于迭代解和数值解中空气泄漏采用的是稳态方程,迭代计算的空气体积减小的速度一直稳定在 0.18 Nm³/min,与现场测试时稳定阶段的空气体积减小速度一致。

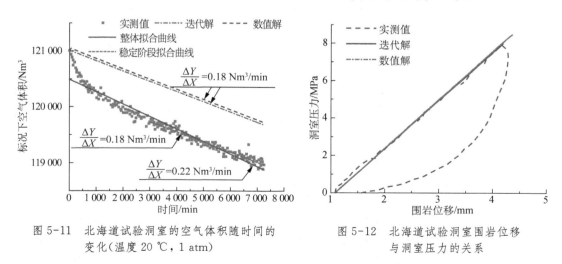

图 5-11　北海道试验洞室的空气体积随时间的
变化(温度 20 ℃,1 atm)

图 5-12　北海道试验洞室围岩位移
与洞室压力的关系

图 5-12 是迭代解、数值解以及实测的整个气密试验内围岩位移与洞室压力之间的关系。由于气密试验之前进行了部分试验,相对于未变形状态,围岩具有一定的初始位移。

146

因此,采用弹性力学方程来计算洞室应力、位移,迭代解、数值解的加卸载压力-位移曲线是重合的,并与实测的加载段曲线重合,这表明迭代计算的位移基本反映了运营压力下洞室的变形特征。但实测曲线在卸载段并非直线,表明实际洞室变形存在弹性后效效应以及发生了不可逆的塑性变形。因此,若想取得完整、准确的洞室围岩加卸载曲线,需要对围岩的本构关系及参数另行深入地研究。

5.4.4 用解析解验证

密封层越厚,简化解的误差就会越大。周舒威原算例中的钢衬厚度为 0.1 m,所以简化解的误差显得比较大,但在实际工程中,钢衬的厚度一般都仅有 10 mm 左右,所以,为了进一步验证实际钢衬厚度下简化解的准确性,将周舒威原算例中 0.1 m 的钢衬厚度改为 10 mm 重新进行了计算,其余参数保持不变,见表 5-4。

表 5-4　　　　　　　　　周舒威算例的计算参数

洞室几何构型			
V/m^3	r_0/m	r_1/m	r_2/m	r_3/m
3×10^5	8	8.1	8.6	12

空气参数				
$R/[\text{kJ}\cdot(\text{kg}\cdot\text{K})^{-1}]$	p_c/MPa	T_c/K	$c_{p0}/[\text{kJ}\cdot(\text{kg}\cdot\text{K})^{-1}]$	$c_{v0}/[\text{kJ}\cdot(\text{kg}\cdot\text{K})^{-1}]$
0.287	3.766	132.65	1.005	0.718

压气储能运营参数						
T_0/K	P_0/MPa	T_i/K	t_1/h	t_2/h	t_3/h	t_4/h	$\dot{m}_c/(\text{kg}\cdot\text{s}^{-1})$
310	4.5	322.4	8	14	18	24	236

力学参数以及热物理参数							
位置	导热系数 /[W·(m·K)$^{-1}$]	比热 /[kJ·(kg·K)$^{-1}$]	密度 /(kg·m^{-3})	热膨胀系数 /K^{-1}	弹性模量 /GPa	泊松比	传热系数 /[W·(m^2·K)$^{-1}$]
密封层	45	0.5	7 800	1.7×10^{-5}	200	0.3	50
衬砌	1.4	0.837	2 500	1.2×10^{-5}	30	0.3	—
围岩	3.5	1	2 700	1.2×10^{-5}	30	0.3	—

1. 洞室温度场

图 5-13、图 5-14 分别为简化解、周舒威解和周舒威数值解得到的洞室、洞壁和界面温度随时间变化的对比。与图 5-9(a) 的计算结果相比,此时简化解与其他解的计算结果吻合很好,差值仅约为 1 ℃。周舒威解的温度在充气阶段结束时($t=8$ h)与周舒威数值解是重合的,但 8 h 之后,周舒威解的温度要略低于周舒威数值解。周舒威数值解的温度波动幅度是三者中最小的。

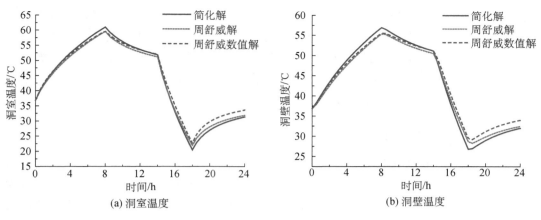

(a) 洞室温度

(b) 洞壁温度

图 5-13　洞室和洞壁温度随时间变化的对比

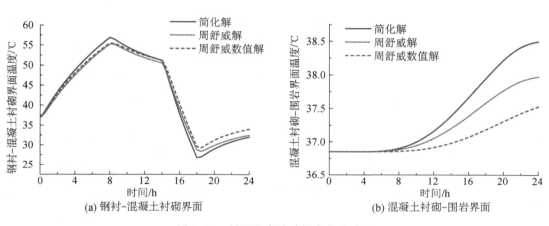

(a) 钢衬-混凝土衬砌界面

(b) 混凝土衬砌-围岩界面

图 5-14　界面温度随时间变化的对比

2. 洞室应力场

图 5-15(a),(b)分别为简化解、周舒威解和周舒威数值解得到的洞室压力和洞壁应力随时间变化的对比。三者的计算结果十分吻合。图 5-16(a),(b)分别为简化解、周舒

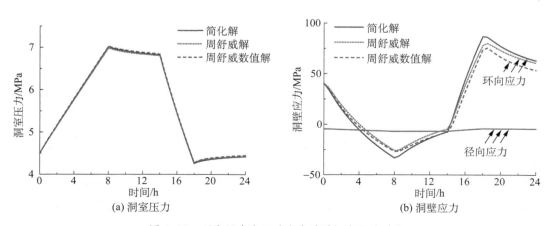

(a) 洞室压力

(b) 洞壁应力

图 5-15　洞室压力和洞壁应力随时间变化的对比

威解和周舒威数值解得到的界面应力随时间变化的对比。类似于温度的计算结果,简化解的环向应力波动幅度略大于其他两种方法,而周舒威解的结果也略大于周舒威数值解的结果,按照波动幅度的大小排列,依次是简化解、周舒威解、周舒威数值解。由于三种方法计算得到的洞室压力几乎是相同的,所以应力计算的差异主要是由温度计算的差异引起的。

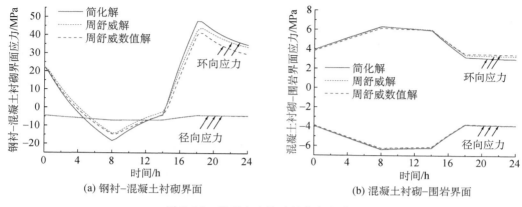

(a) 钢衬-混凝土衬砌界面   (b) 混凝土衬砌-围岩界面

图 5-16　界面应力随时间变化的对比

3. 洞室应变场、位移场

图 5-17、图 5-18 分别为简化解、周舒威解和周舒威数值解计算得到的洞壁、钢衬与衬砌界面、衬砌与围岩界面的应变随时间变化的对比。三种方法计算得到的环向应变基本上是相同的,而径向应变的变化情况与应力变化情况是一致的。

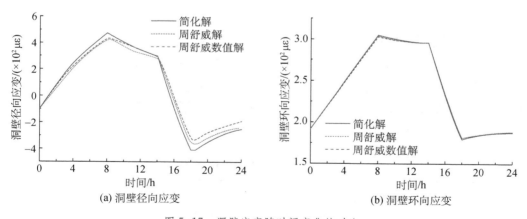

(a) 洞壁径向应变   (b) 洞壁环向应变

图 5-17　洞壁应变随时间变化的对比

图 5-19 是简化解、周舒威解和数值解得到的洞室径向位移随时间变化的对比。简化解的洞室径向位移最大,周舒威解的径向位移次之,而数值解的径向位移最小,但是它们之间的差异非常小,三者的计算结果基本上是重合的。

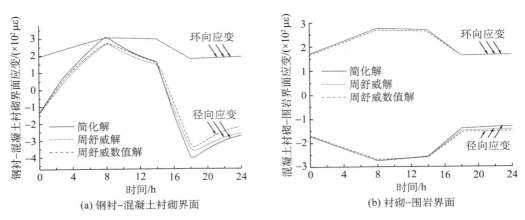

(a) 钢衬-混凝土衬砌界面　　　　(b) 衬砌-围岩界面

图 5-18　界面应变随时间变化的对比

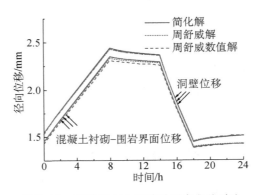

图 5-19　洞室径向位移随时间变化的对比

5.4.5　各种计算方法的对比

　　根据各方法的推导过程以及算例的计算结果,将各种计算方法的计算特点和适用情况归结为表 5-5。各方法从上到下,计算精度依次提高,但计算的复杂程度也随之增加。热力学解计算精度一般,但其计算简单,可以快速地估算洞室温度、压力。数值解的计算精度最高,但是计算建模也最为复杂,计算耗时也最长。

表 5-5　　　　　　　　　　　　　　各计算方法的计算特点及适用情况

计算方法	洞室温度、压力	洞室空气泄漏率	洞室应力场、位移场	计算精度	计算复杂度	缺点	适用情况
热力学解	可解	不可	不可	一般	简单	计算误差和注入空气温度与初始温度的差值 ΔT 以及注入空气质量与洞室初始空气质量的比值 m_r 成正比	需要快速估算洞室温度、压力,但对精度要求不高

150

计算方法	洞室温度、压力	洞室空气泄漏率	洞室应力场、位移场	计算精度	计算复杂度	缺点	适用情况
迭代解	可解	可解	可解	一般	中等	不能考虑温度应力的影响	需要快速估算洞室泄漏率和围岩应力、位移，但对精度要求不高
简化解	可解	不可	可解	较高	中等	只能在标准运营周期条件下计算	需要计算密封层、衬砌应力、应变，并且精度要求比较高
周舒威解	可解	不可	可解	高	复杂	只能在标准运营周期条件下计算	需要计算洞室温度、压力及洞室应力、位移，并且精度要求比较高
数值解	可解	可解	可解	高	复杂	计算耗时较长	需要计算洞室温度、压力、空气泄漏率及洞室应力、位移，并且精度要求高

第6章 压气储能内衬洞室密封层的密封性和耐久性

　　压气储能内衬洞室中储存的高压空气主要是依靠密封层进行密封的,因此要求密封层具有良好的密封性能。压缩空气储能内衬洞室主要有高分子材料密封层和钢衬密封层两种类型。

　　韩国在压气储能试验洞室中就使用了钢衬进行密封(Kim 等,2012e；Song, 2016；Song 等,2012)。最早在内衬洞室中应用钢衬对高压气体进行储存的成熟技术是北欧的LRC (Lined Rock Cavern)技术(Johansson,2003)。然而,LRC 洞室和压气储能洞室的特点是有差异的:①LRC 洞室储存的对象是 20～25 MPa 的高压天然气,而压气储能洞室的内压比较小,通常小于 10 MPa；②LRC 洞室的充放气周期很长,通常是几个月或者一年一次,运营寿命内的循环次数大约在 500 次,而压气储能洞室的充放气周期很短,通常是一天一次,运营寿命内的循环次数大约在 10^4 次；③由于压气储能洞室的充放气周期很短,其温度应力的影响更加明显。所以,钢衬是否适用于压气储能内衬洞室还需要进一步的研究。

　　与钢衬密封层相比,高分子材料密封层一般具有可变形性大、成本低廉等优势,是一种比较理想的密封层类型。20 世纪 90 年代,日本压气储能 Kunagawa 项目采用丁基橡胶材料作为密封层进行了内衬洞室现场试验,初步验证了高分子材料密封层的可行性(Hori 等,2003)。然而,关于高分子材料密封层密封性能的诸多关键问题仍亟待解答,例如,高压条件下高分子材料密封层的渗透系数是多少? 压气储能内衬洞室运营时高分子材料密封层的空气泄漏量在多少? 主要影响因素有哪些等。除了密封性能外,密封层还会随着围岩协调变形,自身承受一定的应力应变,因此,密封层的受力状态也需要深入研究。

　　本章对以丁基橡胶密封层为代表的高分子材料密封层和钢衬密封层进行了系统的研究。首先,对比了现有的高分子材料高压密封试验方法,选择恒压法作为试验方法,对现有高压密封试验仪器进行了改进；其次,对丁基橡胶、天然橡胶、三元乙丙橡胶和玻璃钢(Fiber Reinforced Plastics, FRP)进行了高压密封试验和单轴拉伸试验,重点研究了丁基橡胶渗透系数的影响因素和影响规律；再次,利用第 5 章建立的压气储能内衬洞室的多场耦合模型研究了典型运营工况下的高分子材料密封层和钢衬密封层的密封性能及主要影响因素；最后,研究了长期运营条件下高分子材料密封层和钢衬密封层的耐久性。

6.1　高分子材料密封层的高压密封试验

6.1.1　试验方法对比

　　压气储能内衬洞室高分子材料密封层的密封性能和透气性能实际上是一种性能的两

种表述方式,密封性能强调的是高分子材料阻隔流体(气体)的能力,而透气性能强调的是高分子材料透过气体的能力。表征密封性(透气性)的参数一般有 GTR(Gas Transmission Rate)、permeability 和 permance。GTR 是指气体透过率;permeability 一般被称为渗透系数、透气系数或气体透过系数;permance 是指渗透系数与试样厚度的乘积。本章采用渗透系数来表征高分子材料的密封性。

目前,测试高分子材料透气性(密封性)的方法主要有恒容法和恒压法两种。国内现行标准《塑料薄膜和薄片气体透过性试验方法 压差法》(GB/T 1038—2000)采用的是恒容法,而美国标准 *Standard Test Method for Determining Gas Permeability Characteristics of Plastic Film and Sheeting*〔ASTM D1434-82(2009)〕中两种方法都有涉及。需要说明的是,这两种测试方法的默认测试压力范围都是在一个大气压(0.1 MPa)左右,远低于压气储能洞室压力(10 MPa),因此,需要对两种方法在测试高压条件下密封性的适用性进行分析。

1. 恒容法

恒容法也叫压差法,其测试系统见图 6-1。其测试步骤如下:

(1)将塑料薄膜或薄片安装在低压室和高压室之间,高压室充有约 10^5 Pa 的试验气体,低压室的体积已知;

(2)用真空泵将低压室内空气抽到接近于零值;

(3)用测压计测量低压室内的压力增量 Δp,可确定试验气体由高压室透过膜(片)到低压室的以时间为函数的气体量,但应排除气体透过速率随试件而变化的初始阶段。

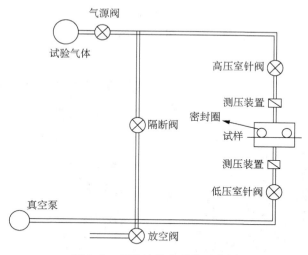

图 6-1 恒容法试验系统示意图

2. 恒压法

恒压法的试验原理大致上与恒容法相同,最根本的区别在于,恒压法的低压室是连接到测体积的仪器,该仪器可以保持常压条件下测试低压侧空气体积增量。通常使用的是带有刻度的毛细管,该毛细管可以水平放置也可以竖直放置。如果竖直放置,需要使用 U 形毛细管加储存器。而对于水平放置的情况,只需要在毛细管中注入一滴液体,当低压侧空气体积增加时测试毛细管内液体的长度即可。

3．两种测试方法的比较

Brown(2006)对两种测试方法进行比较后认为,恒容法配合最新的压力传感器是最方便的测试方法,目前高压密封试验都采用恒容法。

在对压气储能内衬洞室高分子材料高压密封试验设计前,对这两种测试方法作了进一步的探索。首先按照恒容法对测试仪器进行连接、设置,并用压力传感器作为测压装置尝试对橡胶材料进行测试。另外,由于没有真空泵设备,低压室的压力未抽到真空,而是大气压。试验开始时,先在高压侧充入 8 MPa 氮气,然后开始记录低压侧的压力值变动。然而,多次进行持续时间长达 24 h 的高压测试后发现,低压侧的压力值竟未发生变化。排除测试仪器、压力传感器、连接件的问题后,认为低压侧压力未发生变化的原因是压力传感器的量程过大。由于高压测试的设计压力在 10 MPa 左右,因此专门采用了上限为 10 MPa 的高压传感器,其测试精度为 1 kPa,这意味着低压侧的压力变化要达到千帕级别才能被检测到,而这远远大于实际测试中的压力变化。此外,即便实际测试中压力变化能够达到千帕级别,由于靠近传感器的测试下限,测试精度也会很差。但若改用量程较小的压力传感器(如 10 Pa~1 kPa),一旦测试过程中试样在高压作用下突然发生破裂,低压侧的压力就会急剧增加至高压侧的 10 MPa,从而破坏压力传感器。因此,压力传感器的选择是采用恒容法进行高压测试最大的难点。

由于采用恒容法进行测试存在困难,转而采用恒压法进行高压密封测试。图 6-2 为恒压法验证测试时的试验照片。采用聚四氟乙烯的塑料管代替毛细管(图 6-3),将其水平放置并利用刻度尺读取液面移动距离,最终得到不同时刻的液面移动距离,测算得到橡胶材料的渗透系数。对恒压法进行了多次验证测试,测试结果与现有数据较为接近,证明恒压法较恒容法更适合于高压测试。

 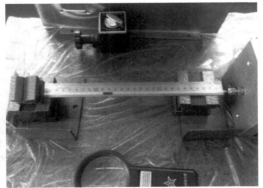

图 6-2　恒压法验证测试时的现场照片　　图 6-3　水平放置的聚四氟乙烯管及刻度尺

6.1.2　试验仪器设计

高分子材料密封测试的核心仪器是密封盒(渗透盒),部分文献称为 permeation cell,其功能是实现对高分子材料试样的密封,维持气体从高压室透过高分子试样到低压室的渗透

过程。目前,商用的气体渗透仪(图 6-4)一般都是基
于国家标准《塑料薄膜和薄片气体透过性试验方法
压差法》(GB/T 1038—2000)或美国规范 *Standard
Test Method for Determining Gas Permeability
Characteristics of Plastic Film and Sheeting*
[ASTM D 1434-82(2009)]设计的。试样压力一般
是一个大气压,能够满足高分子材料常规渗透性测
试的要求,但不能满足高压测试的要求。如第 1 章
所述,高压密封盒都是各个科研团队自行研发的,
因此,也需要根据压气储能洞室的特点针对性地设计、改进高压密封盒。

图 6-4　商用气体渗透仪

1. 常规低压密封盒

目前,商用气体渗透仪采用的是常规低压密封盒(图 6-5),使用该密封盒时,由于没
有单独的低压室,高压气体从下方进入高压室透过试样和滤纸直接进入毛细管,毛细管内
液体的液面随着进入气体体积的增加而移动,据此测出试样的渗透系数。密封盒通过螺
栓对衬垫施加压力,完成试样的密封。如果直接采用该构造的密封盒进行高压测试,在连
接毛细管出口处的高分子试样将无法承受测试的高压,气体将直接穿透试样进入毛细管,
因此需要对低压侧进行改造。

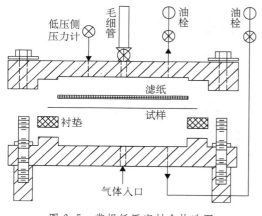

图 6-5　常规低压密封盒构造图

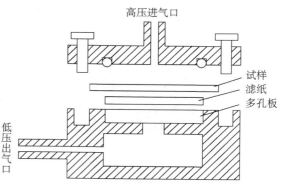

图 6-6　Terashita 等设计的高压密封盒构造图

2. 高压密封盒

目前已有的文献中,Terashita 等(2005)、Flaconneche 等(2006)、Adewole 等(2012)、
Perez 等(2013)都给出了高压密封盒的具体构造,其构造形式基本类似,图 6-6 所示是
Terashita 等(2005)设计的高压密封盒。高压密封盒区别于低压密封盒的特点是,高压密
封盒在试样的低压侧放置了多孔金属板以支撑试样。测试开始时,高压气体通过进气口进
入密封盒,透过试样、滤纸和多孔板进入低压室。试样依靠多孔板的支撑不会发生压穿破
坏,并且由于多孔板可以透气且透气速率远大于高分子材料试样,因此不会影响测试结果。

如果直接采用目前的高压密封盒以及试验方法,则会发生测试精度不够或可能破坏
传感器的情况。由于相关资料匮乏,目前尚不清楚 Terashita 等研究者如何解决测试时压

力传感器的问题。如果将恒容法换成恒压法,并且进行拉伸状态下的测试,则需要对现有的高压密封盒进行适当的改进。

3. 高压密封盒的改进

根据恒压法测试的特点,对现有高压密封盒的结构进行了改进:

(1) 在高压密封盒中恢复了原本低压密封盒中的高压室,并减小了低压室的空间。这点修改主要参考了 Brown(2006)的论述,他建议高压室的体积至少大于 25 mL,以减少测试过程中高压室的压力损失,而低压室的体积应该尽可能减小。低压室体积的减小也有助于增加低压侧压力的变化程度,以便测试仪器更敏感地测出结果。

(2) 自行设计了透气多孔板。透气多孔板是密封盒的关键部件,既要对高分子试样形成支撑,使其不至于在高压作用下破坏,又要能够透过气体,不影响高分子材料试样的渗透过程。

(3) 现有的密封盒都不涉及测试拉伸状态下试样的密封问题,为了研究拉伸状态对高分子材料渗透系数的影响,在拉伸方向打通了密封盒以便试样穿过,并制作了支架用来支撑密封盒和位于密封盒正面的刻度尺。

高压密封盒的三维模型及实物见图 6-7、图 6-8。

(a) 正视图

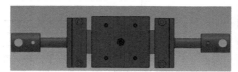

(b) 拉伸测试侧视图

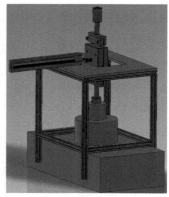

(c) 整体设备三维模型

图 6-7　高压密封盒及整体设备三维模型

(a) 整体设备

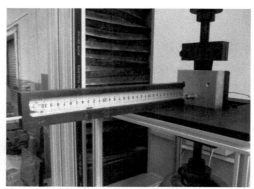

(b) 测试拉伸试样放大图

图 6-8　高压密封盒测试拉伸试样时的设备实物图

6.1.3 试验方案设计

1. 高分子材料密封层试验材料的选择

经过多年的发展，当今的高分子材料种类繁多，限于时间和精力的限制，不可能对所有的高分子材料一一进行测试，所以需要对各种高分子材料大类进行比选后，有针对性地选择一种密封层材料进行系统的测试研究。然而，目前在压气储能工程背景下对高分子材料进行的研究非常稀少，仅有日本压气储能项目开展了这方面的工作（Nishimoto 等，2000；Terashita 等，2005）。Nishimoto 等（2000）提出压气储能内衬洞室密封层的高分子材料必须满足以下要求：

（1）气密性。由于压气储能是以高压空气为介质储存能量，高压空气的泄漏会影响发电效率，这就要求高分子材料的渗透系数足够低。

（2）可变形性。地下洞室储存高压空气后，洞室围岩会在高内压作用下发生变形，高分子材料密封层也会随围岩发生变形，因此要求高分子材料能够承受 10% 的拉伸变形。

（3）耐久性。日本发电所的法定耐用年数为 15 年，在此期间要求高分子材料密封层不会发生气密性的劣化。

针对以上要求，Nishimoto 等（2000）和 Terashita 等（2005）对无机材料（inorganic material）、金属材料（metallic material）、沥青材料（asphalt material）和高分子材料（polymeric material）进行了比选（表 6-1），认为高分子材料最适合作为压气储能洞室的密封材料。

表 6-1   不同类型材料作为压气储能洞室密封材料的适宜性评估

材料类型	常用材料	性能评估	适宜性
无机材料	混凝土、玻璃、陶瓷	一般都很硬，无法解决与洞室围岩协调变形的问题	否
金属材料	钢材	屈服应变一般为 0.2%，不能与洞室围岩协调变形	否
沥青材料	沥青混合材料	地下很难施工	否
	特殊沥青		
高分子材料	合成橡胶	虽然在高压空气储存应用的先例较少，但是可行	适宜
	合成树脂		
	合成纤维		

在高分子材料中，非晶高分子材料（非晶态聚合物，amorphous polymer）更为适合，而结晶高分子材料（结晶聚合物，crystalline polymer）变形能力一般比较差。选取塑料材料中的氯磺化聚乙烯（CSM）、聚氯乙烯（PVC）、乙烯/乙酸乙烯酯共聚物（EVA）以及橡胶材料中的三元乙丙橡胶（EPDM）、丁基橡胶（IIR）、氯丁橡胶（CR）、天然橡胶（NR）进行了高压密封测试，得出以下结论：丁基橡胶在柔韧性和气密性方面是最优的，因此是最适合作

为压气储能密封层的材料。在此结论的基础上,重点对丁基橡胶的密封性进行系统的研究。除了丁基橡胶外,同时还选取了天然橡胶、三元乙丙橡胶、玻璃钢进行对比试验。

2. 试样制备

首先,从深圳厂商处采购丁基橡胶板、天然橡胶板和三元乙丙橡胶板,从上海厂商处采购玻璃钢材料,丁基橡胶板形状如图 6-9 所示。为了对深圳的丁基橡胶试样进行验证,另外从南京厂商处购入丁基橡胶板,两种丁基橡胶板出厂参数如下:①深圳样,比重 1.8,拉伸强度 8 MPa,极限伸长率(极限拉应变)300%,硬度 $65°\sim70°$;②南京样,比重 1.35,硬度 $60°\pm5°$。然后,按照规范《建筑防水卷材试验方法 第 9 部分:高分子防水卷材 拉伸性能》(GB/T 328.9—2007)制作50 mm×200 mm 矩形试样(图 6-10、图 6-11)。试样并没有选择制成哑铃状,是因为哑铃状试样需要专门的制样机才能制作,并且哑铃状试样不利于在高压密封盒内对试样进行密封,容易造成漏气。未用哑铃状的试样对密封性试验结果没有影响,但会对拉伸试验的强度造成影响,因此,丁基橡胶的拉伸强度选用出厂参

图 6-9 丁基橡胶板

数。由于压气储能洞室中高分子材料密封层的应变远小于高分子材料破坏时的应变,高分子材料密封层受力处于弹性阶段,对后续力学分析产生直接影响的弹性参数(弹性模量、泊松比)通过力学试验测得,而选用出厂参数的拉伸强度对后续力学分析的影响比较小。

图 6-10 丁基橡胶试样

图 6-11 玻璃钢试样

3. 试验因素及试验水平的选择

在进行高分子材料的高压密封试验之前,先对高分子材料进行单轴拉伸试验,获取高分子材料的基本力学参数,然后对高分子材料进行高压密封试验。影响高分子材料渗透性的因素非常多,其影响机理也非常复杂,因此,需要对影响因素进行合理的选择,既要能反映压气储能洞室高压空气密封的主要影响因素,又不能选择过多的影响因素导致研究工作无法开展。

首先需要研究试样厚度对渗透系数的影响,这是因为高分子材料的渗透系数(permeability)只有在证明其不随试样厚度变化而变化的条件下才可以使用,如果渗透系数受试样厚度影响明显,就需要改用 permeance(渗透系数与试样厚度的乘积)来表征高分子材料的渗透性。试样厚度的选取必须具有代表性,但不宜过厚,否则会造成测试时间过长的问题。鉴于日本压气储能试验洞室工程中采用的是 3 mm 的丁基橡胶板(Hori等,2003),试验厚度选择 2 mm,3 mm 和 4 mm。

试验压力和温度对高分子材料渗透性的影响是研究的重点。根据现有研究成果,测

试时采用的压力和温度会对高分子材料的渗透性产生明显的影响,而压气储能洞室在运营过程中空气压力和温度的变化是非常显著的,因此,必须研究压气储能洞室空气压力和温度变化范围内高分子材料渗透性的变化规律。对于试验压力,参考了内蒙古某拟建洞室的设计最大储存压力 10 MPa,选取 1 MPa,5 MPa 和 9.7 MPa 三个水平,选择 9.7 MPa 是为了给试验装置预留一定的安全余量。对于试验温度,Terashita 等(2005)分别进行了 25 ℃ 和 50 ℃ 的高压密封测试,而 Allen 等(1985)建议压气储能洞室温度应该低于80 ℃。另外,根据前期的试算,典型运营状态下洞室的最高温度大致在 50 ℃。基于上述考虑,试验温度选取 25 ℃,50 ℃,80 ℃ 三个水平。

此外,拉伸对高分子材料渗透性的影响也是研究的重点。在压气储能洞室运营时,洞室内部储存的高压空气会对围岩施加高内压,使得围岩发生变形,密封层也会在环向发生拉伸变形,因此,高分子材料密封层是在拉伸状态下服役的,有必要研究拉伸对高分子材料渗透性的影响,而目前尚未有该方面的研究。Nishimoto 等(2000)认为,密封层要能承受 10% 的拉伸应变,但该要求是在日本压气储能试验洞室围岩较差的情况下提出的,而一般压气储能洞室都会建造在硬岩中,所以对密封层变形的要求应该远低于 10%,即便如此,依然选取 10% 作为拉伸因素的试验水平。

除丁基橡胶外,还选取了三元乙丙橡胶、天然橡胶和玻璃钢进行测试,以便与丁基橡胶进行对比。

综合上述试验因素及试验水平,形成了高压密封试验方案,见表 6-2。

表 6-2　　　　　　　　　　　　高压密封试验方案

试验因素	试验水平
试样厚度	2 mm,3 mm,4 mm
压力	1 MPa,5 MPa,9.7 MPa
温度	25 ℃,50 ℃,80 ℃
拉应变	0,10%
试样种类	丁基橡胶,三元乙丙橡胶,天然橡胶,玻璃钢

6.1.4　试验过程及数据处理

6.1.4.1　测试过程

1. 拉伸状态下的测试过程

(1)在万能试验机上装好拉伸夹具,固定好试样;

(2)启动万能试验机,开始拉伸,当拉应变达到 10% 时停止拉伸并保持该状态;

(3)小心地将拉伸状态的试样装入密封盒,预留适当缝隙;

(4)将气瓶的高压管线连接到密封盒出气口,拧开气瓶气阀后再拧开减压阀,调至适当压力,对密封盒低压室进行冲刷,尽量排出原有空气;

(5)按上述步骤对密封盒高压室进行冲刷后,拧紧密封盒螺栓,实现对密封盒的密封;

(6)打开高压侧的压力传感器读数仪(图 6-12),并不停地调大减压阀,往密封盒高压

室充入气体,待压力升高到试验压力后保持减压阀连通;

(7) 将聚四氟乙烯管保持水平连接到密封盒出气口,读取管内液面的初始读数(图 6-13),并记录室内温度;

(8) 每 1 h 读取液面刻度及室内温度,待液面数据变化稳定后,再视情况持续读数一段时间后结束试验;

(9) 用稳定阶段的液面刻度数据计算试样的渗透系数。

 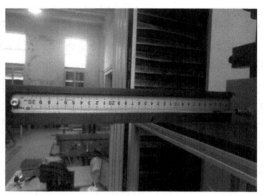

图 6-12　压力传感器及读数仪　　　　　图 6-13　读取聚四氟乙烯管内液面读数

2. 不同温度条件下的测试过程

(1) 将试样直接装入密封盒中(图 6-14);

(2) 分别对密封盒的高、低压室进行冲刷;

(3) 将恒温水箱温度调至试验温度,待水箱温度稳定后放入密封盒(图 6-15);

(4) 后续步骤同拉伸状态下的测试步骤(6)至步骤(9)。

图 6-14　将试样装入密封盒　　　　　图 6-15　在恒温水箱中保温的高压密封盒

6.1.4.2　数据处理

图 6-16 为深圳丁基橡胶板(PT-S8 试样)在 1 MPa 和 50 ℃下的液面测试数据。数据曲线整体呈现"先平后陡"的形态,是典型的高分子材料渗透曲线形态。管内液体一开始移动得非常缓慢,随着时间的推移,液面的移动速度逐渐增大,在测试后期,液体的移动

速度趋近于稳定,液面数据基本呈直线。测试持续了近 24 h,由于夜晚无法读取数据,在 10~20 h 之间缺少数据,但这并不影响渗透系数的测定,因为渗透系数是取稳定段的液面数据进行计算的。

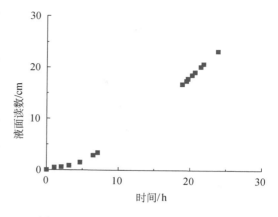

图 6-16　PT-S8 试样的液面测试数据

测得试样的液面移动数据后,就可以计算试样的渗透系数。整个试验过程如图 6-17 所示,在 t 时刻通过出气口的渗透气体的质量速率为 $\dot{m}_1$,聚四氟乙烯管内的渗透气体的质量速率为 $\dot{m}_2$,根据出气口到测试管之间的金属管内气体质量守恒且保持常压,有:

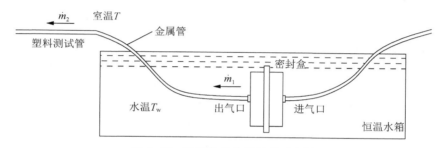

图 6-17　渗透气体体积计算示意图

$$\dot{m}_1 = \dot{m}_2 \tag{6-1}$$

根据气体状态方程,聚四氟乙烯管内气体满足:

$$p\dot{V}_2 = \dot{m}_2 RT \tag{6-2}$$

式中,$\dot{V}_2$ 为聚四氟乙烯管内渗透气体体积流量,m^3/s;p 为管内气压,与低压室气压同为大气压,Pa;R 为气体常数 286.7 J/(kg・K);T 为管内温度,同室内温度,K。

标准状态气体可表示为

$$p_s\dot{V}_s = \dot{m}_2 RT_s \tag{6-3}$$

式中,$\dot{V}_s$ 为聚四氟乙烯管内标准状态下渗透气体体积流量,m^3(STP)/s;p_s 为标准气压(101 300 Pa);T_s 为标准温度(273 K)。

由式(6-2)、式(6-3)可得:

$$\dot{V}_s = \frac{T_s p}{T p_s}\dot{V}_2 = \frac{273 \times p}{T \times 101\,300} \times a \times \frac{\mathrm{d}l}{\mathrm{d}t} \tag{6-4}$$

由此可以得出式(6-5),即高分子渗透系数的计算公式(Brown,2006)。

$$k = \frac{\mathrm{d}l}{\mathrm{d}t} \times \frac{d \times 273 \times p \times a}{A \times (P - p) \times T \times 101\,300} \qquad (6-5)$$

式中,k 为试样的渗透系数,$\mathrm{m^3(STP) \cdot m/(m^2 \cdot s \cdot Pa)}$;$\dfrac{\mathrm{d}l}{\mathrm{d}t}$ 为聚四氟乙烯管中液体的移动速度,m/s;d 为试样厚度,m;p 为低压侧压力,Pa;P 为高压侧压力,Pa;a 为聚四氟乙烯管的截面面积,$\mathrm{m^2}$;A 为试样的有效测试面积,$\mathrm{m^2}$;T 为聚四氟乙烯管的温度,K。

需要特别说明的是,式(6-5)中的 T 是聚四氟乙烯管的温度,即测试时的室内温度,而非恒温箱的水浴温度。

按照式(6-5)可以计算得到 PT-S8 试样的渗透系数为 3.20×10^{-17} $\mathrm{m^3(STP) \cdot m/(m^2 \cdot s \cdot Pa)}$。为了与日本试验测试结果作比较,需要转换为 4.25×10^{-10} $\mathrm{cm^3(STP) \cdot cm/(cm^2 \cdot s \cdot cmHg)}$。

6.1.5 试验结果及分析

1. 试样厚度对丁基橡胶渗透系数的影响

如无特别说明,本节提到的丁基橡胶都是指深圳试样。图 6-18 所示为试样厚度对丁基橡胶渗透系数的影响。可以看到,除了 4 mm 厚的丁基橡胶在 1 MPa 下的渗透系数略微偏低以外,2 mm,3 mm,4 mm 厚的丁基橡胶渗透系数曲线整体上基本是重合的,说明试样厚度对丁基橡胶的渗透系数影响较小。根据美国规范 *Standard Test Method for Determining Gas Permeability Characteristics of Plastic Film and Sheeting* [ASTM D 1434-82(2009)]的规定,除非用不同厚度的材料验证了该材料渗透系数是常数,否则不能使用渗透系数这一指标。而图中的测试结果证明可以使用渗透系数这一指标来表征丁基橡胶的渗透特征。另外,由于试样厚度对丁基橡胶的渗透系数影响较小,后续的试验都是采用厚度为 3 mm 的丁基橡胶试样进行测试。

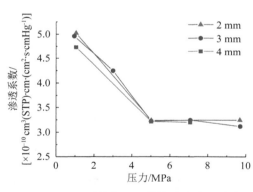

图 6-18 不同厚度下丁基橡胶的渗透系数随压力的变化(温度 50 ℃)

2. 与日本丁基橡胶测试结果的对比及试验压力的影响

图 6-19 是本次试验的丁基橡胶与日本丁基橡胶(Terashita 等,2005)的渗透系数对比。日本丁基橡胶只进行了 25 ℃ 和 50 ℃ 的测试,而本次试验另外增加了 80 ℃ 的测试。可以看到,本次测试的丁基橡胶的渗透系数要略低于日本丁基橡胶的测试结果,这说明本次测试的丁基橡胶的透气性要低于日本丁基橡胶,更有利于压气储能洞室的高压气体密封。而两次测试的渗透系数在同一数量级上,这也证明了自行设计的仪器可以准确地测得高分子材料的渗透系数。另外,高温下的丁基橡胶渗透系数远大于低温下的渗透系数,而在温度条件一定的情况下,随着压力的增加,丁基橡胶的渗透系数逐渐减

小。此外,本次测试的丁基橡胶渗透系数随压力增加而减小的程度明显大于日本丁基橡胶的测试结果(50 ℃条件下尤为明显),说明本次测试的丁基橡胶的气密性受压力的影响程度更明显,在高压条件下渗透系数更低,更有利于在高压条件下对洞室气体进行密封。

3. 试验温度对丁基橡胶渗透系数的影响

随着温度的升高,丁基橡胶的渗透系数呈近指数型的增加趋势。图 6-20 中还包含了几组低于 25 ℃的测试数据。该指数型变化趋势较图 6-19 中丁基橡胶渗透系数随压力增加而减小的趋势要大得多,因此,温度对丁基橡胶渗透系数的影响较压力大得多。

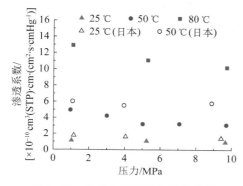

图 6-19　与日本丁基橡胶渗透系数随压力变化的对比

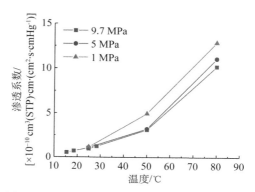

图 6-20　丁基橡胶渗透系数随温度变化的规律

4. 拉伸对丁基橡胶渗透系数的影响

根据弹性力学原理,充入高压空气后,压气储能洞室的密封层在环向上会发生拉伸变形,因此,有必要研究拉伸对丁基橡胶渗透系数的影响。图 6-21 所示为拉应变为 10% 和未受拉丁基橡胶在不同温度条件下的渗透系数对比。图中的试验压力为 9.7 MPa,受拉试样的拉应变设计为 10%,该值远大于实际拉伸应变,足以代表实际拉伸情况。可以看到,两种条件下的丁基橡胶渗透系数非常接近,各自的拟合曲线几乎是重合的,说明拉伸对丁基橡胶气密性几乎没有影响。

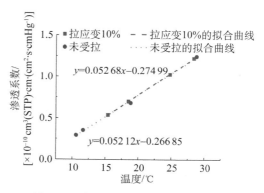

图 6-21　拉应变对丁基橡胶渗透系数的影响(压力为 9.7 MPa)

5. 两种丁基橡胶的渗透系数对比

为了进一步验证所测深圳厂家的丁基橡胶渗透系数的代表性,另行从南京厂家购入了丁基橡胶板进行测试。图 6-22 所示为深圳试样和南京试样渗透系数的对比。可以看到,两种试样的渗透系数比较接近,最大差值仅为 10^{-11} 量级,较测试的渗透系数小了一个数量级,说明两种试样的气密性基本上是相同的,用深圳试样测得的结果具有代表性。

另外,将本次测试结果与黄远红等(2004)的测试结果进行了对比。黄远红等对丁基橡胶进行了 25 ℃下的常规低压透气性测试,得到丁基橡胶的透气系数为 0.19×10^{-17} m³(STP)·m/(m²·s·Pa),而本次测试中,25 ℃和 1 MPa 条件下丁基橡胶的渗透系数为 0.86×10^{-17} m³(STP)·m/(m²·s·Pa),即 1.14×10^{-10} cm³(STP)·cm/(cm²·s·cmHg),两者的结果十分接近,进一步验证了本次试验结果具有代表性。

6. 不同高分子材料的渗透系数

为了与其他橡胶进行对比,对天然橡胶和三元乙丙橡胶进行了测试。图 6-23 所示为不同类型橡胶的渗透系数对比。从图中可以看出,丁基橡胶的渗透系数是三种橡胶中最小的,这也与对橡胶材料渗透性的认识相符合,天然橡胶的渗透系数最大,而三元乙丙橡胶的渗透系数介于两者之间。该结论与日本的橡胶测试结果(Terashita 等,2005)也是相符合的。另外,还对纤维增强复合材料玻璃钢进行了气密性测试,在四种工况下(80 ℃,1 MPa;80 ℃,9.7 MPa;50 ℃,1 MPa;18 ℃,9.7 MPa)除一开始略有漏气外,玻璃钢均没有发生气体渗透,表明玻璃钢材料可以近似考虑为不透气材料。

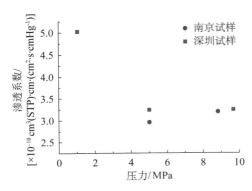
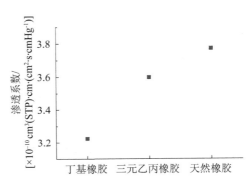

图 6-22 两种丁基橡胶的渗透系数对比
（温度 50 ℃）

图 6-23 不同类型橡胶的渗透系数对比
（温度 50 ℃,压力 5 MPa）

7. 丁基橡胶的渗透方程

通过对试验结果进行总结可以知道,试样厚度、拉应变为 10% 对丁基橡胶的渗透系数影响很小,而压力和温度则有比较明显的影响,尤其以温度的影响更为显著。为了进行后续的丁基橡胶密封层的泄漏计算,有必要用方程的形式来表示压力和温度对丁基橡胶渗透系数的影响。Gorbachev 等(1976)提出了一种压力和温度影响下高分子材料渗透系数的经验公式(6-6)。

$$P(\Delta p, T) = A_0(\Delta p)\exp\left(-\frac{a + \alpha\Delta p}{T}\right) \tag{6-6}$$

式中,P 为渗透系数,cm³(STP)·cm/(cm²·s·cmHg);Δp 为高分子材料两侧的渗透压力差,MPa;T 是温度,K;$A_0(\Delta p)$,a,α 是方程的系数。

为便于应用,将 $A_0(\Delta p)$ 简化为常数,得到简化后的经验公式(6-7)。

$$P(\Delta p, T) = A_0\exp\left(-\frac{a + \alpha\Delta p}{T}\right) \tag{6-7}$$

用图 6-19 中的丁基橡胶以及日本丁基橡胶渗透系数的测试数据对方程参数进行拟合，得到各自的渗透方程。深圳丁基橡胶对氮气的渗透方程为

$$P(\Delta p, T) = 2.112\ 3 \times 10^{-4} \times \exp\left(-\frac{4.227\ 4 \times 10^3 + 11.059\ 1 \times \Delta p}{T}\right) \quad (6\text{-}8)$$

日本丁基橡胶对氮气的渗透方程为

$$P(\Delta p, T) = 0.002\ 5 \times \exp\left(-\frac{4.924\ 5 \times 10^3 + 1.574\ 2 \times \Delta p}{T}\right) \quad (6\text{-}9)$$

日本丁基橡胶对氧气的渗透方程为

$$P(\Delta p, T) = 0.005\ 7 \times \exp\left(-\frac{4.807\ 1 \times 10^3 + 5.214\ 4 \times \Delta p}{T}\right) \quad (6\text{-}10)$$

图 6-24(a),(b),(c)所示分别为深圳丁基橡胶对氮气以及日本丁基橡胶对氮气、氧气渗透方程的拟合结果。从图中可以看到，渗透方程的计算结果与试验结果吻合较好。这说明以 Gorbachev 经验渗透方程为基础，通过试验数据拟合得到的渗透方程能够很好地表征丁基橡胶在压力和温度影响下的渗透特性，该渗透方程将应用于接下来的密封层多场耦合计算中。

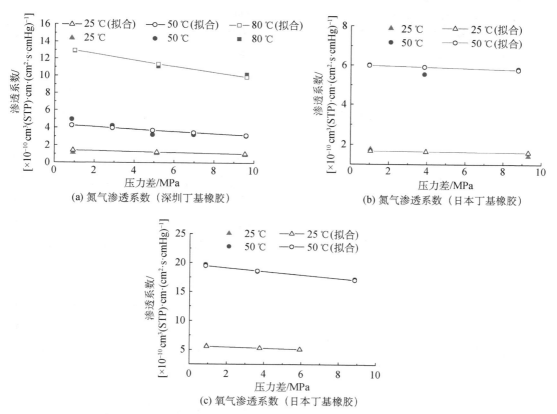

图 6-24 丁基橡胶渗透系数与压力差关系的拟合结果

6.2 高分子材料的单轴拉伸试验

1. 试验方法

为了获得高分子材料的力学参数,对丁基橡胶(深圳试样和南京试样)、天然橡胶、三元乙丙橡胶和玻璃钢进行了单轴拉伸试验。测试参数主要是弹性模量和泊松比。橡胶材料参照规范《硫化橡胶或热塑性橡胶拉伸应力应变性能的测定》(GB/T 528—2009)和《建筑防水卷材试验方法 第9部分:高分子防水卷材 拉伸性能》(GB/T 328.9—2007)进行试验,玻璃钢参照规范《纤维增强塑料拉伸性能试验方法》(GB/T 1447—2005)进行试验。图6-25为高分子材料单轴拉伸的试验照片。

需要说明的是,本次试验取得的应力-应变曲线的极值点并不能代表试样的拉伸强度,这是由于受试验条件的限制,本次高分子材料的试样只能取为矩形形状而非哑铃形状造成的。在拉伸试验过程中,高分子材料发生破坏的区域基本都是靠近夹具的部位,说明试样的破坏主要是由夹具的摩擦力而非拉应力造成的,因此,试样破坏时对应的拉应

图6-25 高分子单轴拉伸试验照片

力不能代表该试样的拉伸强度。即便如此,该极值也可以间接地反映试样的拉伸强度,这点在图6-31(b)中表现明显,后面将进一步解释。

2. 应力-应变曲线与弹性模量

图6-26(a)是丁基橡胶(南京试样)的应力-应变曲线。从图中可以看到,5条试验曲线基本上是重合的,说明丁基橡胶试样的性质较为稳定和均一,试验结果具有代表性,而不像传统的岩石试样离散性大,需要多组数据才能得到具有代表性的结果。此外还可以看到,在应变为0.2之前(本章规定拉应力、拉应变为正),应力-应变曲线可以近似地看作直线,而应变超过0.2后,曲线的斜率明显减小并逐渐稳定,直至试样在极值点发生破坏。该应力-应变曲线是橡胶材料较为典型的一种类型。

需要说明的是,应变超过0.2后,曲线保持稳定的斜率增长并非是传统岩石力学中的塑性流动阶段,相反,该阶段橡胶材料仍是弹性的,在撤销外力加载后仍能恢复至原始状态,这种特性被称为超弹性,是橡胶材料显著区别于其他材料的力学特性。实际上,丁基橡胶甚至可以在拉伸应变达到200%~400%时仍能恢复至原始状态,这里由于夹具处摩擦力造成的应力集中,仅取得了拉伸应变为100%前的应力-应变曲线。从应力-应变曲线可以看出,丁基橡胶的弹性模量随着应变的变化而变化,因此,在计算其弹性模量时,需要指定对应的应变值。本章取应变为0.1处对应的割线模量为该材料的弹性模量,见表6-3。

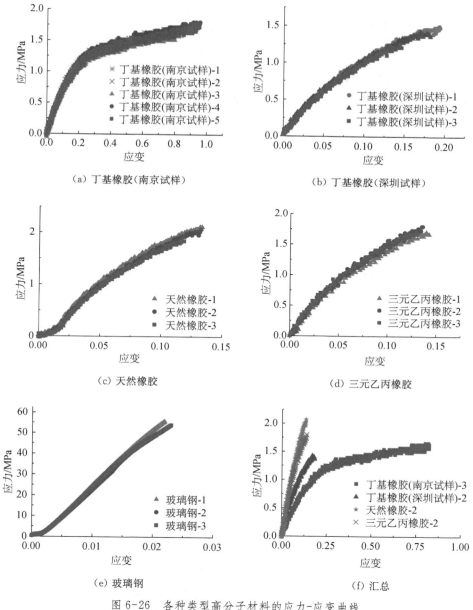

图 6-26 各种类型高分子材料的应力-应变曲线

图 6-26(b) 是丁基橡胶(深圳试样)的应力-应变曲线。与图 6-26(a) 相比,深圳试样仅取得了应变 0.2 以前的应力-应变曲线,随后试样即发生了破坏。这是由于深圳试样较南京试样略微硬一些(表 6-3),拉伸时夹具摩擦力造成的应力集中效应更显著,造成试样应变未达到 100% 即发生了破坏。即便如此,通过图 6-26(b) 可以知道,与整体的应力-应变曲线相比,应变 0.2 之前的曲线可以近似地看作直线段,仍取应变为 0.1 对应的割线模量为其弹性模量,并另取应变为 0.07 处的弹性模量(表 6-3),以便与后面老化试验结果进行对比。

图 6-26(c),(d) 分别是天然橡胶和三元乙丙橡胶的应力-应变曲线。这两种橡胶的应力

-应变曲线与丁基橡胶(深圳试样)的曲线类似,但天然橡胶和三元乙丙橡胶的弹性模量更大(表6-3),使得夹具处摩擦力造成的应力集中效应更加明显,所取得的应力-应变曲线也就更短,两者破坏时对应的拉伸应变也更小(均不到0.15)。这种试样弹性模量越大(试样越硬),破坏时对应的应变越小的现象(脆性越大)在后面的老化试验中表现得更突出。

表6-3　　　　　　　　　　　不同高分子材料的弹性模量测试数据

高分子类型	编号	应变	应力/MPa	弹性模量/MPa	平均弹性模量/MPa
丁基橡胶(南京试样)	1	0.1	0.72	7.17	7.17
	2	0.1	0.76	7.55	
	3	0.1	0.73	7.24	
	4	0.1	0.70	6.97	
	5	0.1	0.69	6.90	
丁基橡胶(深圳试样)	1	0.1	1.05	10.46	10.33
	2	0.1	1.06	10.60	
	3	0.1	1.00	9.92	
	4	0.07	0.87	12.32	11.36
	5	0.07	0.78	11.05	
	6	0.07	0.76	10.70	
天然橡胶	1	0.1	1.79	17.94	17.25
	2	0.1	1.74	17.36	
	3	0.1	1.65	16.45	
三元乙丙橡胶	1	0.1	1.38	13.78	14.73
	2	0.1	1.57	15.67	
	3	0.1	1.48	14.76	

图6-26(e)是玻璃钢的应力-应变曲线,在初始阶段较平,而后近似呈直线。玻璃钢应力-应变曲线的应力远大于橡胶材料,而应变则远小于橡胶材料,其弹性模量可以达到1 GPa(表6-4),可以看作相对刚性的材料,明显地区别于橡胶材料的"柔性"。

表6-4　　　　　　　　　　　玻璃钢的弹性模量测试数据

编号	初值应变/($\times 10^2 \ \mu\varepsilon$)	初值应力/MPa	终值应变/($\times 10^2 \ \mu\varepsilon$)	终值应力/MPa	弹性模量/MPa
1	5	0.85	25	2.97	1 077.39
2	5	0.75	25	2.80	1 019.67
3	5	0.81	25	2.93	1 073.21
平均值					1 056.76

为了更好地进行对比,挑选出各种高分子材料较为典型的应力-应变曲线绘制成图 6-26(f)。由于玻璃钢应力远大于其他橡胶材料,因此不包括在图中。可以看到,弹性模量从小到大依次是:丁基橡胶(南京试样)、丁基橡胶(深圳试样)、三元乙丙橡胶和天然橡胶。仅有弹性模量最小的丁基橡胶(南京试样)得到了较为完整的应力-应变曲线,其余橡胶取得了直线段的应力-应变曲线。各高分子材料的弹性模量见表 6-5。

表 6-5   不同类型的高分子材料弹性模量对比

高分子材料类型	丁基橡胶 (南京试样)	丁基橡胶 (深圳试样)	三元乙丙 橡胶	天然橡胶	玻璃钢
弹性模量/MPa	7.17	10.33	14.73	17.25	1 056.76

3. 泊松比

除了通过单轴拉伸试验以测定不同高分子材料的应力-应变曲线以及弹性模量以外,还对丁基橡胶(深圳试样)、天然橡胶以及玻璃钢进行了泊松比的测定。按照高分子材料学科的常识,橡胶材料一般可以视为不可压缩材料,泊松比接近 0.5,因此,常规单轴拉伸试验的规范中并没有泊松比的测试方法。本章是按照《纤维增强塑料拉伸性能试验方法》(GB/T 1447—2005)中的方法进行测试的,旨在对橡胶材料的泊松比有更深入的认识。

表 6-6 是丁基橡胶(深圳试样)的泊松比测试结果,可以看到,丁基橡胶的泊松比远大于岩石材料,基本上在 0.45 左右,接近 0.5,符合橡胶材料可以近似视为不可压缩材料的认识。表 6-7 是天然橡胶的泊松比测试结果,两个试样的泊松比有一定的差异,但都在 0.4 以上,也是远大于传统的岩石材料。表 6-8 是玻璃钢的泊松比测试结果,可以看到,玻璃钢的泊松比基本上在 0.25 左右,接近岩石材料。结合玻璃钢的应力-应变曲线[图 6-26(e)]可知,玻璃钢具有较高的弹性模量,相对于橡胶材料,玻璃钢可以视为刚性材料。

表 6-6   丁基橡胶(深圳试样)的泊松比测试结果

编号	荷载/N	横向应变 /($\times 10^4 \mu\varepsilon$)	纵向应变 /($\times 10^4 \mu\varepsilon$)	泊松比
1	80	−0.010 0	0.023 0	0.437
	100	−0.008 0	0.017 6	0.457
	120	−0.008 8	0.019 4	0.455
2	60	−0.007 9	0.018 1	0.439
	80	−0.009 9	0.022 0	0.450

表 6-7   天然橡胶的泊松比测试结果

编号	荷载/N	横向应变 /($\times 10^4 \mu\varepsilon$)	纵向应变 /($\times 10^4 \mu\varepsilon$)	泊松比
1	90	−0.006 3	0.012 8	0.499
2	90	−0.005 2	0.012 7	0.409

表 6-8   玻璃钢的泊松比测试结果

编号	荷载/N	横向应变 /($\times 10^4\ \mu\varepsilon$)	纵向应变 /($\times 10^4\ \mu\varepsilon$)	泊松比
1	3	$-0.000\ 4$	$-0.001\ 6$	0.239
	4	$-0.000\ 4$	$-0.001\ 7$	0.250
	5	$-0.000\ 4$	$-0.001\ 6$	0.250
2	3	$-0.000\ 4$	$-0.001\ 5$	0.254

6.3   高分子材料密封层的密封性能

6.3.1   典型运营工况下丁基橡胶密封层内衬洞室的力学响应

6.3.1.1   数值建模

以内蒙古韩勿拉风场某拟建洞室为背景,采用 5.3 节的方法以丁基橡胶为例对高分子材料密封层的适用性进行数值分析。该拟建洞室设计体积为 100 000 m³,埋深为 100 m,主要由半径为 5 m 的水平隧道组成。隧道开挖后施作 0.5 m 厚的混凝土衬砌,并安装 3 mm 厚的丁基橡胶板作为密封层。洞室以 24 h 为一个运营周期,运营模式为:0~8 h 充气,8~12 h 储气,12~16 h 抽气,16~24 h 再储气,初始洞室压力为 5 MPa,注入空气速率为 0.133 76 kg/s,注入空气温度为 21.5 ℃。

由于隧道的长度远大于横断面尺寸,所以隧道的力学计算满足平面应变假设,对洞室的横断面进行二维数值计算。另外,由于重力的影响远小于洞室压力的影响,所以计算中忽略了重力的影响,并且假设洞室传热是一维径向传热问题,所以该洞室的计算问题是轴对称问题,可以只取 1/4 洞室进行计算,模型范围取 5 倍洞径。由于取 1/4 的洞室进行计算,所以注入空气速率也只需要取 0.133 76 kg/s 的 1/4(即 0.033 44 kg/s),后续计算出的空气泄漏率也是整个洞室空气泄漏率的 1/4,但空气泄漏比与整个洞室是相同的。

考虑到压气储能洞室一般建造在质量较好的围岩中,围岩在开挖后短时间内就完成了应力重分布,密封层主要受洞室内压力和温度的影响,重分布效应对计算的影响并不大,所以数值计算时不考虑围岩开挖的应力重分布效应,只考虑洞室压力和温度的附加应力。洞室的初始温度为 13 ℃,对应地表大气温度为 10 ℃时地下 100 m 深处的地温。数值模型及其边界条件见图 6-27,数值模型外侧是常温度边界(13 ℃)及自由边界,数值模型内侧是对流换热边界及空气压力边界,左侧和底侧都是对称边界,没有法向位移和法向热流。数值计算参数见表 6-9。丁基橡胶的材料参数部分参考了梁星宇(2004)和 Gent 等(2012)的研究,混凝土衬砌参数主要根据《混凝土结构设计规范》(GB 50010—2010)选取,围岩参数根据 Kim 等(2012e)的研究选取,洞室空气与丁基橡胶密封层的对流换热系数取 17.5 W/(m² · K)(Sae-Oui 等,1999)。

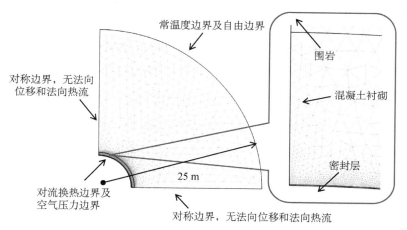

图 6-27　数值计算模型及边界条件

表 6-9 数值计算所用参数

参数	材料		
	丁基橡胶密封层	混凝土衬砌	围岩
密度/(kg·m^{-3})	920	2 500	2 700
弹性模量/GPa	0.010 33	28	35
泊松比	0.45	0.2	0.3
热膨胀系数/K^{-1}	4.8×10^{-4}	1×10^{-5}	1×10^{-5}
导热系数/[W·(m·K)$^{-1}$]	0.091	3	3
比热容/[J·(kg·K)$^{-1}$]	1 940	900	900

　　丁基橡胶对空气的总渗透方程为式(6-11)，由于仅进行了氮气的高压气密试验，未取得氧气的渗透方程，所以总渗透方程中的氧气渗透方程取日本丁基橡胶室内试验的氧气渗透方程[式(6-10)]，而氮气渗透方程取室内试验方程[式(6-8)]，这样计算的空气泄漏量偏多，但由于氧气的体积分量只占 0.22，所以对最终计算结果的影响不明显。

$$P = n_{O_2} \times P_{O_2} + n_{N_2} \times P_{N_2} \tag{6-11}$$

式中，P 为丁基橡胶对空气的总渗透系数；P_{O_2}，P_{N_2} 分别为丁基橡胶对氧气和氮气的渗透系数；n_{O_2} 为氧气在空气中的体积分量(0.22)；n_{N_2} 为氮气在空气中的体积分量(0.78)。

　　在工程实际中，橡胶材料很少一次加载就发生破坏，相反，常常是破坏于反复加载导致的裂纹扩展(Gent 等，2012)，因此，通常是用裂纹扩展的分析方法来分析橡胶的疲劳寿命。相较而言，使用强度准则对高分子材料进行强度分析的方法比较少，故用静水压力修正后的 Mises 准则对高分子材料密封层的强度进行分析。该准则考虑了高分子材料抗压

171

强度大于抗拉强度的情况,引入了静水压力修正项[式(6-12)],在高分子材料中应用较为普遍(Rottler 和 Robbins,2001)。

Donato 和 Bianchi(2012)的研究表明,静水压力修正项取两项的结果比较好,该静水压力修正的等效 Mises 应力表达式为式(6-13),当等效 Mises 应力大于抗拉强度时,高分子材料发生破坏。

$$J_2 = k^2 + \sum_{i=0}^{N} \alpha_i \cdot I_1^i \tag{6-12}$$

$$\sigma_{\mathrm{M}} = \frac{m-1}{2m} \cdot I_1 + \sqrt{\left(\frac{m-1}{2m} \cdot I_1\right)^2 + \frac{1}{2m}\left[(\sigma_1 - \sigma_2)^2 + (\sigma_2 - \sigma_3)^2 + (\sigma_3 - \sigma_1)^2\right]} \tag{6-13}$$

式中,k^2 为 Mises 准则中的极限值;α_i 为修正系数;m 为抗压强度与抗拉强度的比值,一般在 1.20~1.30 之间;I_1 为第一应力不变量;σ_i 为主应力。

6.3.1.2 计算结果分析

1. 洞室温度与压力

图 6-28 所示为典型运营工况下洞室温度与丁基橡胶密封层温度随时间的变化。随着充、抽气的发生,洞室温度发生了明显的变化,在充气阶段达到最大值 45 ℃,而在抽气阶段达到最小值−16 ℃,洞室进入负温。此后,随着抽气的结束以及对流换热效应,洞室温度迅速恢复到 9 ℃,接近初始地温。

由于对流换热效应,密封层的温度变动要明显小于洞室温度变动,最高温度为 33 ℃,最低温度为 1 ℃,没有进入负温。如果抽气速率再继续增大,密封层的温度就可能进入负温,对密封层的影响取决于密封层高分子材料类型。对丁基橡胶来讲,其长期使用温度范围一般在−40~120 ℃,所以,负温的影响并不大。但对于洞室运营来讲,应尽量避免抽气速率过大引发洞室失稳。

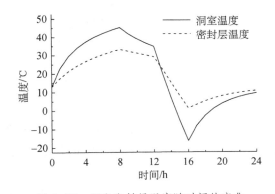

图 6-28 洞室密封层温度随时间的变化

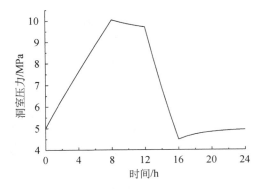

图 6-29 洞室压力随时间的变化

图 6-29 所示为典型运营工况下洞室压力随时间的变化。由于洞室温度发生了变化,根据理想状态气体方程 $pV = mRT$,洞室压力也会发生明显的变化。在充气阶段,洞室压

力从 5 MPa 增大到 10 MPa;然后在抽气阶段迅速减小到 4.5 MPa;最后在运营周期结束时,恢复至 5 MPa。由于抽气速率大于充气速率,所以抽气阶段洞室压力下降的斜率大于充气阶段上升的斜率。

2. 洞室空气泄漏

图 6-30 所示为典型运营工况下透过丁基橡胶密封层的洞室空气泄漏情况。可以看到,空气泄漏率也是波动的,在充气阶段结束时(洞室温度、压力最高),达到最大值 9×10^{-6} kg/s,而在抽气阶段结束时(洞室温度、压力最低),达到最小值 0.8×10^{-6} kg/s。空气泄漏率要远小于空气注入速率 $0.033\,44$ kg/s。定义空气泄漏比等于空气泄漏质量与注入空气质量的比值。可以看到,使用丁基橡胶密封层后的每日空气泄漏比

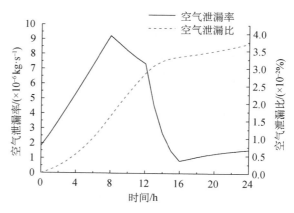

图 6-30　洞室空气泄漏率及泄漏比随时间的变化

为 $0.003\,7\%$,远低于每日 1% 的空气泄漏比的要求(Allen 等,1985),说明丁基橡胶密封层满足密封要求。但这也说明丁基橡胶密封层存在空气泄漏的情况,在长期运营过程中需要注意。

3. 密封层应力

图 6-31(a)所示为典型运营工况下丁基橡胶密封层的径向、环向和纵向应力随时间的变化。可以看到,密封层的径向、环向和纵向应力都为压应力(本章规定压应力、压应变为负值),密封层处于三向受压状态。造成该应力状态的原因主要是丁基橡胶的泊松比非常大,其值约为 0.45,已经接近不可压缩材料(如水)的理论泊松比,洞室压力相当于作用在受约束的水体上,形成三向受压的状态。另外,由于温度应力的存在,纵向应力与环向应力基本相等。三向受压的应力状态对密封层是比较有利的,因为通常认为橡胶材料的抗压性能远大于抗拉性能。

图 6-31(b)所示为典型运营工况下丁基橡胶密封层的等效 Mises 应力随时间的变

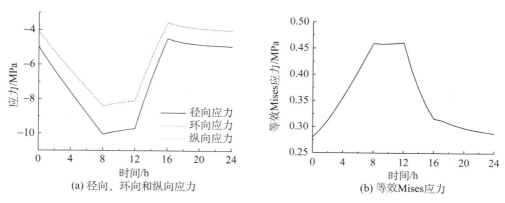

(a) 径向、环向和纵向应力　　　　　(b) 等效 Mises 应力

图 6-31　密封层应力随时间的变化

化。可以看到，等效 Mises 应力在充气阶段结束时（洞室温度、压力最高）达到最大值 0.46 MPa，远小于丁基橡胶的抗拉强度 8 MPa，因此，丁基橡胶密封层在运营过程中不会发生破坏。

4. 密封层应变及洞壁位移

图 6-32(a)，(b)所示分别为典型运营工况下密封层的径向、环向应变随时间的变化。可以看到，密封层径向受压、环向受拉，都在充气阶段结束时（洞室温度、压力最高）达到最大值。由于弹性模量较小，密封层径向应变值很大，最大值约为 -0.23；而环向上受到约束，环向应变最大值约为 5.5×10^{-4}，在常规岩石力学的应变范围内。虽然密封层的径向应变值远大于环向应变值，但一般来说，橡胶材料多是受拉破坏，所以对密封层的环向拉

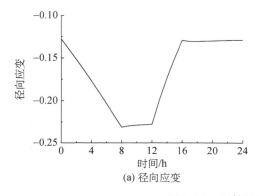

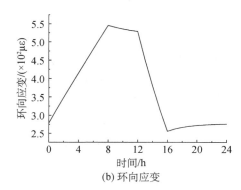

图 6-32   密封层应变随时间的变化

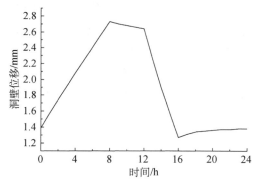

图 6-33   洞壁位移随时间的变化

应变应给予重点关注。与丁基橡胶 300% 的拉断伸长率相比，密封层的径向、环向应变都是比较小的，因此，从应变方面看，密封层也不会发生破坏。

图 6-33 所示为典型运营工况下洞壁位移随时间的变化。在洞室压力最大为 10 MPa 的作用下，洞壁位移最大值为 2.7 mm，因此，洞壁位移并不是很大。但需要注意的是，洞壁位移主要取决于围岩的弹性模量，当围岩弹性模量较小时，洞壁位移将会比较大。

6.3.2   高分子材料密封层的影响因素及影响规律

为了分析高分子材料密封层气密性及力学性能的主要影响因素及影响规律，选取了高分子材料种类、丁基橡胶渗透方程、密封层厚度、注入空气温度、注入空气速率、围岩弹性模量以及密封层泊松比等 7 种影响因素进行敏感性分析，各影响因素取值见表 6-10。

表 6-10   敏感性分析中影响因素的取值

影响因素	取值	参考文献
高分子材料种类	丁基橡胶、三元乙丙橡胶、天然橡胶、玻璃钢	—
丁基橡胶渗透方程	本书试验渗透方程、日本试验渗透方程、日本北海道洞室现场试验反演的渗透系数	Terashita 等（2005）；Hori 等（2003）
密封层厚度	3 mm，10 mm，30 mm	Kim 等（2012e）；Hori 等（2003）
注入空气温度	21.5 ℃，40 ℃，60 ℃	Kim 等（2012e）；Kushnir 等（2012a）
注入空气速率	0.033 44 kg/s，0.104 5 kg/s，0.17 kg/s	—
围岩弹性模量	15 GPa，25 GPa，35 GPa	Kim 等（2012e）；《公路隧道设计规范》（JTG D70—2004）
密封层泊松比	0.4，0.45，0.499 5	藤本邦彦等(1987)

6.3.2.1　高分子材料种类的影响

这里选取 6.1 节中已完成室内试验的丁基橡胶、三元乙丙橡胶、天然橡胶以及玻璃钢作为密封层材料，分析这 4 种高分子材料密封层条件下的洞室温度、压力、密封层气密性及力学性能。除丁基橡胶外，其余 3 种高分子材料的计算参数见表 6-11。

表 6-11   各种高分子材料的计算参数

参数	高分子材料		
	三元乙丙橡胶	天然橡胶	玻璃钢
密度/(kg·m^{-3})	860	920	1 750
弹性模量/MPa	14.73	17.25	1 056.76
泊松比	0.45	0.495	0.25
热膨胀系数/K^{-1}	2.5×10^{-4}	2.2×10^{-4}	2×10^{-5}
导热系数/[W·(m·K)$^{-1}$]	0.2	0.14	0.55
比热容/[J·(kg·K)$^{-1}$]	2 060	1 900	1 260
渗透系数/[cm^3（STP）·cm·(cm^2·s·cmHg)$^{-1}$]	3.60×10^{-10}	3.77×10^{-10}	—

1. 洞室温度与压力

图 6-34(a)为不同高分子材料密封层条件下的洞室温度和密封层温度随时间的变化。温度变动幅度从大到小依次是丁基橡胶、天然橡胶、三元乙丙橡胶和玻璃钢，与各高分子材料导热系数的大小顺序正好相反。这是因为密封层的导热系数越小，洞室空气向围岩传递的热量就越少，洞室空气的温度就越高，而距离洞室较近的密封层的温度也就越高。但总体上，各高分子材料密封层下的温度差异不是很大，以绝对温度计算的洞室压力的差异就更小了[图 6-34(c)]。

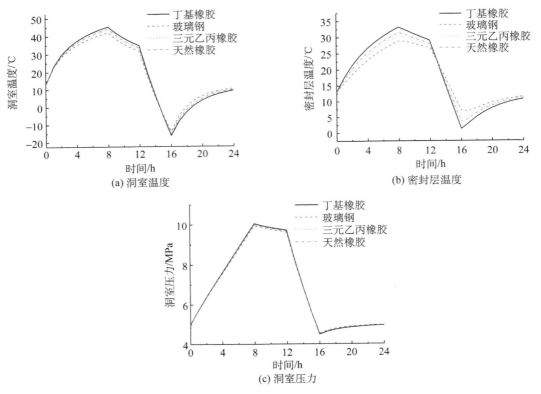

图 6-34 不同高分子材料密封层的洞室、密封层温度及洞室压力随时间的变化

2. 洞室空气泄漏

由于玻璃钢在高压气密试验中不透气,所以玻璃钢的空气泄漏率认为是 0。另外,丁基橡胶的泄漏计算没有采用渗透方程,而是与三元乙丙橡胶、天然橡胶一样,采用的是 50 ℃、5 MPa 下的渗透系数 3.23×10^{-10} cm³(STP)·cm/(cm²·s·cmHg),确保三者用的是同一条件下的渗透系数。图 6-35(a),(b)分别为不同高分子材料密封层条件下的洞室空气泄漏率及泄漏比,其从大到小的顺序与渗透系数的大小顺序是一致的,依次是:

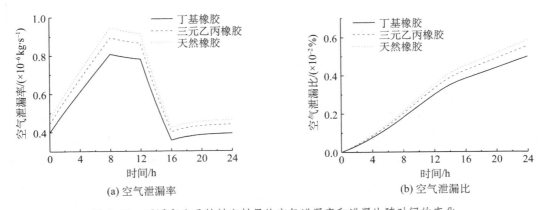

图 6-35 不同高分子材料密封层的空气泄漏率和泄漏比随时间的变化

天然橡胶（0.005 8%）、三元乙丙橡胶（0.005 5%）、丁基橡胶（0.005%），天然橡胶的泄漏比较丁基橡胶大16%。各高分子材料密封层的泄漏比也都远小于每日1%的允许泄漏比（Allen等，1985），所以丁基橡胶、三元乙丙橡胶、天然橡胶和玻璃钢都可以作为压气储能洞室的密封层，其中柔性的橡胶材料以丁基橡胶为最优，而相对刚性的玻璃钢也是不错的密封层材料。另外，采用50 ℃、5 MPa下的丁基橡胶渗透系数计算的空气泄漏率和泄漏比都小于典型工况下采用渗透方程的计算结果，这说明采用单一条件下测得的渗透系数计算空气泄漏率会有偏差，应采用多条件下的渗透方程以得到更准确的空气泄漏率。

3. 密封层应力

图 6-36(a)，(b)所示分别为不同高分子材料密封层的径向应力和环向应力随时间的变化。由于纵向应力与环向应力的曲线类似，这里不再给出。各高分子材料密封层的径向应力基本相等，等于洞室压力的负值。环向应力的差异比较大：天然橡胶的环向应力与其径向应力几乎相等，这是由于其泊松比为0.495，非常接近0.5，基本等效于静水受压状态，三向应力几乎相等；丁基橡胶和三元乙丙橡胶由于弹性模量和泊松比都比较接近，两者的环向应力也比较接近，也都处于压应力状态；而玻璃钢的环向应力明显大于其余三种橡胶材料，并且在抽气阶段结束时（洞室温度、压力最小），环向应力由压应力变为拉应力0.4 MPa，但还是远小于其抗拉强度680.7 MPa。这四种高分子材料密封层的环向应力大部分同为压应力，但是造成这种现象的原因却不同：玻璃钢环向应力为压应力主要是

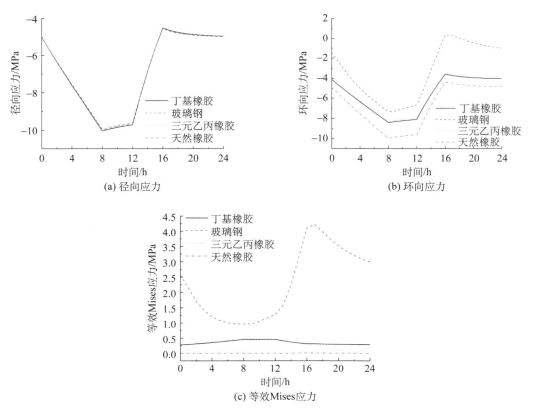

图 6-36　不同高分子材料密封层的应力随时间的变化

其受热膨胀产生的温度压应力造成的,而其余三种橡胶材料主要是由于泊松比接近0.5形成的近静水压力状态造成的,温度应力的影响并不大(参考6.2节)。

图6-36(c)所示为不同高分子材料密封层的等效Mises应力随时间的变化。天然橡胶由于泊松比接近0.5,处于近静水压力状态,其等效Mises应力非常小,最大值仅为0.01 MPa。丁基橡胶与三元乙丙橡胶的等效Mises应力比较接近,都在充气阶段结束时(洞室温度、压力最大)取得最大值0.5 MPa。玻璃钢的等效Mises应力变化趋势明显不同于其余三种橡胶材料,在充气阶段结束时(洞室温度、压力最大)取得最小值0.96 MPa,而在抽气阶段结束时(洞室温度、压力最小)取得最大值4.21 MPa。这四种高分子材料密封层的等效Mises应力都小于各自的抗拉强度:天然橡胶(28.1 MPa),三元乙丙橡胶(18.1 MPa),丁基橡胶(8 MPa),玻璃钢(680.7 MPa),说明这四种高分子材料密封层在压气储能典型运营工况下不会发生破坏。

4. 密封层应变及洞壁位移

图6-37(a)所示为不同高分子材料密封层的径向应变随时间的变化。从图中可以看到,这四种高分子材料密封层的径向应变基本可以归为两类:一类是丁基橡胶和三元乙丙橡胶,由于两者的泊松比取的都是0.45,所以径向应变曲线比较接近,并因为丁基橡胶的弹性模量小于三元乙丙橡胶,丁基橡胶的径向应变要略大一些。另一类是天然橡胶和玻璃钢,两者的径向应变远小于丁基橡胶和三元乙丙橡胶,天然橡胶和玻璃钢的最大径向压

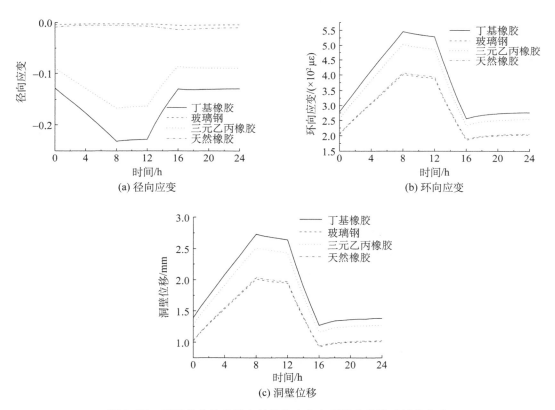

(a) 径向应变

(b) 环向应变

(c) 洞壁位移

图6-37 不同高分子材料密封层的应变和洞壁位移随时间的变化

应变分别为-0.015，-0.006。天然橡胶密封层径向应变较小的原因是其泊松比取 0.495，处于近静水压力状态，并且体积模量非常大，洞室压力相当于直接作用在洞周的近似刚体上，径向应变会比较小。而玻璃钢径向应变比较小的原因是其弹性模量很大。

图 6-37(b)为不同高分子材料密封层的环向应变随时间的变化。各密封层的环向应变差异不是很大，丁基橡胶与玻璃钢的最大环向应变差也仅为1.5×10^{-4}，这是因为密封层以及整个洞室的变形主要受围岩弹性模量的控制，而各密封层的围岩弹性模量取值是相同的。从量值上来看，各密封层的环向拉应变也都远小于拉断伸长率(极限拉应变)。丁基橡胶、三元乙丙橡胶和天然橡胶的拉断伸长率都远大于 100%，而玻璃钢的拉断伸长率 1.9%也远大于其环向拉应变。因此，从应变方面讲，各高分子材料密封层不会发生破坏。

图 6-37(c)为不同高分子材料密封层的洞壁位移随时间的变化。洞壁位移与环向应变的形态是类似的，各高分子材料密封层的洞壁位移差异并不明显，总体量值也比较小，丁基橡胶的最大洞壁位移为 2.7 mm，也同样是因为密封层以及整个洞室的变形主要受围岩弹性模量的控制。

6.3.2.2 不同丁基橡胶渗透方程的影响

丁基橡胶密封层是目前压气储能内衬洞室唯一使用过的高分子材料密封层。日本压气储能项目对丁基橡胶密封层进行了室内试验(Terashita 等，2005)和现场试验(Hori 等，2003)，用其室内试验的丁基橡胶渗透方程以及根据现场试验反算得到的丁基橡胶渗透系数进行数值计算，将其计算结果与本章丁基橡胶渗透系数的计算结果进行对比。由于这 3 种渗透方程的洞室温度、压力和密封层应力、应变都基本上与典型工况下的结果相同，这里不再列出。

图 6-38(a)，(b)分别为不同丁基橡胶渗透方程的洞室空气泄漏率和泄漏比。从图中可以看出，用日本试验和本章室内试验的渗透方程计算出来的空气泄漏率比较接近，前者的泄漏率略大一些，而用现场试验的渗透系数计算出来的空气泄漏率则明显大于室内渗透方程的计算结果，其空气泄漏比为 0.63%，已经比较接近允许泄漏比每日 1%(Allen 等，1985)，这说明考虑了现场因素(施工工艺、局部地质条件等)后的丁基橡胶密封层的整体渗透性要远大于室内试验时丁基橡胶的渗透性，因此，现场因素对丁基橡胶密封层的使用是至关重要的。

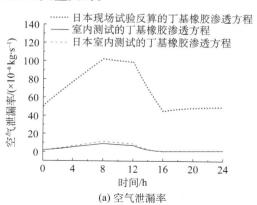

(a) 空气泄漏率

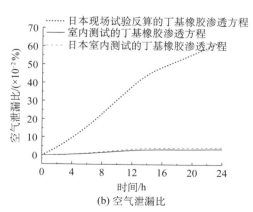

(b) 空气泄漏比

图 6-38　不同渗透方程的空气泄漏率和泄漏比随时间的变化

6.3.2.3 密封层厚度的影响

1. 洞室温度与压力

图 6-39(a),(b)所示分别为不同密封层厚度条件下的洞室温度和密封层温度随时间的变化。抽气阶段结束之前(0～16 h),随着密封层厚度的增加,洞室温度、密封层温度也会升高;而在第 2 个储气阶段(16～24 h),洞室温度、密封层温度随着密封层厚度的增加而降低。这是因为橡胶材料自身的导热系数一般比衬砌和围岩小 1～2 个数量级,热阻比较大,密封层相当于一层隔热层。随着厚度的增加,密封层的热阻也在增大,充气阶段的洞室空气热量向围岩传递的热量会减少,导致洞室空气温度升高;但在抽气阶段结束后,洞室空气温度低于围岩温度,围岩向洞室空气传递的热量也会减少,导致洞室空气温度降低。

图 6-39(c)所示为不同密封层厚度条件下的洞室压力随时间的变化。洞室压力的变化趋势与洞室温度的变化趋势是一致的:洞室压力随着密封层厚度的增加而增大。密封层厚度为 30 mm,洞室压力为 10.4 MPa,较密封层厚度为 3 mm 时的 10 MPa,增大了 0.4 MPa。

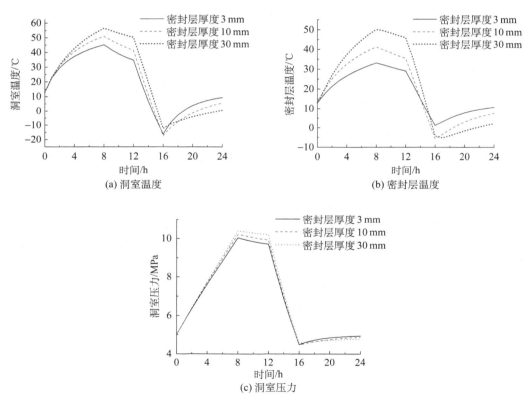

图 6-39 不同密封层厚度的洞室、密封层温度及洞室压力随时间的变化

2. 洞室空气泄漏

图 6-40、图 6-41 所示分别为不同密封层厚度条件下的洞室空气泄漏率和泄漏比。随着密封层厚度的增加,空气泄漏率和泄漏比明显地减小了。密封层厚度从 3 mm 增加

到 10 mm,空气泄漏比曲线的下降斜率比较大,而密封层厚度较大时,空气泄漏比曲线的下降斜率变缓,因此,在 10 mm 左右存在最优密封层厚度。但在实际工程中,为了增加安全余量,密封层的厚度应该尽可能厚一些。

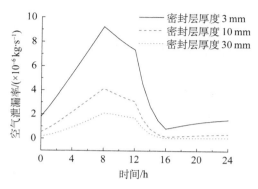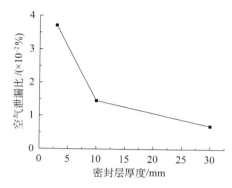

图 6-40　不同密封层厚度时空气泄漏率随时间的变化　　图 6-41　空气泄漏比与密封层厚度的关系

3. 密封层应力

图 6-42(a),(b)所示分别为不同密封层厚度条件下的密封层径向应力和环向应力随时间的变化。随着厚度的增加,密封层的应力也略微增大了一些,这主要是因为厚度大的密封层的洞室压力更大。

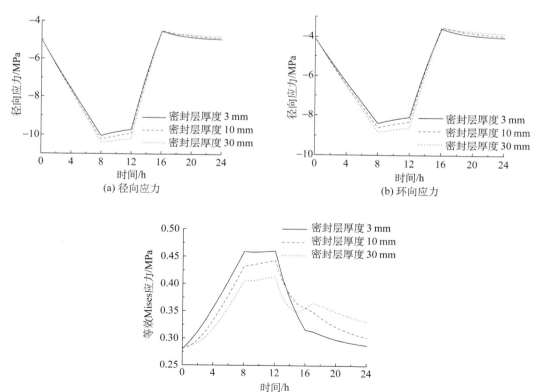

图 6-42　不同密封层厚度时的应力随时间的变化

图 6-42(c)为不同密封层厚度条件下的等效 Mises 应力随时间的变化。随着密封层厚度的增加,密封层的最大等效 Mises 应力实际上是在减小的,原因是厚度大的密封层温度更高,其温度应力更大,有利于减小径向应力和环向应力的差值。

4. 密封层应变与洞壁位移

图 6-43(a)所示为不同密封层厚度条件下密封层的径向应变随时间的变化。随着厚度的增加,密封层的径向应变值略微减小,这是因为厚度大的密封层温度更高,其径向膨胀热应变也就更大,使得厚度大的密封层径向应变更小。

图 6-43(b),(c)所示分别为不同密封层条件下密封层的环向应变和洞壁位移随时间的变化。可以看到,两幅图中的曲线形态是类似的:随着密封层厚度的增加,密封层的变形增加,其环向应变和洞壁位移增大。

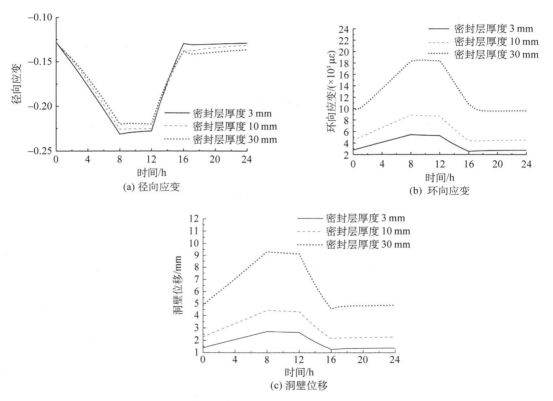

图 6-43　不同密封层厚度时的应变和洞壁位移随时间的变化

6.3.2.4　注入空气温度的影响

1. 洞室温度与压力

图 6-44(a),(b)所示分别为不同注入空气温度 T_i 下的洞室温度和密封层温度随时间的变化。可以看到,洞室温度和密封层温度与注入空气温度是成正比的,这与热力学原理是相符的,注入空气温度越高,向洞室中注入的空气越"热",洞室温度自然也会升高。T_i 从 21.5 ℃升高到 60 ℃后,洞室最高温度也从 45 ℃升高到了 59 ℃。洞室空气的升温幅度小于注入空气温度的升高幅度。由于热传递的作用,密封层的温度也会升高,最高温度从 33 ℃

升高到了 42 ℃。图 6-44(c)所示为不同注入空气温度条件下的洞室压力随时间的变化。洞室压力也随着注入空气温度的升高而增大,从 10.04 MPa 增大到 10.47 MPa,增加了约 4%。

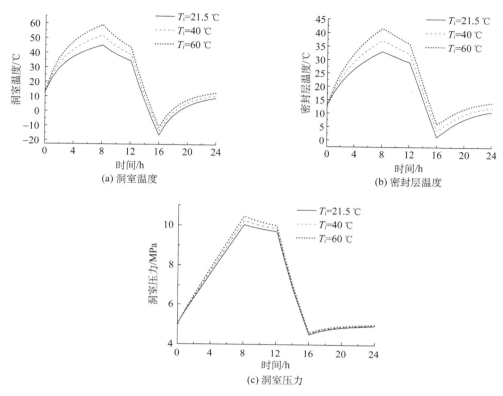

图 6-44　不同注入空气温度时洞室温度和压力随时间的变化

2. 洞室空气泄漏

图 6-45(a),(b)所示分别为不同注入空气温度 T_i 下的空气泄漏率和泄漏比。从图中可以看出,随着注入空气温度的升高,洞室空气泄漏率和泄漏比都在增大,T_i 为 60 ℃时的空气泄漏比较 21.5 ℃时增大了 43%。

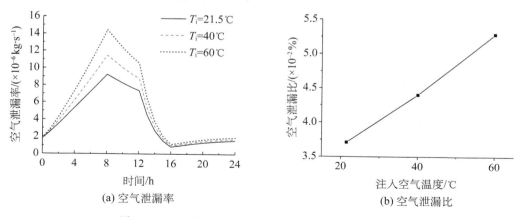

图 6-45　不同注入空气温度下的空气泄漏率和泄漏比

3. 密封层应力

图 6-46(a),(b)所示分别为不同注入空气温度下的密封层径向应力和环向应力随时间的变化。由于洞室压力随注入空气温度的升高而增大,密封层的应力也随之增大,增大的幅度与洞室压力的增幅基本相同,约为 4%。

图 6-46(c)所示为不同注入空气温度下的密封层等效 Mises 应力随时间的变化。不同于径向应力和环向应力的变化趋势,密封层的等效 Mises 应力随注入空气温度的升高而减小。这是因为随着注入空气温度的升高,密封层的温度也在升高,其温度应力也在增大,温度应力有利于减小径向应力和环向应力的差值,因而减小了等效 Mises 应力。

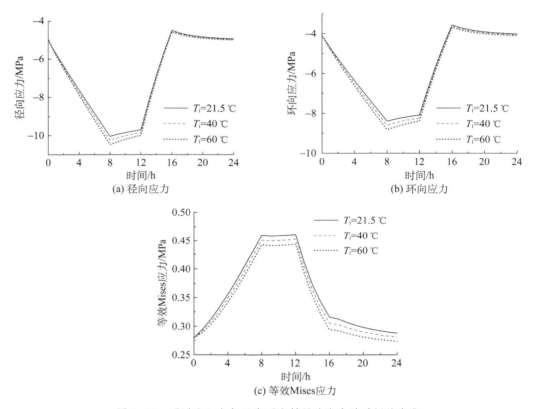

图 6-46 不同注入空气温度下密封层的应力随时间的变化

4. 密封层应变与洞壁位移

图 6-47(a),(b),(c)所示分别为不同注入空气温度下的密封层径向应变、环向应变和洞壁位移随时间的变化。密封层径向应变值随注入空气温度的升高而减小,这是因为密封层热膨胀应变变大了,抵消了一部分径向压应变。而环向应变与洞壁位移随注入空气温度的升高而增大,这是洞室压力增大造成的。环向应变与洞壁位移的增幅约为 3%,与洞室压力的增幅也比较接近。

5.3.2.5 注入空气速率的影响

1. 洞室温度与压力

图 6-48(a),(b),(c)所示分别为不同注入空气速率 m_i 下的洞室温度、密封层温度以

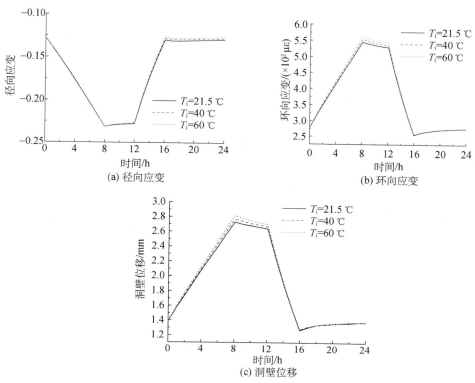

图 6-47 不同注入空气温度下密封层的应变和洞壁位移随时间的变化

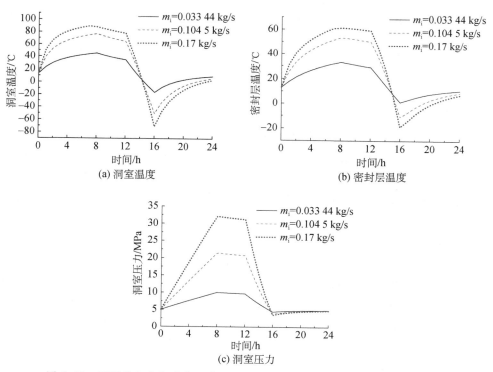

图 6-48 不同注入空气速率下的洞室、密封层温度及洞室压力随时间的变化

及洞室压力随时间的变化。随着注入空气速率的增大,洞室温度、压力和密封层温度的最大值也在迅速增大,即向洞室中注入的空气越多,空气压缩得越厉害,温度升高得越多。因此,在抽气阶段,温度和压力也下降得厉害。当注入空气速率等于 0.17 kg/s 时,洞室压力最大值为 32 MPa,洞室最高温度接近 90 ℃,最低温度为−70 ℃,洞室压力变动接近 27 MPa,洞室温度变动接近 160 ℃,因此,压气储能洞室中储存的空气越多,洞室温度、压力变动越大,对整个洞室结构的稳定性要求越高。

2. 洞室空气泄漏

图 6-49(a),(b)所示分别为不同注入空气速率 m_i 下的空气泄漏率和泄漏比。可以看到,透过密封层的空气泄漏率是随着 m_i 的增大而增大的,但是空气泄漏比反而是减小的,其原因是空气泄漏率的增幅小于 m_i 的增幅。这意味着,随着注入洞室空气的增加,虽然空气泄漏的绝对值是增加的,但相对注入空气的质量来说,其相对比例却是在减小的。

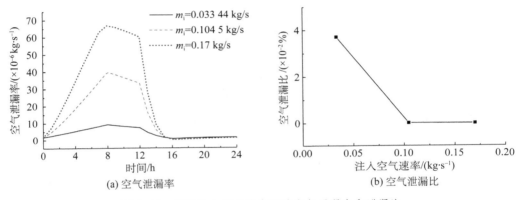

(a) 空气泄漏率
(b) 空气泄漏比

图 6-49　不同注入空气速率下的空气泄漏率和泄漏比

3. 密封层应力

图 6-50(a),(b),(c)所示分别为不同注入空气速率 m_i 下密封层的径向应力、环向应力以及等效 Mises 应力随时间的变化。由于洞室压力随着注入空气速率的增大而增大,密封层的应力也相应地增大。当注入空气速率为 0.17 kg/s、洞室最大压力为 32 MPa 时,密封层的等效 Mises 应力最大值为 1.5 MPa,仍低于其抗拉强度 8 MPa,此时密封层不会发生破坏。

4. 密封层应变与洞壁位移

图 6-51(a),(b),(c)所示分别为不同注入空气速率 m_i 下密封层的径向应变、环向应变以及洞壁位移随时间的变化。密封层的应变和洞壁位移随着注入空气速率的增大而增大。当注入空气速率为 0.17 kg/s、洞室最大压力为 32 MPa 时,密封层的最大环向应变为 $17×10^{-4}$,仍小于其拉断伸长率 300%,所以密封层不会发生拉伸破坏。另外,注入空气速率为 0.17 kg/s 时,最大洞壁位移为 8.8 mm,整个洞室变形也比较小,但这主要受围岩弹性模量控制,后文将会讨论到。

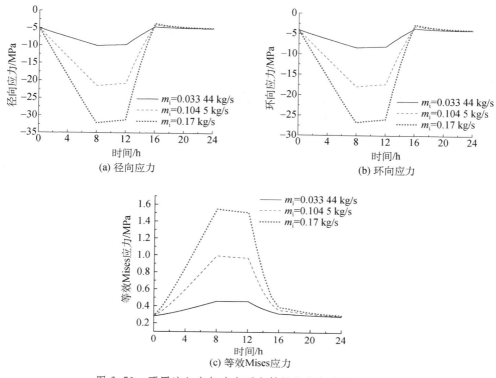

图 6-50　不同注入空气速率下密封层的应力随时间的变化

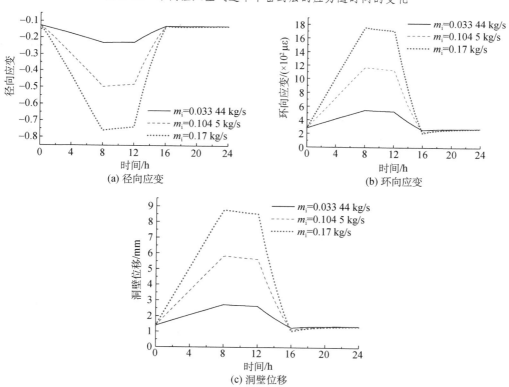

图 6-51　不同注入空气速率下的密封层应变和洞壁位移随时间的变化

6.3.2.6 围岩弹性模量的影响

图 6-52(a)—(f)所示分别为不同围岩弹性模量下的密封层应力、应变及洞壁位移随时间的变化。可以看到，围岩弹性模量对密封层应力的影响非常小，这可以理解为，即使围岩弹性模量减小到 15 GPa，也远大于密封层的弹性模量，相当于刚性约束没有变化。围岩弹性模量对密封层的环向应变和洞壁位移影响比较大：随着围岩弹性模量的减小，围岩向外侧的变形增大，洞室的洞壁位移增大，密封层的环向应变增大。

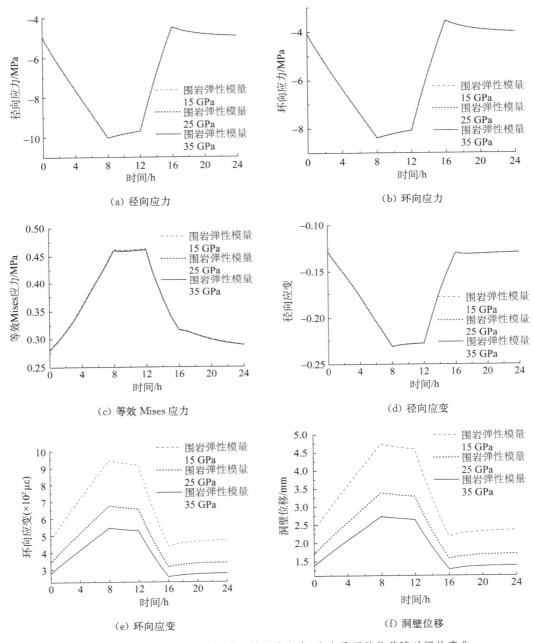

图 6-52　不同围岩弹性模量时密封层的应力、应变及洞壁位移随时间的变化

6.3.2.7 密封层泊松比的影响

一般认为橡胶是近不可压缩材料,泊松比接近 0.5(Gent 等,2012;Krevelen 和 Nijenhuis,2009)。在数值计算时,泊松比取 0.5 会引起计算困难,所以一般取为 0.495～0.499 5。但实际上,橡胶材料的泊松比并不一定是 0.5,本章测试的丁基橡胶的泊松比只有 0.45。另外,藤本邦彦和手塚悟(1987)整理了很多研究者测试得到的橡胶材料的泊松比,大多是在 0.45～0.5 范围内波动。因此,本节将对密封层泊松比的力学影响进行分析。

图 6-53 所示为不同密封层泊松比条件下的密封层应力、应变和洞壁位移随时间的变

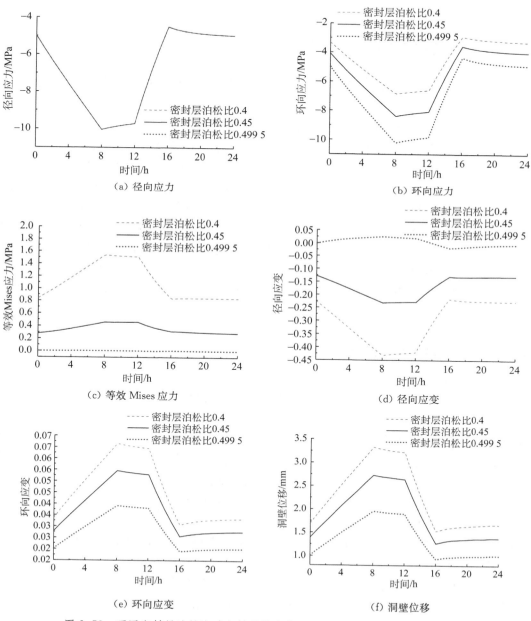

图 6-53 不同密封层泊松比时密封层的应力、应变及洞壁位移随时间的变化

化。可以看到,密封层泊松比对径向应力基本没有影响,但是对环向应力的影响非常大。随着密封层泊松比越来越接近 0.5,密封层的体积模量越来越大,其受力状态也越来越接近"静水压力状态",环向应力也越发接近径向应力,因此,密封层的等效 Mises 应力会明显减小。当密封层泊松比为 0.499 5 时,密封层的等效 Mises 应力仅为 0.006 MPa。所以,泊松比越大,对密封层的受力状态越有利。另外,随着密封层泊松比的增大,其体积模量增大,密封层的应变和洞壁位移值开始减小。

经计算分析,对流换热系数、衬砌弹性模量对高分子材料密封层的密封性能影响较小。

6.4 丁基橡胶密封层的耐久性

耐久性一般定义为抵抗由服役环境导致的性能下降的能力(Gent 等,2012)。引起高分子材料性能下降的因素有很多,如机械应力、热老化、臭氧、化学腐蚀等,本节主要研究由洞室压力和温度引起的高分子材料密封层的耐久性问题。

在压气储能运营过程中,洞室压力和温度会反复发生变化。在压力的反复作用下,高分子材料密封层会发生裂纹扩展,这是影响高分子材料耐久性最重要的因素之一。当裂纹扩展到一定程度时,密封层就会发生破坏,将这种由应力循环引起裂纹扩展导致的破坏定义为疲劳破坏。此外,温度由低温到高温的循环变化会引起高分子材料密封层的热老化。这两种影响是同时发生的,也应是相互作用的,但这种相互作用机理目前在高分子材料研究中尚不清楚,也没有有效的方法来分析,因此,对应力循环引起的裂纹扩展和热老化各自进行分析。在疲劳分析中,采用开裂能密度(Cracking Energy Density, CED)方法,并考虑温度对疲劳寿命的影响,而在热老化分析中忽略应力对热老化寿命的影响。

6.4.1 丁基橡胶的老化试验

1. 试验方法

压气储能电站一般会运营 30 年,按照每天充放气循环一次计算,每个压气储能洞室大致会经历 1 万次循环,每次充放气循环都会导致洞室压力、温度循环变化,因此,压气储能内衬洞室的密封层会经历约 1 万次拉伸和温度的循环作用。通过 6.1 节的测试结果可以知道,拉伸对丁基橡胶的渗透性影响并不大,并且这还是在拉应变为 10% 的条件下得到的结果,实际上典型运营条件下丁基橡胶密封层的拉伸应变大致在 10^2 $\mu\varepsilon$ 量级,远小于试验测试中的 10%,因此可以推断拉伸的循环作用对丁基橡胶渗透性的直接影响并不大,但其可能会造成丁基橡胶密封层疲劳破坏,这点将在后文进一步研究。综上所述,1 万次循环过程中温度的循环作用应该是需要主要考虑的问题,即丁基橡胶在温度循环作用下的老化问题。

在典型压气储能运营条件下,一次循环内密封层的温度是从低温到高温再回到低温的过程,并且充气升温的时间一般是 8 h。本次老化试验参考《硫化橡胶或热塑性橡胶热空气加速老化和耐热试验》(GB/T 3512—2014/ISO 188:2011),并考虑较为极端的情况,将高温设置为 80 ℃,而一次循环过程如图 6-54 所示:将丁基橡胶(深圳试样)从室温(13 ℃)放入烘箱加热至 80 ℃并保持 8 h 后,从烘箱取出让其自然冷却 16 h。理论上,老化试验的循环次数应该尽可能地多,以便接近实际情况,但限于时间和精力,本次试验最大循环次数为 30 次,即 30 d。对完成循环后的丁基橡胶试样分别进行高压密封试验和单轴拉伸试验,分析其渗透系数以及力学参数的老化规律。

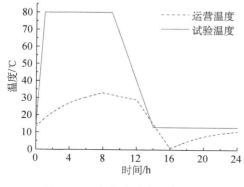

图 6-54 老化试验的温度变化

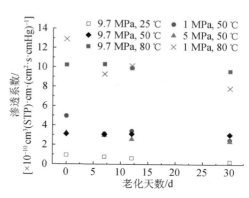

图 6-55 不同老化天数的丁基橡胶渗透系数

2. 丁基橡胶老化对渗透系数的影响规律

在压气储能运营期间,高分子材料密封层不断地经历充气、抽气导致的拉伸、升温和收缩、降温反复变化的过程。鉴于图 6-21 的结果表明,拉应变对丁基橡胶渗透系数几乎没有影响,这里重点考察温度反复作用下丁基橡胶的老化过程对渗透系数的影响。图 6-55 所示为随着老化天数的增加,丁基橡胶在不同工况下的渗透系数的变化过程。可以看到,丁基橡胶渗透系数随老化天数的增加呈减小的趋势,即随着老化天数的增加,丁基橡胶的渗透系数越来越小,气密性反而越来越好。

同样的现象在 Morgan 和 Campion(1997)、黄远红等(2009)的试验中也出现了。黄远红等(2009)通过测定老化后的丁基橡胶的正电子湮没寿命谱指出,老化温度较低时(65 ℃,85 ℃),丁基橡胶的老化以氧化交联为主,材料自由体积减小,硬度增大,透气系数减小,密封性能变好。Gent 等(2012)也认为,中等温度可能导致分子链交联,从而使橡胶硬化。此外,该现象也可以用 Tomer 等(2007)的研究结果进行解释,Tomer 采用衰减全反射傅立叶变换红外光谱、硬度测量、示差扫描量热法和热重-红外联用技术研究三元乙丙橡胶的热老化。他发现 2 500 h 后试样表面硬度增大(认为交联使高分子链构象转变受到约束,柔韧性减弱,从而使表面硬度增大),空隙半径由 400 Å 减至 250 Å。正是由于这种空隙半径的减小导致了老化以后的橡胶渗透性减小,而硬度增大的现象在后面的模量对比中也有体现。

3. 弹性模量老化规律

图 6-56(a),(b),(c)所示分别为丁基橡胶老化 7 d,12 d,30 d 后的应力-应变曲线,表 6-12 是丁基橡胶老化 7 d,12 d,30 d 后的弹性模量。可以看到,丁基橡胶的应力-应变曲线没有太大的变化,都呈现出"先陡后平"的趋势。但是,将经过不同老化天数后的丁基橡胶应力-应变曲线进行对比[图 6-56(d)]可以发现,随着老化天数的增加,丁基橡胶

的应力-应变曲线逐渐变陡,弹性模量增大,说明丁基橡胶的脆性、硬性在增大。此外,随着老化天数的增加,丁基橡胶破坏时对应的应变逐渐减小。虽然该应变并不对应拉伸强度,但也从另一方面说明了随着丁基橡胶脆性、硬性的增大,其弹性正逐渐减小。

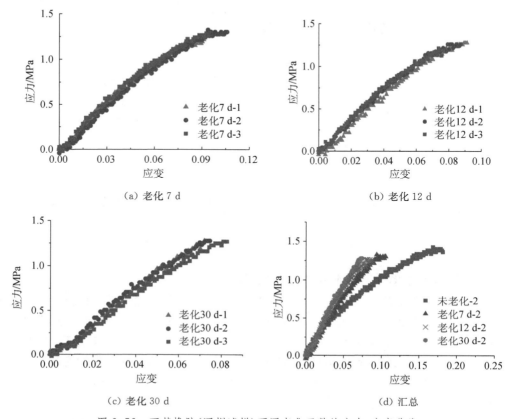

（a）老化 7 d

（b）老化 12 d

（c）老化 30 d

（d）汇总

图 6-56　丁基橡胶（深圳试样）不同老化天数的应力-应变曲线

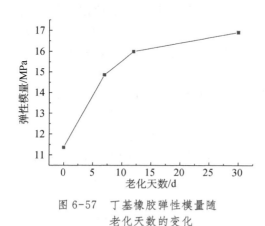

图 6-57　丁基橡胶弹性模量随
老化天数的变化

如图 6-57 所示,丁基橡胶弹性模量随老化天数的增加而增加,并且弹性模量增加的程度在刚开始老化的阶段最大（31%）,而后逐渐减小,老化 30 d 后的模量仅比老化 12 d 增加 6%,呈对数函数的曲线形态。根据性能保持率公式（6-14）,图 6-57 中的数据可以拟合得到丁基橡胶弹性模量性能保持率公式（6-15）。

$$P = \frac{W}{W_0} \tag{6-14}$$

式中,P 为老化后的性能保持率；W 为老化后的性能指标；W_0 为老化前的性能指标。

$$P = 0.147\,7 \times \ln t + 1.011\,4\ (R^2 = 0.987\,4) \tag{6-15}$$

式中,t 为老化时间,d。

表 6-12 丁基橡胶（深圳试样）老化试验的弹性模量试验结果

老化天数/d	编号	应变	应力/MPa	弹性模量/MPa	平均弹性模量/MPa
7	1	0.07	1.07	15.21	14.85
	2	0.07	1.00	14.08	
	3	0.07	1.07	15.26	
12	1	0.07	1.08	15.42	15.99
	2	0.07	1.13	16.18	
	3	0.07	1.15	16.36	
30	1	0.07	1.19	16.94	16.90
	2	0.07	1.23	17.39	
	3	0.07	1.16	16.35	

4. 丁基橡胶老化对拉伸强度和拉断伸长率的影响规律

前面得到了丁基橡胶的老化对弹性模量的影响规律，由于试验条件的限制，没有取得丁基橡胶的拉伸强度。鉴于本章的密封试验结果和弹性模量的变化规律都与黄远红等（2009）的研究结果相吻合，认为两者拉伸强度的变化规律也近似，可以将黄远红等的拉伸性能保持率公式应用到本节的丁基橡胶中，从而根据其拉伸强度出厂值得到其老化一段时间后的拉伸强度。

黄远红等（2009）对丁基橡胶分别测试了长达 40 d 的 65 ℃，85 ℃，125 ℃老化后的拉伸强度和拉断伸长率（断裂时对应的应变×100%）的变化情况。采用 65 ℃ 和 85 ℃ 的测试数据，因为该温度更接近丁基橡胶密封层的运营温度，有利于后续的数值计算。根据黄远红等（2009）的研究[图 6-58(a)，(b)]，随着老化天数的增加，丁基橡胶的拉伸强度和拉断伸长率的性能保持率的对数值 ln P 逐渐减小，说明丁基橡胶的拉伸强度和拉断伸长率是逐渐减小的，这与前面所述的脆性、硬性增大，但弹性减小的特性是相对应的，并且老化温度越高，拉伸性能的保持率减小得越快。对图中数据进行拟合并整理后，得到丁基橡胶的拉伸强度和拉断伸长率的性能保持率公式：

$$P_{t65} = \exp(-0.0007t - 0.0208) \tag{6-16}$$

$$P_{\varepsilon65} = \exp(-0.0017t - 0.015) \tag{6-17}$$

$$P_{t85} = \exp(-0.0017t - 0.0118) \tag{6-18}$$

$$P_{\varepsilon85} = \exp(-0.002t - 0.0578) \tag{6-19}$$

式中，P_t 为拉伸强度的性能保持率；P_ε 为拉断伸长率的性能保持率；下标 65 和 85 分别对应 65 ℃ 和 85 ℃ 的老化温度。

将性能保持率公式乘以本次试验的丁基橡胶拉伸强度出厂值就可以得到拉伸强度和拉断伸长率随老化天数的变化规律[图 6-58(c)，(d)]。可以看到，85 ℃时的丁基橡胶拉伸强度较 65 ℃时减小得更快，但两者的拉断伸长率变化程度的差别不明显。

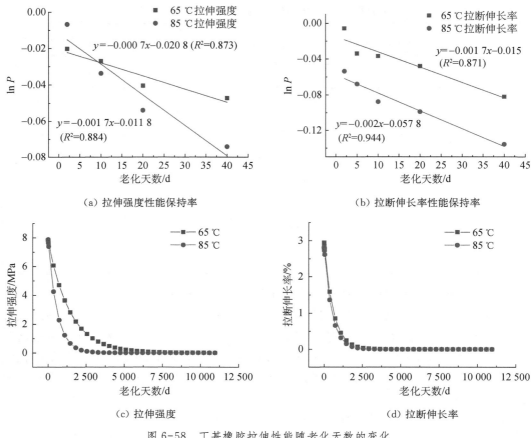

图 6-58　丁基橡胶拉伸性能随老化天数的变化

6.4.2　长期运营条件下丁基橡胶密封层内衬洞室的密封性能及力学响应

6.3 节对典型运营工况下高分子材料密封层的气密性及力学性能进行了计算,本节将对长期运营条件下高分子材料密封层的性能进行计算。理论上,计算的周期应尽可能地长,最好包括整个压气储能洞室的运营周期,然而数值计算所耗费的时间和计算机所需运行内存随着运营周期的增加而明显增加,因此,计算压气储能洞室的整个运营周期并不现实。由于计算时间和计算机硬件的限制,只计算 60 个运营周期内的高分子材料密封层的气密性及力学性能。

根据 6.1 节的试验结果,丁基橡胶的渗透系数会随着运营周期的增加而减小,而弹性模量随着运营周期的增加而增大,但本节的长期运营计算不考虑这两种效应,这是因为:

(1)丁基橡胶的渗透系数即使有所减小,但减小的程度比较小,按照目前未减小的渗透系数计算的洞室每日空气泄漏比仅为 0.037%,用减小后的渗透系数进行计算对空气泄漏量级影响有限;

(2)不考虑丁基橡胶渗透系数减小效应计算的泄漏率较实际情况偏大,计算结果偏保守,相当于具有一定的安全余量;

(3)丁基橡胶的弹性模量即使有所增大,也远小于衬砌、围岩的弹性模量,对应力、应变的计算结果影响有限；

(4) 这两种效应随着运营周期的增加而减小并趋于稳定；

(5) 不考虑这两种效应将极大地简化计算。

图 6-59(a),(b),(c)所示分别为 60 个运营周期的洞室温度、密封层温度以及洞室压力随时间的变化。由于注入空气温度高于洞室的初始温度，所以洞室温度和密封层温度总体上是长期上升的，但前两个周期中洞室和密封层的日平均温度是下降的，这是因为在前两个周期围岩吸收了很多热量，此后围岩温度升高，吸收的热量变少，洞室和密封层的日平均温度逐渐上升，60 个运营周期后，洞室和密封层的升温幅度分别为 5.0 ℃ 和 5.7 ℃，运营后期升温速率逐渐减小，洞室温度和密封层温度趋于稳定。对于洞室压力来说，洞室温度先降低后升高也会造成洞室压力先减小后增大，而空气泄漏又会导致洞室压力逐渐减小，两个因素共同作用使得洞室压力呈先减小后增大再减小的趋势，在第 2 个周期减小到 10.01 MPa，然后逐渐增大，在第 20 个周期达到最大值 10.07 MPa，最后在第 60 个周期减小到 10.02 MPa。由于洞室压力是以绝对温度计算的，所以洞室压力量值的变化比较小，在图中表现不明显。

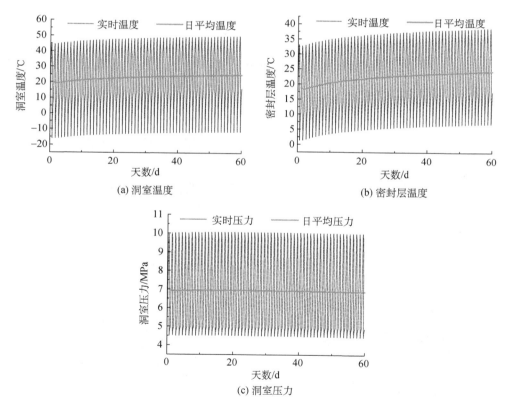

图 6-59　60 个运营周期内洞室、密封层温度及洞室压力随时间的变化

图 6-60(a),(b)所示分别为 60 个运营周期内空气泄漏率和空气泄漏比随时间的变化。空气泄漏率、泄漏比与密封层温度的变化趋势相同，都呈现先减小后增大的趋势。60 个周期后，日平均空气泄漏率从 4.14 kg/s 增大到 5.57 kg/s，对应的空气泄漏比从

0.037 1%增大到 0.045 4%。但是,鉴于空气泄漏比的量级比较小以及后期增速逐渐减小,而且考虑到丁基橡胶的渗透系数实际上是随老化天数的增加而减小的(参考 6.4.1 节的试验结果),因此,长期运营条件下洞室的空气泄漏不会有明显的增加。

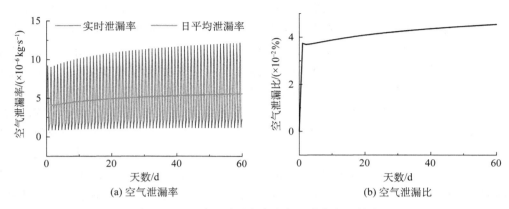

(a) 空气泄漏率   (b) 空气泄漏比

图 6-60   60 个运营周期内空气泄漏率和泄漏比

图 6-61 所示为 60 个运营周期内密封层的应力随时间的变化。密封层三个方向的应力值的变化趋势与洞室压力的变化趋势相同,都是呈先减小后增大再减小的趋势,在第 20 个周期取得最大值,由于应力变化的绝对值比较小,因此在图中表现得不明显。密封

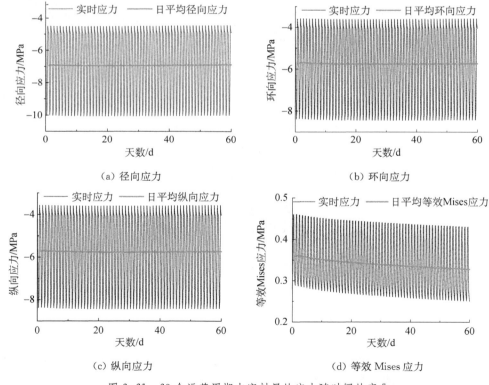

(a) 径向应力   (b) 环向应力

(c) 纵向应力   (d) 等效 Mises 应力

图 6-61   60 个运营周期内密封层的应力随时间的变化

层的等效 Mises 应力在前两个周期略微增大,然后逐渐减小,最大等效 Mises 应力从 0.46 MPa 最终减小到 0.44 MPa,这与密封层温度的变化趋势刚好相反,说明这主要是密封层的温度应力作用的结果。

图 6-62 所示为 60 个运营周期内密封层径向应变、环向应变以及洞壁位移随时间的变化。随着运营周期的增加,密封层的径向应变值先增大后减小,这是因为密封层温度降低、升高导致其径向热膨胀应变相应地减小、增大;而密封层的环向应变以及洞壁位移的变化趋势与洞室压力相同,都呈现先减小后增大再减小的趋势,在第 20 个周期取得最大值,同样由于变化的绝对值比较小,在图中表现得不明显。

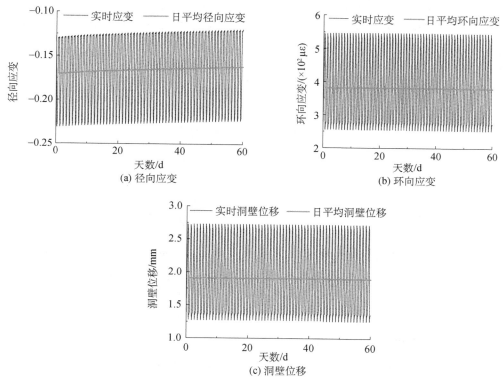

图 6-62 60 个运营周期内密封层应变和洞壁位移随时间的变化

6.4.3 丁基橡胶密封层的热老化耐久性

在压气储能洞室长期运营过程中,高分子材料密封层会经历长期的温度变化,并在温度变化中发生热老化。根据老化试验结果,经历了温度变化的丁基橡胶的强度和拉断伸长率会急剧减小。当密封层的强度小于所受应力,或拉断伸长率小于所受拉应变,密封层就会发生破坏。本节对丁基橡胶密封层的热老化寿命进行计算。计算中使用的密封层最大等效 Mises 应力和最大拉应变(环向应变)是根据 60 个周期中每个周期的最大值进行外推的。另外,由于热老化试验只进行了 65 ℃ 和 85 ℃ 两个温度,这里计算取与实际运营温度更为接近的 65 ℃ 的性能保持率公式。

图 6-63(a)所示为长期运营条件下丁基橡胶密封层的最大等效 Mises 应力与抗拉强度随时间的变化情况。可以看到,由于热老化的作用,密封层的抗拉强度从初始的 8 MPa 迅速减小,3 000 d 后仅约为 1 MPa,而最大等效 Mises 应力从 0.45 MPa 减小到 0.4 MPa。在 4 241 d(11.62 年)时,密封层的最大等效 Mises 应力等于其抗拉强度,密封层发生破坏。

图 6-63(b)所示为长期运营条件下丁基橡胶密封层的最大环向应变和拉断伸长率随时间的变化。与图 6-63(a)类似,密封层的拉断伸长率从最初的 300% 急剧减小,由于减幅太大,图 6-63(b)仅显示 4 000 d 以后的曲线。可以看到,在 5 053 d(13.84 年)时,密封层的最大拉应变等于拉断伸长率,密封层发生破坏。根据最大拉应变确定的密封层热老化寿命要小于根据最大等效 Mises 应力确定的数值,因此,密封层的热老化寿命是受最大等效 Mises 应力和抗拉强度控制的。

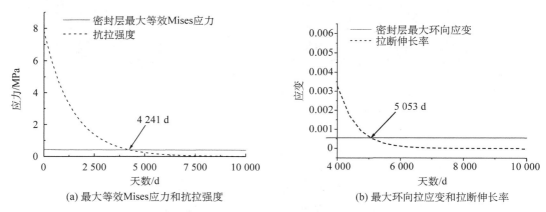

(a) 最大等效Mises应力和抗拉强度　　(b) 最大环向拉应变和拉断伸长率

图 6-63　丁基橡胶密封层的最大等效 Mises 应力和抗拉强度以及
最大环向拉应变和拉断伸长率随时间的变化

6.4.4　丁基橡胶密封层的疲劳耐久性

1. 基于裂纹扩展的高分子材料疲劳分析方法(开裂能密度方法)

Mars(2002)提出了开裂能密度(Cracking Energy Density,CED)的概念,指出在裂纹扩展过程中只有某一部分的应变能密度对裂纹成核有贡献,该部分即开裂能密度,开裂能密度决定了橡胶的裂纹扩张速率。在小应变前提下,这个参量定义为柯西牵引向量对应变增量的点积。在给定荷载作用下最有可能出现裂纹的平面定义为材料临界平面,该平面具有萌生裂纹的最大开裂能密度。

Mars(2002)认为,在弹性力学范围内,指定表面上可释放的能量等于该表面上的拉力使该表面变形所做的功。这样,开裂能密度的增量就可以表示为式(6-20),该定义包含了指定表面上的正应力和切应力。

$$dW_c = \boldsymbol{\sigma} \cdot d\boldsymbol{\varepsilon} \qquad (6-20)$$

式中,dW_c 为指定表面的开裂能密度增量;$\boldsymbol{\sigma}$ 为该表面的拉力向量;$d\boldsymbol{\varepsilon}$ 为该表面的应变增量向量。

对于给定应力状态 σ（应力张量）和给定材料平面的外法向向量 r，拉力向量 $\boldsymbol{\sigma}$ 定义为

$$\boldsymbol{\sigma} = \sigma r \tag{6-21}$$

同样，对于给定应变状态 ε（应变张量）和给定平面的外法向向量 r，应变增量向量 $\boldsymbol{\varepsilon}$ 定义为

$$\boldsymbol{\varepsilon} = \varepsilon r \tag{6-22}$$

将式(6-21)、式(6-22)代入式(6-20)，有：

$$dW_c = (\sigma r)^T d(\varepsilon r) = \sigma r^T d(\varepsilon r) \tag{6-23}$$

式(6-23)给出了开裂能密度的基本定义。对于给定裂纹法向量 r，该表达式可以通过积分得到开裂能密度 W_c。对于完全弹性情况，开裂能密度只与应变状态有关，而与应变历史无关。

开裂能密度在主坐标系进行计算更为方便，所以裂纹面法向量 r 需要在主坐标系中进行表示。若 $\boldsymbol{\kappa}$ 是从原笛卡尔 $O\text{-}xyz$ 坐标系到主坐标系的转换矩阵，则裂纹面法向量 $r' = \boldsymbol{\kappa} r$。那么，式(6-23)就变为

$$dW_c = r^T \boldsymbol{\kappa}^T \boldsymbol{\sigma}' d(\boldsymbol{\varepsilon}' \boldsymbol{\kappa} r) \tag{6-24}$$

式中，$\boldsymbol{\sigma}'$ 为应力张量 $\boldsymbol{\sigma}$ 的主应力形式；$\boldsymbol{\varepsilon}'$ 为应变张量 $\boldsymbol{\varepsilon}$ 的主应变形式。

对于线弹性体，由于与应变路径无关，撕裂能可以沿任意方便的路径从未应变状态到应变状态进行积分得到。选择应变分量保持比例（主应变方向不旋转）的路径进行积分，并注意到转换矩阵和裂纹面方向保持不变就得到(Mars，2002)：

$$W_c = r^T \boldsymbol{\kappa}^T \left[\int_0^{\varepsilon'} \boldsymbol{\sigma}' d\boldsymbol{\varepsilon} \right] \boldsymbol{\kappa} r \tag{6-25}$$

对于各向同性、线弹性材料，主应力可以通过 Hooke 定律进行计算：

$$\begin{bmatrix} \sigma_1 \\ \sigma_2 \\ \sigma_3 \end{bmatrix} = \frac{2G}{1-2v} \begin{bmatrix} 1-v & v & v \\ v & 1-v & v \\ v & v & 1-v \end{bmatrix} \cdot \begin{bmatrix} \varepsilon_1 \\ \varepsilon_2 \\ \varepsilon_3 \end{bmatrix} \tag{6-26}$$

根据式(6-26)对式(6-25)中括号内的表达式进行积分计算，得到：

$$\int_0^{\varepsilon'} \boldsymbol{\sigma}' d\boldsymbol{\varepsilon} = \frac{G}{1-2v} \begin{bmatrix} (1-v)\varepsilon_1^2 + v\varepsilon_2\varepsilon_1 + v\varepsilon_3\varepsilon_1 & 0 & 0 \\ 0 & (1-v)\varepsilon_2^2 + v\varepsilon_3\varepsilon_2 + v\varepsilon_1\varepsilon_2 & 0 \\ 0 & 0 & (1-v)\varepsilon_3^2 + v\varepsilon_1\varepsilon_3 + v\varepsilon_2\varepsilon_3 \end{bmatrix} \tag{6-27}$$

对于平面应变问题，有：

$$\int_0^{\varepsilon'} \boldsymbol{\sigma}' d\boldsymbol{\varepsilon} = \frac{G}{1-2v} \begin{bmatrix} (1-v)\varepsilon_1^2 + v\varepsilon_3\varepsilon_1 & 0 & 0 \\ 0 & 0 & 0 \\ 0 & 0 & (1-v)\varepsilon_3^2 + v\varepsilon_1\varepsilon_3 \end{bmatrix} \tag{6-28}$$

式(6-25)、式(6-27)是 Mars(2002)提出的开裂能密度计算公式。在计算 W_c 时，还需要考虑裂纹闭合效应(crack closure)，即裂纹面上压应力做的功不计入 W_c。

然而，Mars(2002)并没有给出裂纹面上压应力所做功的具体计算公式，因此，需要对平面应变状态下裂纹面上的压应力做功进行推导。式(6-29)所示为裂纹面上法向应力向量所做的功(对应的开裂能密度)。

$$dW_{cn} = \boldsymbol{\sigma}_{r'_n} \cdot d\boldsymbol{\varepsilon}' \tag{6-29}$$

式中，dW_{cn} 为裂纹面上法向应力向量对应的开裂能密度；$\boldsymbol{\sigma}_{r'_n}$ 为以主坐标系表示的裂纹面上的法向应力向量；$d\boldsymbol{\varepsilon}'$ 为以主坐标系表示的裂纹面上的应变向量增量。

$$dW_{cn} = \boldsymbol{\sigma}_{r'_n} \cdot d\boldsymbol{\varepsilon}' = (\sigma_{r'_n} \boldsymbol{r}')^T d\boldsymbol{\varepsilon}' \boldsymbol{r}' = \boldsymbol{r}'^T \sigma_{r'_n} d\boldsymbol{\varepsilon}' \boldsymbol{r}' = \boldsymbol{r}^T \boldsymbol{\kappa}^T \sigma_{r'_n} d\boldsymbol{\varepsilon}' \boldsymbol{\kappa} \boldsymbol{r} \tag{6-30}$$

式中，$\sigma_{r'_n}$ 为裂纹面上法向应力向量的模。

对式(6-30)进行积分：

$$W_{cn} = \boldsymbol{r}^T \boldsymbol{\kappa}^T \left[\int_0^{\boldsymbol{\varepsilon}'} \sigma_{r'_n} d\boldsymbol{\varepsilon} \right] \boldsymbol{\kappa} \boldsymbol{r} \tag{6-31}$$

下面对式(6-31)中的应力应变积分部分进行计算。对于平面应变问题，设横截面为 xOy 平面，而垂直于横截面的轴为 z 轴，则最大主应力和最小主应力都在 xOy 平面内，z 轴方向为中主应力方向。一般来说，裂纹面出现在最大、最小主应力平面(xOy 平面)内，平行于中主应力的作用方向，则裂纹面的法向向量可以表示为

$$\boldsymbol{r} = [\cos\theta, \sin\theta, 0]^T \tag{6-32}$$

式中，θ 为裂纹面法向向量与 x 轴的夹角。

从 $O\text{-}xyz$ 坐标系到主坐标系的转换矩阵 $\boldsymbol{\kappa}$ 为

$$\boldsymbol{\kappa} = \begin{bmatrix} a_1 & a_2 & a_3 \\ b_1 & b_2 & b_3 \\ c_1 & c_2 & c_3 \end{bmatrix} \tag{6-33}$$

式中，转换矩阵中各元素是主应力轴对 x，y，z 轴的方向余弦。

对于平面应变问题，z 轴为中主应力 σ_2 轴，则式(6-33)为

$$\boldsymbol{\kappa} = \begin{bmatrix} a_1 & a_2 & 0 \\ 0 & 0 & 1 \\ c_1 & c_2 & 0 \end{bmatrix} \tag{6-34}$$

现在求裂纹面上法向应力向量的模：

$$\sigma_{r'_n} = \sigma_{r'} \times \cos(\boldsymbol{\sigma}_{r'}, \boldsymbol{r}') = \boldsymbol{\sigma}_{r'} \cdot \boldsymbol{r}' = (\boldsymbol{\sigma}' \boldsymbol{r}')^T \boldsymbol{r}' = \boldsymbol{r}^T \boldsymbol{\kappa}^T \boldsymbol{\sigma}' \boldsymbol{\kappa} \boldsymbol{r}$$

$$= [\cos\theta, \sin\theta, 0] \begin{bmatrix} a_1 & 0 & c_1 \\ a_2 & 0 & c_2 \\ 0 & 1 & 0 \end{bmatrix} \begin{bmatrix} \sigma_1 & 0 & 0 \\ 0 & \sigma_2 & 0 \\ 0 & 0 & \sigma_3 \end{bmatrix} \begin{bmatrix} a_1 & a_2 & 0 \\ 0 & 0 & 1 \\ c_1 & c_2 & 0 \end{bmatrix} \begin{bmatrix} \cos\theta \\ \sin\theta \\ 0 \end{bmatrix} = A\sigma_1 + B\sigma_3$$

$$\tag{6-35}$$

式中，$A = (a_1 \cos\theta + a_2 \sin\theta)^2$；$B = (c_1 \cos\theta + c_2 \sin\theta)^2$。

那么，式(6-31)中的应力应变积分部分就变为

$$\int_0^{\varepsilon'} \sigma_{n}' \mathrm{d}\boldsymbol{\varepsilon}' = \int_0^{\varepsilon'} (A\sigma_1 + B\sigma_3) \mathrm{d}\boldsymbol{\varepsilon}' = \begin{bmatrix} \int_0^{\varepsilon'} (A\sigma_1 + B\sigma_3) \mathrm{d}\varepsilon_1 & 0 & 0 \\ 0 & 0 & 0 \\ 0 & 0 & \int_0^{\varepsilon'} (A\sigma_1 + B\sigma_3) \mathrm{d}\varepsilon_3 \end{bmatrix}$$

$$(6\text{-}36)$$

对式(6-36)中的积分项进行积分，得到：

$$\int_0^{\varepsilon'} (A\sigma_1 + B\sigma_3) \mathrm{d}\varepsilon_1 = \frac{1}{2}[A(\lambda + 2G) + B\lambda]\varepsilon_1^2 + [B(\lambda + 2G) + A\lambda]\varepsilon_1\varepsilon_3 \quad (6\text{-}37)$$

$$\int_0^{\varepsilon'} (A\sigma_1 + B\sigma_3) \mathrm{d}\varepsilon_3 = \frac{1}{2}[B(\lambda + 2G) + A\lambda]\varepsilon_3^2 + [A(\lambda + 2G) + B\lambda]\varepsilon_1\varepsilon_3 \quad (6\text{-}38)$$

将式(6-36)代入式(6-31)进行计算就可以得到裂纹面上法向应力向量对应的开裂能密度。现在需要对该法向应力向量进行判断，若该法向应力向量是压应力向量[式(6-39)<0]，则需要用 W_c 减去 W_{cn}，反之，则不减[式(6-40)]。

$$\boldsymbol{\sigma}_{r'} \cdot \boldsymbol{r}' = \boldsymbol{\sigma}' \boldsymbol{r}' \cdot \boldsymbol{r}' = (\boldsymbol{\sigma}' \boldsymbol{\kappa} \boldsymbol{r})^{\mathrm{T}} \boldsymbol{\kappa} \boldsymbol{r} = \boldsymbol{r}^{\mathrm{T}} \boldsymbol{\kappa}^{\mathrm{T}} \boldsymbol{\sigma}' \boldsymbol{\kappa} \boldsymbol{r} \quad (6\text{-}39)$$

$$W_c = \begin{cases} W_c, & \boldsymbol{\sigma}_{r'} \cdot \boldsymbol{r}' \geqslant 0 \\ W_c - W_{cn}, & \boldsymbol{\sigma}_{r'} \cdot \boldsymbol{r}' < 0 \end{cases} \quad (6\text{-}40)$$

在计算得到开裂能密度之后，计算高分子材料的撕裂能 T（也称应变能释放率）。W_c 与撕裂能 T（Mars 等，2005）有以下关系：

$$T = 2\pi W_c a \quad (6\text{-}41)$$

式中，T 为撕裂能；a 为裂纹宽度。

裂纹扩展速率由每轮加载循环中的最大撕裂能决定，可以近似用立方率公式来表示（Mars，2002）：

$$\frac{\mathrm{d}a}{\mathrm{d}N} = f[T(a, W_{c, \max})] = BT_{\max}^F \quad (6\text{-}42)$$

式中，$W_{c, \max}$ 是每轮加载中的最大开裂能密度；B，F 为疲劳参数。

高分子材料的疲劳寿命认为是从初始裂纹扩展到最终裂纹的加载循环次数，所以橡胶的疲劳寿命 N_f 为

$$N_f = \int_0^{N_f} \mathrm{d}N = \int_{a_0}^{a_f} (BT_{\max}^F)^{-1} \mathrm{d}a = \int_{a_0}^{a_f} B^{-1} (2\pi W_{c, \max} a)^{-F} \mathrm{d}a$$

$$= B^{-1} (2\pi W_{c, \max})^{-F} \frac{1}{F-1} \left(\frac{1}{a_0^{F-1}} - \frac{1}{a_f^{F-1}} \right) \quad (6\text{-}43)$$

式中，a_f 为发生破坏时对应的裂纹长度；a_0 为初始裂纹长度。

由于 a_f（最终裂纹一般是 mm 量级）一般远大于 a_0（一般是 μm 量级），所以，N_f 可以近似用式(6-44)表示：

$$N_f = B^{-1}(2\pi W_{c,\ max})^{-F} \times \frac{1}{F-1} \times \frac{1}{a_0^{F-1}} \tag{6-44}$$

2. 温度对高分子材料疲劳寿命的影响

温度对高分子材料的疲劳寿命是有影响的。Cadwell 等(1940)根据试验结果绘制了温度对橡胶疲劳寿命的影响曲线，本章取的是 Cadwell 曲线的下限[图 6-64(a)]，即橡胶疲劳寿命下降最快的曲线，以此计算得到的疲劳寿命小于实际情况，计算结果偏保守。图 6-64(a)中，横轴是华氏温度，纵轴是指定温度下橡胶的疲劳寿命与 100 ℉时疲劳寿命的比值，该比值在 100 ℉时是 1。根据 Cadwell 等(1940)的试验曲线，拟合得到温度影响方程[式(6-45)]。

$$y = 8.11 \times 10^{-6} x^3 - 2.34 \times 10^{-3} x^2 + 1.83 \times 10^{-1} x - 1.92 \tag{6-45}$$

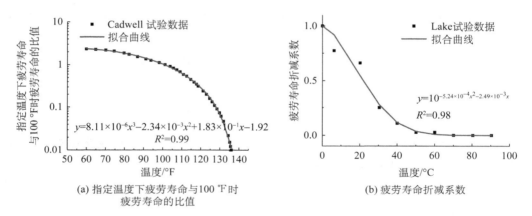

(a) 指定温度下疲劳寿命与100 ℉时　　　　(b) 疲劳寿命折减系数
疲劳寿命的比值

图 6-64　温度对橡胶疲劳寿命的影响

根据 Mars 和 Fatemi(2004)的综述，是否表现出应变结晶化(strain crystallization)是高分子材料疲劳行为最主要的影响因素。丁苯橡胶(SBR)、顺丁橡胶(BR)、丁基橡胶(IIR)、丁腈橡胶(NBR)、三元乙丙橡胶(EPDM)都没有表现出明显的应变结晶化，因此，这几种橡胶的疲劳行为是相似的。根据 Lake 和 Lindley(1964b)试验得到的不同温度下丁苯橡胶(SBR)的疲劳寿命变化规律，将其归一化处理后得到图 6-64(b)，并拟合得到温度影响下的橡胶疲劳寿命的折减系数方程[式(6-46)]。

$$y = 10^{-5.24 \times 10^{-4} x^2 - 2.49 \times 10^{-3} x} \tag{6-46}$$

3. 长期运营条件下高分子材料密封层的疲劳

首先，获取丁基橡胶的疲劳参数，即裂纹扩展立方率公式[式(6-42)]中的 B 和 F，Lake 和 Lindley(1964b)通过室内试验得到了丁基橡胶的裂纹扩展曲线（图 6-65），对式

(6-42)两边取对数得到式(6-47),由此拟合图6-65的数据得到丁基橡胶的疲劳参数 $B=1.599\,56\times10^{-15}$, $F=2.976\,4$。另外,常规的初始裂纹长度 a_0 在 $20\sim100\ \mu m$,取 $a_0=50\ \mu m$。

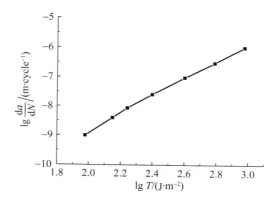

图6-65 丁基橡胶裂纹扩展特征

$$\lg\frac{\mathrm{d}a}{\mathrm{d}N}=\lg B+F\lg T \qquad (6\text{-}47)$$

其次,计算密封层的应力和应变,由于不计温度引起应力和应变,可以直接使用5.2节中无限长厚壁圆筒拉梅解来计算密封层的应力和应变。这样,初始运营周期内和长期运营条件下的应力和应变结果实际是相同的。计算工况同6.3节,最大洞室压力为 10 MPa。之后,将应力和应变代入式(6-40)、式(6-44)计算得到室温下(23 ℃)密封层的疲劳寿命,根据式(6-45)、式(6-46)计算得到长期运营条件下密封层平均温度35 ℃(根据计算结果外推得到)对应的折减系数,将折减系数与室温下的疲劳寿命相乘,最终得到长期运营条件下密封层的疲劳寿命。在利用式(6-45)进行计算时,根据公式计算出室温与 100 °F、密封层温度与 100 °F的疲劳寿命比,再换算得到从室温到密封层温度的疲劳寿命折减系数。利用式(6-46)计算时,可以直接根据密封层温度计算出折减系数。

由于采用的是圆形洞室的解来计算密封层的应力和应变,密封层任意位置的值都是相同的,这里取洞室拱顶部位的密封层内表面的点进行计算。另外,由于裂纹面的位置不能提前确定,所以需要对每个角度进行试算。图6-66所示为密封层开裂能密度随计算面法向向量与 x 轴夹角的变化情况。密封层开裂能密度在夹角为0°,90°,180°,270°,360°时为最小值 0 kPa,而在夹角为45°,135°,225°,315°时达到最大值58.70 kPa,因此,密封层主要是因为受剪发生疲劳破坏。根据最大开裂能密度进行计算,得到压气储能典型运营工况下不考虑温度影响时的密封层疲劳寿命为 $2.701\,2\times10^6$ 次。由于典型的压气储能运营是一天一次,因此,不考虑温度影响时密封层的疲劳寿命为 $2.701\,2\times10^6$ d。而根据 Lake 和 Lindley(1964b)、Cadwell 等(1940)的温度影响方程计算的密封层疲劳寿命分别是 5.05×10^5 d,1.62×10^6 d(表 6-13),用 Lake 和 Lindley 的方程计算的疲劳寿命要小一些,但大于压气储能运营 30 年的使用要求(10^4 d),因此,压气储能洞室在典型工况下运营 30 年后丁基橡胶密封层不会发生疲劳破坏。

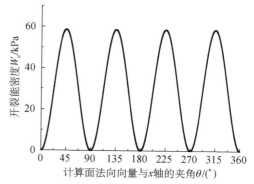

图6-66 橡胶密封层开裂能密度随计算面法向向量与 x 轴夹角的变化

表 6-13   **丁基橡胶密封层疲劳寿命计算结果**

序号	计算工况	最大开裂能密度/kPa	疲劳寿命/d
1	不考虑温度影响(室温)	58.70	2.70×10^6
2	考虑温度影响的 Lake 方程	58.70	5.05×10^5
3	考虑温度影响的 Cadwell 方程	58.70	1.62×10^6

6.4.5 丁基橡胶密封层的使用寿命

从前文的分析可以看出,高分子材料密封层的热老化寿命和疲劳寿命是受密封层温度和洞室压力控制的。本节将进一步计算不同洞室压力和密封层温度下密封层的热老化寿命和疲劳寿命的变化规律。热老化寿命是以密封层等效 Mises 应力和抗拉强度来确定的,而疲劳寿命计算中,由于 Cadwell 等的温度影响方程超出使用范围,所以用的是 Lake 和 Lindley 的温度方程。

图 6-67(a),(b),(c)所示分别为洞室最大压力为 10 MPa,20 MPa,30 MPa 时不同密封层平均温度下的丁基橡胶密封层的使用寿命。压力较小时(10 MPa),丁基橡胶密封层的热老化寿命要小于疲劳寿命,说明温度对密封层的老化效应要大于洞室压力的疲劳效应,密封层的使用寿命主要受热老化效应控制。随着压力增大,丁基橡胶密封层的疲劳

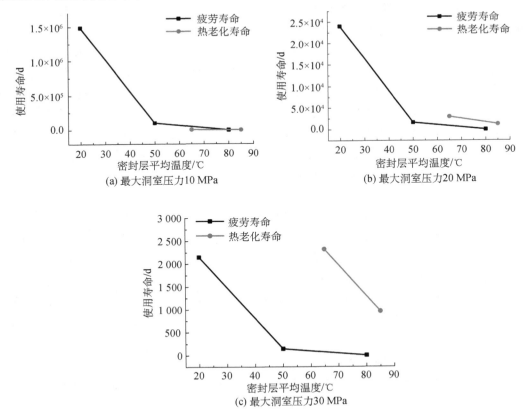

图 6-67   不同最大洞室压力下丁基橡胶密封层的疲劳寿命和热老化寿命与密封层平均温度的关系

寿命逐渐小于热老化寿命,密封层的使用寿命主要受疲劳效应控制。

此外,即使温度不变,随着洞室压力的增大,丁基橡胶密封层的热老化寿命也是略有减小的,10 MPa、65 ℃条件下密封层的使用寿命为 4 241 d,而 30 MPa、65 ℃条件下使用寿命减少到 2 315 d,这是因为密封层的等效 Mises 应力和最大拉应变会随洞室压力的增大而增大。从上述计算结果来看,在较高温度条件下,丁基橡胶密封层的使用寿命一般都小于压气储能洞室的要求(10^4 d),需要考虑密封层的二次修复问题。

6.5 钢衬密封层的密封性能

与高分子材料密封层不同,钢衬一般认为是不透气的材料,因此只需要考察钢衬的力学特性。首先,研究了典型运营工况下钢衬的力学性能;其次,对钢衬力学性能的影响因素进行了敏感性分析,分析了 8 个主要影响因素的影响规律;最后,研究了长期运营条件下钢衬的力学性能,并采用三种方法分析了钢衬的疲劳耐久性。

6.5.1 典型运营工况下钢衬密封层内衬洞室的力学响应

6.5.1.1 数值建模

典型运营工况下钢衬的数值计算模型、初始条件、边界条件、计算参数等与 6.3 节基本相同,但由于钢材是不透气材料,所以不用考虑钢衬的空气渗透过程,压气储能洞室的钢衬力学响应分析仅涉及热-力耦合计算。

根据工程经验,组成钢衬的材料必须是高质量等级的、高延性的镇静钢(完全脱氧的钢,即氧的质量分数不超过 0.01%),具有优良的冲击特性和焊接特性。内衬岩洞储气库(Lined Rock Cavern,LRC)技术中(Johansson,2003)钢衬一般由 12~15 mm 厚的低合金钢板(型号 S355J2G3)组成,这种低合金钢板的最小屈服强度为 355 MPa,屈服应变为 0.17%,在 -40 ℃时最小冲击吸收能量为 30 J,钢板之间通过双面坡口全熔透焊缝进行焊接,在一面焊接结束后需进行清根后再焊接另一面。计算时钢衬厚度取为 10 mm,钢衬的物理力学参数参照《钢结构设计标准》(GB 50017—2017)和 Zhou 等(2014)的研究进行选取,弹性模量取 200 GPa,泊松比取 0.3,热膨胀系数取 1.7×10^{-5},钢衬与空气的对流换热系数取 50 W/(m² · K)。

6.5.1.2 计算结果分析

1. 洞室温度与压力

图 6-68(a)所示为典型运营工况下洞室温度和钢衬温度随时间的变化,其变化趋势与高分子材料密封层的情况相同,都呈现出"上升—缓降—骤降—回升"的变化趋势,但温度变化的程度更小:充气阶段,洞室和钢衬的最高温度分别为 35 ℃和 30 ℃,较采用高分子材料密封层时的洞室和密封层最高温度分别低了 10 ℃和 3 ℃;抽气阶段,洞室进入负温,最低温度 -5 ℃,钢衬保持正温,最低温度 4 ℃,较采用高分子材料密封层时的洞室和密封层最低温度分别高了 11 ℃和 3 ℃。造成该现象的原因是,钢衬的导热性能很强,洞室通过钢衬与围岩的热交换量比较大,平滑了洞室和钢衬的温度波动。

图 6-68(b)所示为典型运营工况下洞室压力随时间的变化,其变化规律同洞室温

度,洞室最大压力为 9.7 MPa,略低于高分子材料密封层洞室的最大压力 10 MPa。

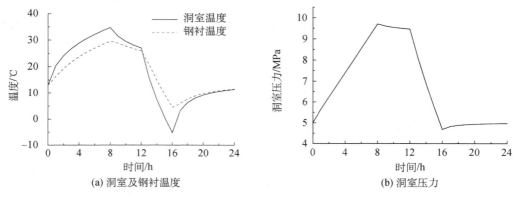

(a) 洞室及钢衬温度

(b) 洞室压力

图 6-68 洞室及钢衬温度和洞室压力随时间的变化

2. 钢衬应力

图 6-69(a)所示为典型运营工况下钢衬的径向、环向和纵向应力随时间的变化。径向应力与洞室压力相平衡,数值上等于洞室压力的负值。值得注意的是,环向应力在充气阶段是减小的,而在抽气阶段是增大的,这与洞室压力的变化规律相反,造成该现象的原因在于钢衬所受的温度应力:充气阶段温度升高,钢衬环向和纵向膨胀受到约束,产生温度压应力,使得钢衬环向、纵向应力减小;抽气阶段温度下降,钢衬环向和纵向收缩受到约束,产生温度拉应力,使得钢衬环向、纵向应力增大。钢衬在径向可以自由变形,不产生温度应力。

由于温度应力的作用,在充气阶段,钢衬纵向应力曲线下降到径向应力下方,主应力顺序发生了变化,纵向应力从第二主应力变为第三主应力,径向应力从第三主应力变为第二主应力;在抽气阶段,纵向应力曲线上升回到径向应力的上方,主应力顺序再次发生了变化,纵向应力恢复到第二主应力,径向应力恢复到第三主应力。

在这种比较复杂的应力变化过程中,钢衬的 Mises 应力变化如图 6-69(b)所示,可以看到,不同于高分子材料密封层,钢衬 Mises 应力在抽气阶段结束时取得最大值 74 MPa。这里钢衬使用 LRC 中的钢材,其强度设计值为 355 MPa(Damjanac 等,2002),钢衬的

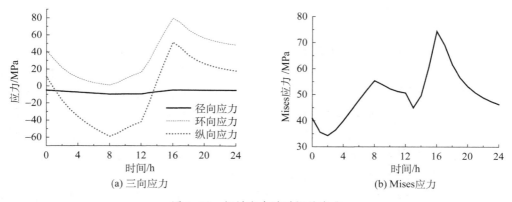

(a) 三向应力

(b) Mises应力

图 6-69 钢衬应力随时间的变化

Mises 应力小于其强度,钢衬不会发生破坏。

3. 钢衬应变及洞壁位移

图 6-70 所示为典型运营工况下钢衬的径向应变和环向应变随时间的变化。钢衬的径向应变和环向应变的变化趋势都是"上升—缓降—骤降—回升",由于径向方向可以自由变形,钢衬径向应变的变化值大于环向应变。在充气阶段,钢衬径向应变由压应变变为拉应变,而在抽气阶段,径向应变从拉应变变为压应变。环向应变的最大值 3.9×10^{-4} 小于钢衬的屈服应变 0.17%(Damjanac 等,2002),所以,从应变角度来说,钢衬也是不会破坏的。

图 6-71 所示为典型运营工况下洞壁的径向位移,其变化趋势与钢衬应变是类似的,最大洞壁位移为 1.95 mm,略小于高分子材料密封层时的 2.7 mm。

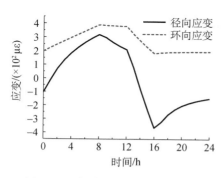

图 6-70 钢衬应变随时间的变化

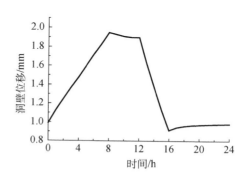

图 6-71 洞壁位移随时间的变化

6.5.2 钢衬密封层的影响因素及影响规律

6.5.2.1 注入空气温度的影响

图 6-72(a),(b),(c)所示分别为不同注入空气温度条件下的洞室温度、钢衬温度以及洞室压力随时间的变化。可以看到,注入空气温度的升高使得整个周期内的洞室温度和钢衬温度都发生了明显的升高,最高温度分别从 34.7 ℃ 和 29.6 ℃ 上升到了 43.9 ℃ 和 36.6 ℃。但这种升温幅度远小于采用高分子材料密封层时洞室温度 59 ℃ 和密封层温度 41.7 ℃,说明钢衬的传热性能远强于高分子材料密封层。另外,洞室压力也随注入空气温度的升高而增大,最高压力从 9.7 MPa 增大为 10 MPa。

图 6-73 所示为不同注入空气温度条件下钢衬的应力随时间的变化。随着注入空气温度的升高,在充气阶段,钢衬温度压应力增大,径向、环向和纵向的最大压应力值分别增大了 0.3 MPa,31.4 MPa,33.5 MPa,而在抽气阶段,温度拉应力减小导致钢衬环向、纵向的最大拉应力分别减小了 19.3 MPa,20 MPa,钢衬的径向、环向和纵向应力曲线整体呈下移的趋势。注入空气温度高于 40 ℃ 以后,钢衬三个方向的应力差在充气阶段增大,而在抽气阶段减小,使得 Mises 应力的最大值从抽气阶段的 74.4 MPa 变为充气阶段的 74 MPa。

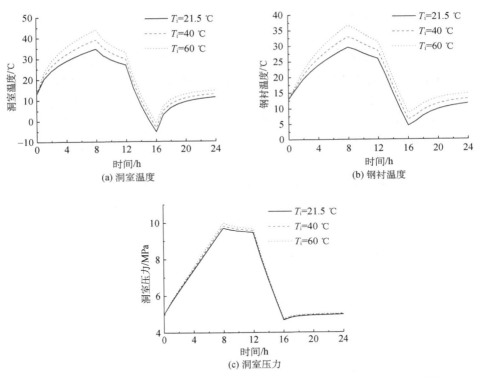

图 6-72　不同注入空气温度条件下洞室和钢衬温度及洞室压力随时间的变化

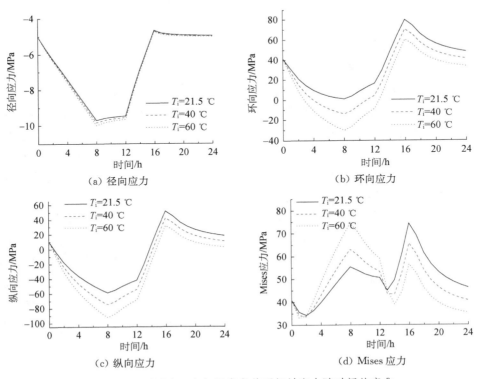

图 6-73　不同注入空气温度条件下钢衬应力随时间的变化

图 6-74(a),(b),(c)所示分别为不同注入空气温度条件下钢衬径向应变、环向应变以及洞壁位移随时间的变化。从图中可以看出,钢衬的径向应变、环向应变以及洞壁位移的变化规律都是相同的,都随着注入空气温度的升高而增大。径向应变增大的值比较大,最大应变从 $3.19 \times 10^2 \ \mu\varepsilon$ 增大到 $5.36 \times 10^2 \ \mu\varepsilon$,而环向应变及洞壁位移增大的值比较小,最大值分别从 $3.9 \times 10^2 \ \mu\varepsilon$ 和 1.95 mm 增大到 $4.04 \times 10^2 \ \mu\varepsilon$ 和 2.02 mm。

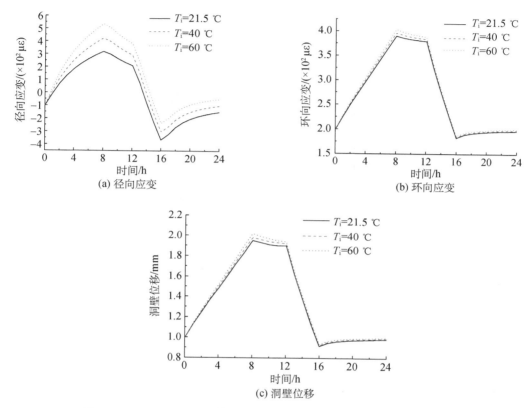

图 6-74　不同注入空气温度条件下钢衬应变和洞壁位移随时间的变化

6.5.2.2　注入空气速率的影响

图 6-75(a),(b),(c)所示分别为不同注入空气速率条件下洞室温度、钢衬温度以及洞室压力随时间的变化。可以看到,注入空气速率对洞室温度、压力和钢衬温度的影响非常大:注入空气速率增大会极大地增加洞室、钢衬温度的变化幅度,最高温度分别从 34.7 ℃ 和 29.6 ℃ 升高到 76.7 ℃ 和 62.7 ℃,最低温度分别从 −5.2 ℃ 和 4.5 ℃ 降低到 −47.6 ℃ 和 −11 ℃,变化幅度分别为 84.4 ℃ 和 47.8 ℃。另外,注入空气速率的增大也使得洞室压力急剧增大,最大洞室压力从 9.7 MPa 增大到 31 MPa。因此,注入空气速率越大,洞室储存的空气质量越多,洞室温度变化越大,洞室压力就越大。

图 6-76 所示为不同注入空气速率条件下钢衬的应力随时间的变化。钢衬的径向应力、纵向应力的变化幅度都随注入空气速率的增大而增大。然而,钢衬环向应力的变化趋势比较复杂:在充气阶段,一方面,洞室压力增大会使钢衬环向拉应力增大,另一方面,钢

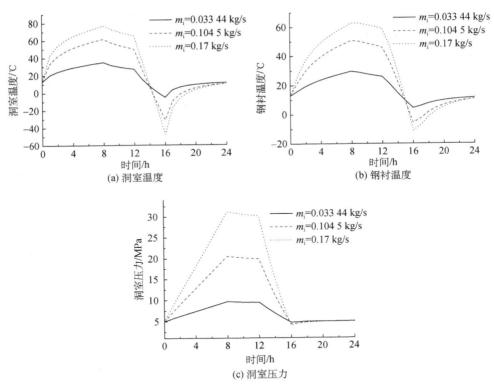

(a) 洞室温度

(b) 钢衬温度

(c) 洞室压力

图 6-75　不同注入空气速率条件下洞室及钢衬温度和洞室压力随时间的变化

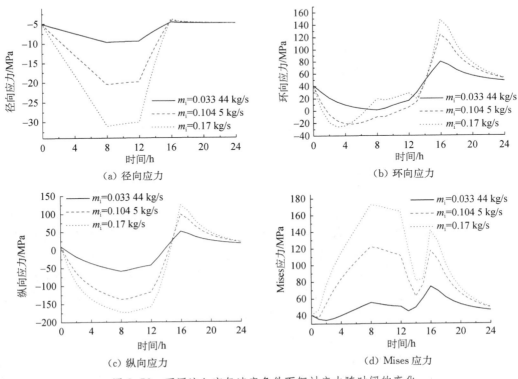

（a）径向应力

（b）环向应力

（c）纵向应力

（d）Mises 应力

图 6-76　不同注入空气速率条件下钢衬应力随时间的变化

衬温度升高会使钢衬环向温度压应力增大,两相作用的结果是该阶段环向应力的变化曲线不规则,最小值由 1.2 MPa 减小到 -25.8 MPa;在抽气阶段,钢衬环向拉应力随着注入空气速率的增大而增大,从 79.6 MPa 增大到 147.7 MPa。当注入空气速率增大到 0.104 5 kg/s 后,充气阶段的钢衬 Mises 应力 122.2 MPa 开始超过抽气阶段的 Mises 应力 117.7 MPa。当注入空气速率达到 0.17 kg/s 时,最大 Mises 应力 172.5 MPa 出现在充气阶段。因此,注入空气速率增大不利于钢衬受力。

图 6-77(a),(b),(c)所示分别为不同注入空气速率条件下钢衬的径向应变、环向应变以及洞壁位移随时间的变化。可以看到,由于钢衬温度变化幅度增大,在温度应变的影响下,钢衬径向应变的变化幅度也在增大。值得注意的是,当注入空气速率增大到 0.17 kg/s,洞室压力达到 31 MPa 时,钢衬的环向应变增大到 0.13%,已经接近钢衬的屈服应变,可以推测,当注入空气速率再增大,钢衬将进入屈服状态,钢衬便不再适用。随着注入空气速率的增大,充气阶段的洞壁位移也开始增大,最大位移从 1.95 mm 增大到 6.25 mm。由于围岩的质量比较好,洞壁位移的值比较小。

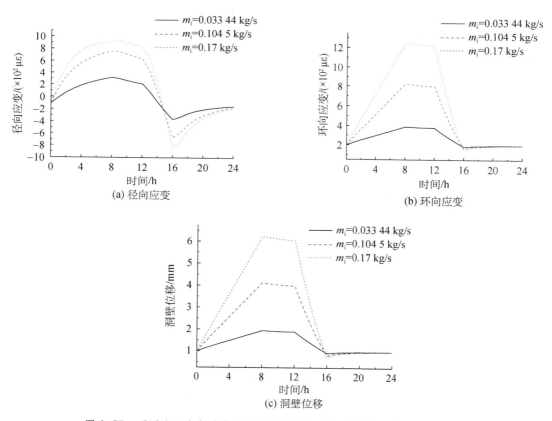

图 6-77 不同注入空气速率条件下钢衬的应变和洞壁位移随时间的变化

6.5.2.3 温度应力应变的影响

本节将分析温度应力(应变)对钢衬密封层的影响。由于只是考察温度对应力、应变的影响,温度场的计算没有变化,因此,计算的洞室温度、钢衬温度以及洞室压力与典型工况下的结果相同，这里不再列出。后续小节中围岩、衬砌、钢衬弹性模量计算中的洞室温度、钢衬温度以及洞室压力也不再列出。

图 6-78(a),(b),(c)所示分别为温度应力对钢衬三个方向应力的影响，由于钢衬在径向可以自由变形，考虑和不考虑温度应力的钢衬径向应力是基本相同的。但是，考虑和不考虑温度应力的钢衬环向、纵向应力的变化趋势正好相反：不考虑温度应力时，钢衬的环向、纵向应力的变化趋势和洞室压力基本上一致，分别在充气阶段取得最大拉应力 80.5 MPa 和 21.2 MPa；而考虑温度应力后，在充气阶段的环向应力取得最小拉应力 1.2 MPa，而纵向应力在抽气阶段取得最大压应力 -58.8 MPa，最大拉应力 51.5 MPa。

图 6-78(d)所示为温度应力对钢衬 Mises 应力的影响，从图中可以看出，不考虑温度应力时的钢衬 Mises 应力与洞室压力的变化趋势相同，在充气阶段达到最大值 79.4 MPa；而考虑温度应力后，Mises 应力在抽气阶段取得最大值 74.4 MPa。此时，温度应力对充气阶段的钢衬受力是有利的，但是对抽气阶段的受力是不利的。然而，当钢衬升温的最大幅度超过 20 ℃［对应注入空气温度高于 40 ℃，图 6-78(d)］时，在充气阶段，钢衬的环向、纵向温度压应力增大，Mises 应力增大，受力变得不利；而在抽气阶段，钢衬的纵向温度拉应力减小，Mises 应力减小，受力变得有利。因此，温度应力的影响取决于钢衬升温的幅度。

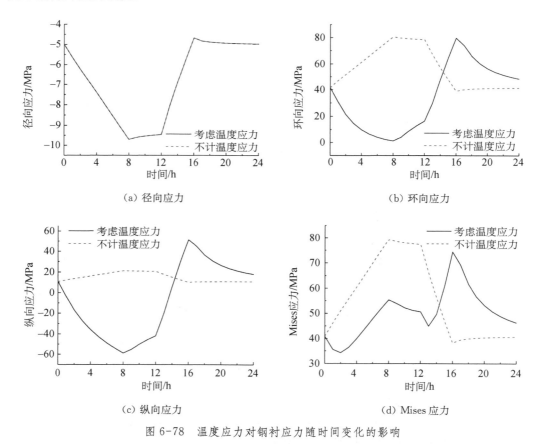

图 6-78　温度应力对钢衬应力随时间变化的影响

图 6-79(a),(b),(c)所示分别为温度应变对钢衬径向应变、环向应变以及洞壁位移的影响。考虑温度影响后,钢衬在径向自由变形,钢衬的径向应变在充气阶段由压应变转变为拉应变。钢衬的环向应变和洞壁位移略微增大,这与高分子材料密封层的变化趋势正好相反。根据圆形洞室的热弹性力学解,温度升高,密封层膨胀并向外扩张,密封层内表面(洞壁)位移应该增大,但由于高分子材料密封层的弹性模量远小于围岩的弹性模量,密封层往围岩方向的膨胀受到约束,转向洞室内部膨胀,洞壁位移减小;而对于钢衬密封层,其弹性模量远大于围岩的弹性模量,围岩的约束较弱,钢衬密封层向洞室外侧变形,洞壁位移增大。

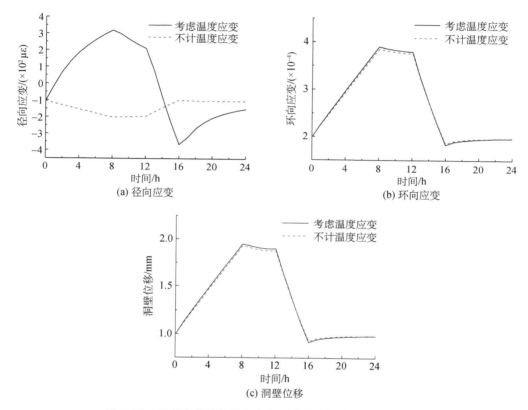

图 6-79 温度应变对钢衬应变和洞壁位移随时间变化的影响

6.5.2.4 围岩弹性模量的影响

图 6-80(a),(b),(c)所示分别为不同围岩弹性模量条件下钢衬应力随时间的变化。围岩弹性模量的变化对钢衬的径向应力基本没有影响,钢衬的环向应力则随着围岩弹性模量的减小而持续增大,最大值从 79.6 MPa 增大到 263.5 MPa,并且变化的规律逐渐趋近于洞室压力的变化规律。随着围岩弹性模量的减小,钢衬纵向应力从充气阶段受压变为整个运营周期受拉。

图 6-80(d)所示为不同围岩弹性模量条件下钢衬 Mises 应力随时间的变化。可以看到,钢衬的 Mises 应力也是随围岩弹性模量的减小而呈增大的趋势,当围岩弹性模

量减小到 5 GPa 时,钢衬的最大 Mises 应力增大到 254.7 MPa,已经比较接近钢衬的屈服应力。围岩弹性模量的减小会增大钢衬的受力,因此选择质量较好的围岩非常重要。

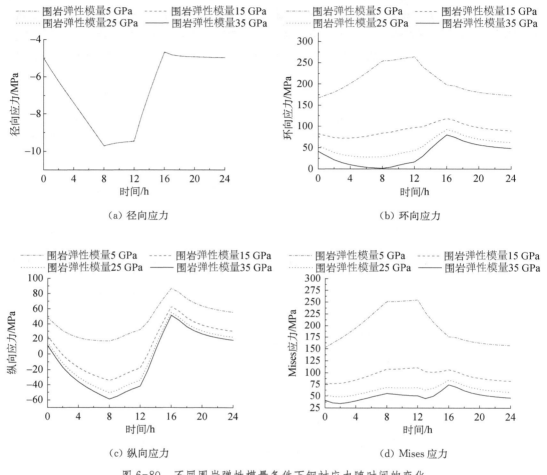

图 6-80　不同围岩弹性模量条件下钢衬应力随时间的变化

图 6-81(a),(b),(c)所示分别为不同围岩弹性模量条件下钢衬径向应变、环向应变以及洞壁位移随时间的变化。随着围岩弹性模量的减小,钢衬的径向拉应变减小,径向压应变增大,曲线整体向下移,而环向应变和洞壁位移都是呈增大的趋势,分别从 3.9×10^{2} $\mu\varepsilon$ 和 1.95 mm 增大到 1.54×10^{3} $\mu\varepsilon$ 和 7.71 mm。值得注意的是,钢衬的环向拉应变 1.54×10^{3} $\mu\varepsilon$ 已经非常接近钢衬的屈服应变,钢衬已经接近屈服,此时钢衬可能发生破坏。

此外,经计算分析,钢衬厚度、对流换热系数、钢衬和衬砌弹性模量对钢衬密封层密封性能的影响较小。

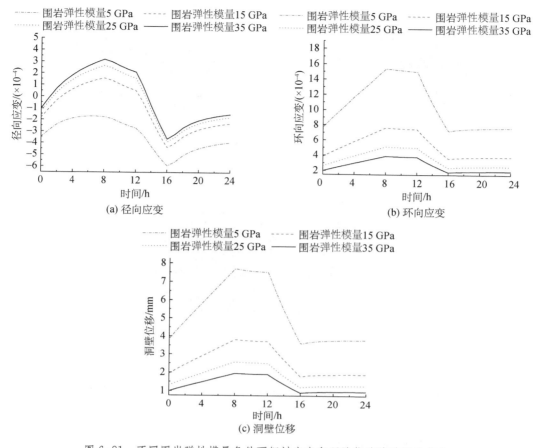

图 6-81 不同围岩弹性模量条件下钢衬应变和洞壁位移随时间的变化

6.6 钢衬密封层的耐久性

6.6.1 长期运营条件下钢衬密封层内衬洞室的力学响应

图 6-82(a),(b)所示分别为 100 个运营周期内的洞室温度和钢衬温度随时间的变化。与高分子材料密封层一样,由于围岩吸热,前 2 个周期的洞室温度、钢衬温度略有下降,2 个周期之后由于围岩吸热量减小且注入空气温度高于洞室初始温度,所以洞室温度、钢衬温度逐渐升高,运营 100 个周期后,洞室温度、钢衬温度升高约 6 ℃,但增幅逐渐减小。

图 6-82(c)所示为 100 个运营周期内的洞室压力随时间的变化,由于钢衬密封层不透气,洞室压力只会因为洞室温度的改变而改变,所以洞室压力也在前 2 个周期减小而后逐渐增大。因为洞室压力是用绝对温度进行计算的,所以其增幅非常有限,仅为 0.2 MPa。

图 6-83(a),(b),(c)所示分别为 100 个运营周期内的钢衬径向应力、环向应力以及纵向应力随时间的变化。钢衬径向应力与洞室压力相平衡,其变化规律正好与洞室压力变化规律相反。由于温度应力的作用,钢衬的环向应力逐渐减小,而纵向压应力逐渐增大,纵向拉应力逐渐减小。

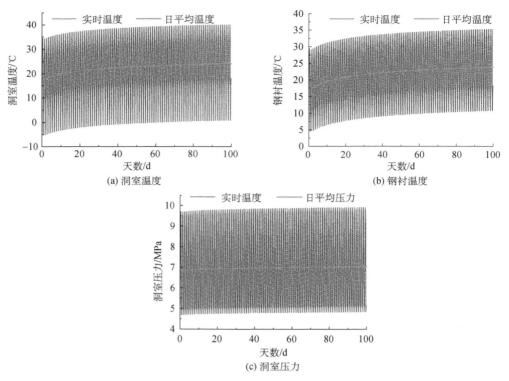

(a) 洞室温度　　　　　　　　　　(b) 钢衬温度

(c) 洞室压力

图 6-82　100 个运营周期内洞室和钢衬温度及洞室压力随时间的变化

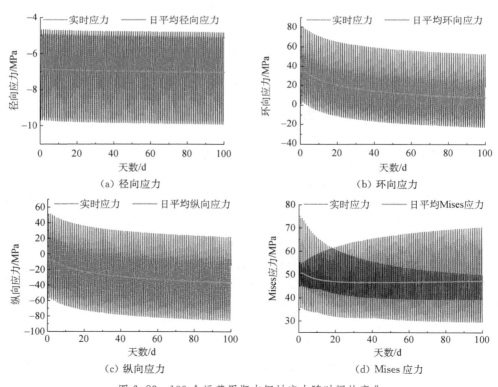

(a) 径向应力　　　　　　　　　　(b) 环向应力

(c) 纵向应力　　　　　　　　　　(d) Mises 应力

图 6-83　100 个运营周期内钢衬应力随时间的变化

图 6-83(d)所示为 100 个运营周期内钢衬 Mises 应力随时间的变化。钢衬 Mises 应力随运营周期增加的变化趋势与注入空气温度增加时的情况类似:随着运营周期的增加,充气阶段的 Mises 应力逐渐增大,而抽气阶段的 Mises 应力逐渐减小,其原因主要是钢衬的径向应力几乎不变,而环向、纵向的温度压应力急剧增大(曲线向负向移动),使得充气阶段三个方向的应力差增大,抽气阶段的应力差减小。最大 Mises 应力总体上呈先减小后逐渐增大的趋势,100 个周期后从 74.4 MPa 先减小到 61.43 MPa,再增大到 70.35 MPa。最大 Mises 应力后期增大的趋势符合对数形式,拟合后得到方程 $y = 5.451\ 6 \times \ln t + 45.273$,外推 10^4 个周期后,最大 Mises 应力将增大到 95.48 MPa,仍小于钢衬的屈服强度 355 MPa。

图 6-84(a),(b),(c)所示分别为 100 个运营周期内钢衬的径向应变、环向应变以及洞壁位移。可以看到,钢衬的径向应变、环向应变以及洞壁位移都随着运营周期的增加而增大,这主要是钢衬温度升高造成的。与径向应变相比,钢衬环向应变以及洞壁位移的增幅有限,钢衬的最大环向应变基本维持在 $3.9 \times 10^2\ \mu\varepsilon$,依然小于其屈服应变 0.17%。

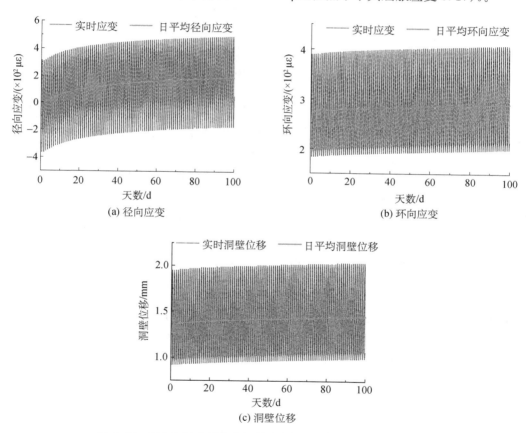

图 6-84 100 个运营周期内钢衬应变和洞壁位移随时间的变化

6.6.2 钢衬密封层的裂纹扩展疲劳耐久性

除了上述两种疲劳分析方法外,断裂力学的方法也经常被用来评估金属材料的疲劳寿命。按照断裂力学的观点,任何金属材料自身都存在初始裂纹缺陷,初始裂纹尺寸为

a_i，在交变应力作用下，裂纹会逐渐扩展，当达到临界裂纹尺寸 a_f 时，就会发生失稳扩展而断裂。裂纹在交变应力作用下由 a_i 到 a_f 这一扩展过程被称为疲劳裂纹的亚临界扩展，而这一扩展过程所需要的循环周期就是金属的疲劳寿命。

Paris 公式（Paris 和 Erdogan，1963）是描述金属裂纹扩展速率的经典公式［式(6-48)］，对式(6-48)进行积分得到计算金属疲劳寿命的一般形式［式(6-49)］。该式表明，裂纹扩展速率与应力强度因子(stress intensity factor)的变化幅值成正比，即应力强度因子变化幅值越大，裂纹扩展速率越大，金属的疲劳寿命越小。

$$\frac{\mathrm{d}a}{\mathrm{d}N} = C \times \Delta K^n \tag{6-48}$$

$$N = \int_{a_i}^{a_f} \frac{\mathrm{d}a}{C \times \Delta K^n} \tag{6-49}$$

式中，a 为裂纹尺寸，mm；N 为疲劳寿命；C 为试验测定系数；ΔK 为应力强度因子变化幅值，MPa；n 为材料参数。

根据英国《金属结构裂纹验收评定方法指南》(*Guide to methods for assessing the acceptability of flaws in metallic structures*)(BS 7910:2013＋A1:2015)的推荐，钢在空气中的疲劳裂纹扩展系数为 $C = 6.77 \times 10^{-13}$，$n = 2.88$。这两个参数对应的 $\frac{\mathrm{d}a}{\mathrm{d}N}$ 的单位是 mm/cycle，ΔK 的单位是 $\mathrm{N/mm^{3/2}}$，因此使用时需要进行单位换算。

式(6-48)中的应力强度因子变化幅值，一般只考虑循环荷载中的拉应力部分，即认为压应力在裂纹扩展中不起作用，这是因为在压缩荷载下裂纹一般是闭合的，所以压缩荷载对恒幅应力下的裂纹扩展影响很小。《金属材料　疲劳试验　疲劳裂纹扩展方法》(GB/T 6398—2017)在计算应力强度因子变化幅值 ΔK 时也只考虑疲劳循环荷载的拉荷载部分。因此，在计算中也只计入拉应力部分。

一般情况下，把应力强度因子变化幅值表示为

$$\Delta K = Y \Delta \sigma \sqrt{a} \tag{6-50}$$

式中，a 为裂纹尺寸，mm；ΔK 为应力强度因子变化幅值，MPa；Y 为形状系数，与裂纹类型有关。

将式(6-50)代入式(6-48)有：

$$\frac{\mathrm{d}a}{\mathrm{d}N} = C (Y \Delta \sigma)^n a^{\frac{n}{2}} \tag{6-51}$$

假定裂纹扩展过程中，Y 不变，则对式(6-51)积分后就可以获得裂纹从初始尺寸 a_i 扩展到临界尺寸 a_f 所需要的疲劳寿命 N。将式(6-51)移项，得到：

$$\frac{\mathrm{d}a}{a^{\frac{n}{2}}} = C (Y \Delta \sigma)^n \mathrm{d}N \tag{6-52}$$

两边积分得到：

$$\int_{a_i}^{a_f} a^{-\frac{n}{2}} \, da = \int_0^N C \, (Y \Delta \sigma)^n \, dN \tag{6-53}$$

最终,得到金属的疲劳寿命计算公式:

$$N = \frac{2}{C \, (Y \Delta \sigma)^n (n-2)} \left(\frac{1}{a_i^{\frac{n-2}{2}}} - \frac{1}{a_f^{\frac{n-2}{2}}} \right) \tag{6-54}$$

上述推导主要是考虑了应力、应变循环对金属疲劳寿命的影响。除此之外,疲劳试验表明,疲劳裂纹扩展速率一般随着温度的升高而增大。但是温度变化对疲劳裂纹扩展速率的影响机理十分复杂,目前还没有得到准确的描述温度影响的疲劳裂纹扩展速率公式。英国《金属结构裂纹验收评定方法指南》推荐的裂纹扩展速率参数适用于空气或非侵蚀性环境下温度不超过 100 ℃的情况,因此,根据该参数计算疲劳寿命时不再考虑温度的影响。另外,加载频率对疲劳裂纹扩展速率的影响不是很明显,在无腐蚀环境中,加载频率在 0.1~100 Hz 范围变化时,它对 $\dfrac{dа}{dN}$ 的影响几乎可以不考虑,因此,也不考虑加载频率对疲劳寿命的影响。

由于张开型裂纹(Ⅰ型)容易引起突然断裂,所以,Ⅰ型裂纹一般是最危险的。即使实际裂纹是复合型的,也往往把它当作张开型来处理,这样既简单又安全。因此,主要对钢衬的Ⅰ型裂纹进行分析。由于存在埋藏裂纹和表面裂纹两种类型,并且这两者的应力强度因子计算公式不同,因此,下面分别对这两种类型的裂纹进行计算。

1. 考虑埋藏裂纹影响的压气储能洞室钢衬疲劳寿命计算

式(6-55)是计算埋藏椭圆裂纹周界各点的应力强度因子 K 的 Irwin 公式,可以看到该值与 φ 有关,椭圆裂纹上各点的应力并不一致。

$$K_I = \frac{\sigma \sqrt{\pi a}}{\Phi} \left(\sin^2 \varphi + \frac{a^2}{c^2} \cos^2 \varphi \right)^{\frac{1}{4}} \tag{6-55}$$

式中,σ 为拉应力,MPa;a 为椭圆短轴,mm;c 为椭圆长轴,mm;φ 为椭圆周界点-圆心连接线与椭圆长轴的夹角,(°)。Φ 为第二类椭圆积分,其数值与椭圆轴比 a/c 有关,当 a/c 一定时,Φ 为常数,计算公式见式(6-56)。

$$\Phi = \int_0^{\frac{\pi}{2}} \left(\sin^2 \varphi + \frac{a^2}{c^2} \cos^2 \varphi \right)^{\frac{1}{2}} d\varphi \tag{6-56}$$

由式(6-57)可以得到,在椭圆裂纹短轴段,K 有最大值:

$$K_{I\max} = \frac{\sigma \sqrt{\pi a}}{\Phi} \tag{6-57}$$

在椭圆裂纹长轴段,K 有最小值:

$$K_{I\min} = \frac{\sigma \sqrt{\pi a}}{\Phi} \sqrt{\frac{a}{c}} \tag{6-58}$$

2. 考虑表面裂纹影响的压气储能洞室钢衬疲劳寿命计算

除了埋藏裂纹之外,压气储能洞室的钢衬还必须考虑内表面裂纹引起的疲劳问题。当洞室内压 p 较高时,内压 p 作用于内表面裂纹时会增大 K_I 值。实际情况中,表面裂纹很少是直线形的,一般可视作半椭圆表面裂纹(图 6-85)。考虑形状因子、自然边界和塑性区的影响,内表面半椭圆裂纹的应力强度因子可由式(6-59)计算得到,但该式中应力的表达式是用厚壁圆筒的拉梅解推导的,与钢衬的受力状态不同,所以需要转换到内表面半椭圆裂纹的应力强度因子最初的表现形式[式(6-63)]再进行计算。

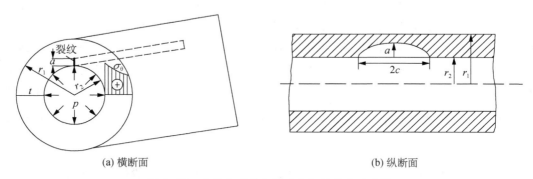

(a) 横断面   (b) 纵断面

图 6-85　考虑表面裂纹影响的钢衬受力示意图

$$K_I = M_e \left\{ \frac{1 + \left[\dfrac{R}{1 + \dfrac{a}{t}(R-1)} \right]^2}{R^2 - 1} + 1 \right\} \frac{p\sqrt{\pi a}}{\sqrt{Q}} \tag{6-59}$$

$$M_e = \left[1 + 0.12 \left(1 - \frac{a}{2c} \right)^2 \right] \times \left(\frac{2t}{\pi a} \tan \frac{\pi a}{2t} \right)^{\frac{1}{2}} \tag{6-60}$$

$$Q = \Phi^2 - 0.212 \left(\frac{\sigma}{\sigma_s} \right)^2 \tag{6-61}$$

$$\sigma = \sigma_\theta + p \tag{6-62}$$

$$K_I = M_e (\sigma_\theta + p) \frac{\sqrt{\pi a}}{\sqrt{Q}} \tag{6-63}$$

式中,σ_θ 为无裂纹时内表面处的环向应力,MPa;σ_s 为钢衬屈服应力,MPa;p 为洞室压力,MPa;t 为钢衬厚度,mm;R 为钢衬外径与内径之比。

3. 压气储能洞室钢衬的裂纹扩展疲劳分析

对于埋藏裂纹,对比式(6-57)和式(6-50)得到式(6-54)中的 $Y = \pi^{1/2}/\Phi$,代入长期运营条件下钢衬的环向应力(不计压应力时应力变幅最大)计算得到钢衬的疲劳寿命。而对于表面裂纹,式(6-63)无法直接代入式(6-54),需要将式(6-63)代入式(6-49)进行数值积分才能得到钢衬的疲劳寿命。

参照 LRC 钢衬(Damjanac 等,2002)的疲劳分析,钢衬埋藏裂纹和表面裂纹的初始尺寸都取为半径 3 mm 的圆形裂纹。而临界裂纹尺寸采用两种方法确定:一种是参照 LRC 钢衬直接选取允许裂纹深度 4.6 mm 为临界尺寸 a_f;另一种是根据钢衬的断裂韧度 (K_{Ic}=93 MPa·m$^{1/2}$)反算得到,裂纹的应力强度因子随裂纹扩展而增大,当应力强度因子增大到断裂韧度时的裂纹尺寸就是临界裂纹尺寸。另外,裂纹的临界尺寸不能大于钢衬的厚度。

对于长期运营条件下 10 mm 厚的钢衬,埋藏裂纹、表面裂纹影响下的钢衬疲劳寿命见表 6-14。按照断裂韧度计算埋藏裂纹扩展的疲劳寿命时,埋藏裂纹需要扩展到 2 450 mm 才能达到断裂韧度,这远大于钢衬的厚度,因此不可能在实际情况中发生。真实的情况是当埋藏裂纹短轴 a 扩展到钢衬厚度的一半(5 mm)时,钢衬就会被裂纹贯穿而发生破坏,此时钢衬的真实疲劳寿命为 $3.24×10^6$ 次。

从表 6-14 中可以看到,表面裂纹的应力强度因子大于埋藏裂纹,这与断裂力学理论中表面裂纹较埋藏裂纹的弹性约束减少、应力强度因子增大的结论是相符的(黄志标,1988)。因此,理论上表面裂纹影响下的钢衬疲劳寿命应小于埋藏裂纹,但是,埋藏裂纹扩展受到钢衬厚度的限制,导致按照断裂韧度计算的埋藏裂纹的疲劳寿命反而小于表面裂纹的计算结果。考虑到按照允许裂纹尺寸计算的疲劳寿命总体上是偏安全的,因此,钢衬的疲劳寿命可以用允许裂纹尺寸计算的表面裂纹寿命来表示。这里,钢衬的疲劳寿命 $2.30×10^6$ 次大于压气储能洞室要求的 $1×10^4$ 次,说明长期运营条件下考虑表面裂纹扩展时的钢衬是满足疲劳要求的。

表 6-14   长期运营条件下压气储能洞室钢衬的疲劳寿命

裂纹类型	初始应力强度因子/(MPa·m$^{1/2}$)	按照允许裂纹尺寸计算		按照断裂韧度计算	
		疲劳寿命/次	达到允许裂纹尺寸时的应力强度因子/(MPa·m$^{1/2}$)	疲劳寿命/次	达到断裂韧度时的临界裂纹尺寸/mm
埋藏裂纹	3.25	$2.76×10^6$	4.03	$15.3×10^6$	2 450(超过钢衬厚度)
				$3.24×10^6$	5(1/2 钢衬厚度)
表面裂纹	3.81	$2.30×10^6$	5.02	$4.03×10^6$	9.98

钢衬的疲劳寿命取为按允许裂纹计算的疲劳寿命,图 6-86(a)所示为初始裂纹尺寸 a_i 对钢衬疲劳寿命的影响,在其他参数不变的情况下,随着初始裂纹尺寸 a_i 的增大,钢衬的疲劳寿命迅速减小。a_i 从 1 mm 增大到 4 mm,钢衬疲劳寿命的数量级从 10^7 减小到 10^5,减小了 2 个数量级。因此,钢衬施工时需要严控钢材自身及其焊接的质量,尽量减小钢衬的初始裂纹尺寸。

图 6-86(b)所示为允许裂纹尺寸对钢衬疲劳寿命的影响,由于钢衬厚度的限制,埋藏裂纹的最大允许裂纹尺寸为 5 mm,而表面裂纹的最大允许裂纹尺寸可以达到 10 mm。从图中可以看出,钢衬的疲劳寿命与允许裂纹尺寸成正比,允许裂纹尺寸从 4.6 mm 增大到 10 mm 时,钢衬的疲劳寿命从 $2.29×10^6$ 次增加到 $4.03×10^6$ 次,变化程度要小于初始

裂纹尺寸影响下的钢衬疲劳寿命变化程度。允许裂纹尺寸一般是根据断裂韧度反算得到的,但也有根据其他技术要求再考虑安全余量后提出,如 LRC 技术中的允许裂纹尺寸为 4.6 mm。虽然钢衬的疲劳寿命与允许裂纹尺寸成正比,但人为地增加允许裂纹尺寸来延长钢衬的疲劳寿命不是可行的方法。

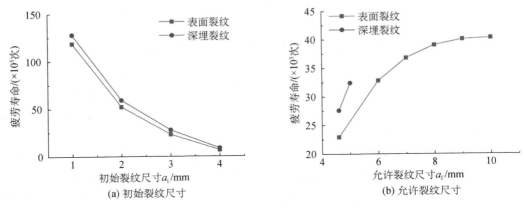

图 6-86　裂纹尺寸对钢衬疲劳寿命的影响

图 6-87 所示为应力变化幅值对钢衬疲劳寿命的影响。随着应力变化幅值的增大,钢衬的疲劳寿命呈减小的趋势。应力变化幅值小于 100 MPa 时,钢衬疲劳寿命的减幅比较明显,当应力变化幅值大于 100 MPa 后,钢衬疲劳寿命的减幅逐渐减小。应力变化幅值为 148 MPa(对应洞室压力变幅为 5~31 MPa,不计入压应力)时,钢衬的疲劳寿命分别为 1.09×10^5 次(表面裂纹)和 1.41×10^5 次(埋藏裂纹)。

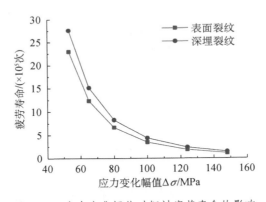

图 6-87　应力变化幅值对钢衬疲劳寿命的影响

在其他条件不变的情况下,压气储能洞室运营要求(10^4 次)对应的临界应力变化幅值分别为 326 MPa(表面裂纹)、370 MPa(埋藏裂纹),较容许应力变化幅值 541.69 MPa 小了近一半,即便按照断裂韧度计算的临界应力变化幅值 389 MPa(表面裂纹)、392 MPa(埋藏裂纹)也仍然小于容许应力变化幅值,这说明按照容许应力变化幅值计算的结果过高估计了钢衬的抗疲劳能力,容易造成偏危险的结果。根据计算结果,当最大洞室压力达到 31 MPa、围岩弹性模量减小到 5 GPa 时,钢衬的环向应力变化幅值达到 673.1 MPa,超过了 326 MPa,此时钢衬疲劳寿命为 860 次,会发生疲劳破坏。因此,在洞室压力较大而围岩条件较差的极端条件下,钢衬仍会发生疲劳破坏。

图 6-88 所示为裂纹短轴与长轴比对钢衬疲劳寿命的影响。可以看到,钢衬的疲劳寿命随着裂纹短轴与长轴比的减小而减小。当裂纹短轴与长轴比等于 1(短轴与长轴相等,圆形裂纹),钢衬的疲劳寿命为 2.29×10^6 次(表面裂纹)、2.76×10^6 次(埋藏裂纹);当裂纹短轴与长轴比等于 0.1 时,钢衬的疲劳寿命减小为 5.27×10^5 次(表面裂纹)、7.88×10^5 次(埋藏裂纹)。这意味着裂纹形状越尖,应力越集中,应力强度因子越大,钢衬的疲劳寿命越小。

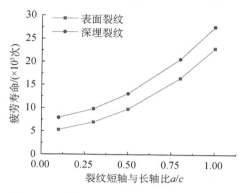

图 6-88　裂纹轴比对钢衬疲劳寿命的影响

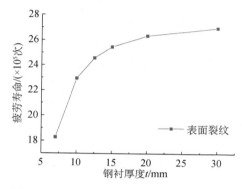

图 6-89　钢衬厚度对钢衬疲劳寿命的影响

图 6-89 所示为钢衬厚度对钢衬疲劳寿命的影响。由于这里是按照允许裂纹计算的疲劳寿命,埋藏裂纹影响下的钢衬疲劳寿命受允许裂纹尺寸控制,钢衬厚度对其没有影响。但是,钢衬厚度增大会增加表面裂纹对应的疲劳寿命,增幅在厚度小于 15 mm 时比较明显,而后逐渐减小,这说明钢衬厚度增大到一定程度后对疲劳寿命的作用就不明显了,因此,选择该厚度作为钢衬厚度是比较合适的。

第7章 压气储能地下岩石内衬洞室
设计准则

本书就压气储能地下岩石内衬洞室运营中的温度场以及受力变形特征开展研究，并着重对维持洞室稳定的岩石开展了相应的试验研究，通过归纳总结以及理论推演等手段获得了围岩在长期运营过程中的强度准则以及本构模型等力学特性。本书推演、建立的数值模型或理论模型可以用来对压气储能地下岩石内衬洞室的稳定性进行评判。而在实际工程中，工程所处环境复杂，因此有必要对影响压气储能内衬洞室稳定的各类因素的可行范围进行圈定，提出相应的稳定性设计准则，为压气储能内衬洞室的设计者提供相应的设计参考。另外，也有必要对压气储能工程提出具体的控制措施、方法，以保证压气储能工程的顺利实施和运营。

7.1 压气储能地下岩石内衬洞室安全运营设计准则

压气储能内衬洞室埋于地下，所处环境复杂，加上节理、裂隙岩体的特殊性质以及岩体所受的应力循环和温度循环效应，压气储能洞室的稳定性分析和评价设计标准与其他岩体工程差别很大。不同国家、地区的硬岩体性质和地质特征不同，并且各国建造储气库的工艺水平也有差异。因此，对内衬型地下储气洞室安全运营迄今没有统一的建造规范、运行标准或设计准则。目前，国外大多是将储气库建在巨厚型盐丘或厚盐层上，但我国这样优良的建库地质条件很少，因此，内衬型洞室的研究不能直接套用国外已经相对发展成熟且系统化的盐穴型地下储气库稳定性研究的经验和成果，但对于国际上已经成熟的盐穴型或内衬型天然气储气库的经验仍可借鉴和发展。

当前稳定性分析中多采用数值计算方法来评价洞室的安全性。具体的方法是，根据拟建洞室具体的地质条件和岩体力学特性，预设洞室稳定性的一些判定准则，然后对硬岩（如本书内蒙古拟建场地的玄武岩）等涉及的岩体尽可能采集大量岩体样本，通过一系列室内试验和现场试验获取计算所需参数。再根据研究对象建立合适的物理模型，计算不同运营工况下储气洞室安全运行的参数指标。如果条件允许，将试验结果和数值模拟结果相对比得到较为准确的结论。

1984年，德国学者Lux在《盐穴型地下储库力学》专著中首次提出评判盐穴储气库安全稳定性的三个准则：片帮破坏准则、矿柱安全准则和蠕变破坏准则（王保群，2013）。多年来，各国根据所在地区地质条件和建库技术的不同，对以上准则进行因地制宜的调整、扩展，但判定盐穴型储气库安全运营的中心思想沿用至今。目前，一般把盐穴储气库安全评价内容划分成三个方面：①溶腔稳定性；②溶腔密封性；③储气库可用性。借鉴盐穴储气库安全评价内容，对压气储能内衬洞室的稳定性进行评价。由于在硬岩中进行压气储能通常不考虑岩石蠕变问题,且有内衬对洞室进行支撑,因此,压气储能地下岩石内衬洞室安全评价标准通常包含稳定性和可用性两个方面的内容。

7.1.1　可用性评价准则

压气储能地下岩石内衬洞室的可用性主要是指保证随着洞室运营年限的增加,围岩变形导致洞室体积收缩不影响其供气调峰能力。压气储能洞室的可用性准则主要包括体积收敛准则、密闭性准则和岩体层间滑动准则。

1. 体积收敛准则

稍软围岩的蠕变将导致洞室经过较长运营年限以后体积收缩,甚至伴随严重变形。一般来说,压气储能洞室运行周期为一天,一个运行周期包括四个阶段:充气加压阶段、充气后的储气阶段、放气阶段以及放气后的储气阶段。理论上,由于周期性运营压力变化以及洞室上覆岩层的自重,压气储能内衬洞室体积可能因为围岩蠕变特性而产生不同程度的收缩。体积收缩准则的提出就是为保证洞室由于蠕变产生的体积收缩在允许范围之内,不影响压气储能洞室的正常使用。对于允许的体积收缩率,目前尚无统一的标准值,目前采用经验判断方法。根据国外储气库运营经验,若要保证压气储能洞室的可用性,则要求运营 5 年后体积收缩率不超过 6%～8%;运营 20 年后,压气储能洞室体积收缩率不超过 20%(田源,2014)。从本书位移计算结果可以看出,内衬洞室洞壁位移极小,由于混凝土衬砌的支撑作用,即便是稍软的洞室围岩,洞室的体积收缩准则基本上都能满足。

2. 密闭性准则

压气储能内衬洞室密封性主要由衬砌、围岩和衬砌表面的密封层来保证。围岩体在长时间的应力、高内压作用和温度影响下,洞室周围岩体发生力学损伤破坏或运营内压过大,引起围岩渗透率较初始状态大大增加,从而导致洞室中储存的空气从围岩损伤的微小裂纹中扩散泄漏,严重时会逸散到地表,造成严重后果。

压气储能洞室衬砌对空气的密封在整个压气储能系统中起着至关重要的作用,一般要求混凝土衬砌处于弹性阶段,混凝土拉应力低于抗拉强度,最大拉应变低于极限值。

3. 岩体层间滑动准则

围岩体裂隙节理经常发育且围岩体常见大范围层面。层状围岩体中通常具有众多泥岩夹层,这两种不同性质的岩体间交界面在应力作用下会产生滑动。层状围岩洞室顶板和上覆岩层的层面滑动可能引起套管破坏,而压气储能洞室附近的层面滑动增大了交界面空气渗透率,极易引起空气侧向渗漏。一般认为层面滑动有三种机理(田源,2014):

(1) 由于交替充抽气作业,洞室运营内压发生周期性变化,泥岩体和硬岩体由于具有不同的变形特性会产生不协调变形。这种不协调变形产生剪应力使两种岩体层间发生滑动,岩体可能挤压套管。

(2) 洞室运营内压降低引起的洞室体积收缩和内压升高引起的围岩体扩容效应产生剪应力,同样导致两岩体层间滑动。

（3）围岩体与夹层交界面处的孔隙压力增大，法向正应力值减小，使得既有剪应力激发层间滑动。

对于硬岩内衬洞室，只要层间滑动满足稳定性要求，岩体层间滑动对压气储能洞室可用性的影响有限。

7.1.2 稳定性评价准则

地下岩石内衬洞室的稳定性评价准则主要是评价设计阶段和投产运营期间的洞室稳定性，一般考察洞室顶板的稳定性、洞室之间安全净距、洞周岩体受力稳定等内容，主要包括：片帮破坏准则、安全净距准则、抗抬准则和最小主应力准则。

1. 片帮破坏准则

片帮指的是地下深埋工程的侧壁或顶板在外部压力作用下变形，从而产生破坏、脱落的现象（王保群，2013）。对于地下岩石内衬洞室，由于周围节理裂隙，岩体强度相对较低，在周围地质体长期应力作用下，洞室侧壁或顶部会出现开裂、剥落等破坏现象。当内压降低时，洞室内壁顶部可能产生裂隙，进而出现断裂扩展，甚至开裂、剥落。若不能对洞室的这种破坏趋势进行控制，则非常容易进入"顶板、底板弯曲变形→两帮挤压破坏→两帮对顶板和底板支撑减弱→顶板和底板弯曲严重变形→破坏加剧"的循环，最终使得洞室或洞室群从局部破坏演变发展成整体失稳破坏。在考虑侧壁及顶板破坏时，岩石力学中最常用的破坏准则是莫尔-库仑准则（M-C 准则）。另外，在考虑应力循环和温度循环作用时，可采用本书提出的新强度准则。

2. 安全净距准则

压气储能地下岩石内衬洞室全部工程投产以后，可以是一个由若干洞室组成的洞室群。以压气储能洞室运营的经济性来考虑的话，各洞室间间距越小，整个建洞地区的利用率越高。但为保证压气储能洞室群整体稳定性，各个洞室之间必须有足够的安全距离。一般是两个洞室之间的岩柱中间部位的应力小于围岩体的长期强度值，一般的计算方法是确保岩柱间宽度值必须大于规定值。

参照岩盐储气库，将这个宽度值定义为 B，则有经验公式：

$$B = KD \tag{7-1}$$

式中，K 为洞室间的安全系数；D 为单个储气洞室的最大直径，m。

K 根据不同地区实际情况在一定范围内取不同值。对于岩盐储气库，德国一般取 $K = 1.5 \sim 3.0$，美国一般取 $K = 1.75 \sim 2.5$（田源，2014）。

3. 抗抬准则

抗抬准则是经验准则，可以参照目前国际上通用的挪威准则（蔡晓鸿，蔡勇平，2004）。挪威准则是挪威学者依据工程实践于 1970 年提出的。原理是要求压力隧洞洞身部位上覆岩体重量不小于作用于洞身围岩面积上的垂直上抬压力，该经验准则用于压气储能洞室时可表示为

$$H = \frac{pF}{\gamma_R \cos \alpha} \tag{7-2}$$

式中，H 为岩体最小覆盖厚度，m；p 为洞内气压，kPa；γ_R 为岩体重度，kN/m³；α 为地面倾角，$\alpha > 60°$ 时取 $\alpha = 60°$；F 为经验系数，一般取 1.3～1.5。

4. 最小主应力准则

在水工隧洞中，岩体渗流主要发生在裂隙或节理中，设与隧洞相交裂隙的法向应力为 σ_n，当水压大于该法向应力时，裂隙张开，即水力劈裂，为避免水力劈裂而选取合适埋深的方法即水力劈裂准则。气压作用在裸洞情况下，也可采用此准则，将水压改为洞内气压后，可作为压气储能洞室的设计准则。

此外，1972 年，挪威德隆汉姆大学提出了更通用的设计准则，无衬砌压力隧洞的内水压力应小于围岩初始应力场最小主应力准则，该准则同时包含了挪威准则，将内水压力改为洞内气压时可表示为

$$Fp \leqslant \sigma_{min} \qquad (7-3)$$

式中，σ_{min} 为隧洞周边围岩初始应力场最小主应力，MPa；F 为安全系数，一般取 1.3～1.5。

将式(7-3)中的 σ_{min} 定义为初始应力场最小主应力和裂隙法向应力的较小值，即可同时包含抗抬准则、水力劈裂准则和最小主应力准则。水工隧洞一般不采取特殊的密封措施，主要依靠围压防止渗漏水。压气储能洞室采用内衬和密封层，对围岩的密封性要求不高，因此采用式(7-3)作为设计准则过于保守，而且式(7-3)也没有考虑围岩强度和衬砌强度等有利因素，故所得埋深偏大。

7.1.3 稳定性判断指标

以上已给出了压气储能洞室安全评判的总体准则（设计原则），但对于工程中所需的具体设计准则，仍需要按照稳定性判断指标对不同工况下的压气储能洞室稳定性进行评价，进而给出不同参数的设计范围，以供工程人员进行初步设计。本书后续将以数值模拟或理论分析给出的具体设计准则（设计参数表）作为压气储能洞室稳定性判断指标。

围岩破坏类型按机理和形式通常可分为局部落石破坏、围岩整体破坏、岩爆破坏和潮解膨胀破坏。其中，围岩整体破坏按破坏形式可以分为受拉破坏、剪切破坏以及拉剪复合破坏。采用第一主应力判断受拉破坏；根据剪切塑性区判断剪切破坏，剪切塑性区能反映围岩的危险区域，进而对围岩的稳定性作出评价。压气储能洞室要承受极高的内压，埋深也相对较大，难免产生塑性区。对于围岩的整体稳定性而言，局部的塑性是可以接受的。压气储能洞室由运营引起的塑性区大小和等效塑性应变，可作为各个工况下围岩危险程度的指标。

此外，压气储能洞室对密封性有严格的要求，所以在洞室初步设计时，应将密封性同时考虑。压气储能内衬洞室的密封措施是在衬砌内表面布设密封层材料（目前研究的重点在高分子密封材料），将衬砌环向应变作为气密稳定性的重要判据。因此，在进行洞室稳定性设计准则的计算中，主要采用剪切塑性区和衬砌应变作为压气储能洞室稳定性判据。

塑性区的判断主要采用莫尔-库仑准则,其屈服准则为

$$f_s = \sigma_1 - \sigma_3 N_\varphi - 2c\sqrt{N_\varphi}$$ (7-4)

式中,c 和 φ 分别为黏聚力和内摩擦角;σ_1 和 σ_3 分别为最大主应力和最小主应力;$N_\varphi = (1 + \sin\varphi)/(1 - \sin\varphi)$。

对于衬砌的最大应变,参照一般混凝土开裂应变,设为 $100~\mu\varepsilon$(张平阳,2015)。另外,初步的设计准则研究中还同时参照以下判定指标,并且可以利用国外成功经验值判定。

1. 洞室围岩安全系数

借鉴国外经验,以一个洞室的围岩安全系数 $F_{cavern} = \sigma_{lim}/\sigma$ 表征洞周岩体受损程度。计算某一运营条件下洞周上选定研究点的有效应力值 σ,极限应力值 σ_{lim} 根据研究地区的地质勘查资料获得。洞周围岩安全系数 $F_{cavern} > 1$ 表明洞室处于稳定状态。

2. 安全净距

如前文所述,K 根据不同地区实际情况在一定范围内取不同值。参考岩盐洞室,德国一般取 $K = 1.5 \sim 3.0$,美国一般取 $K = 1.75 \sim 2.5$。

3. 顶板强度

运营期间,洞室围岩应力降低,导致顶部或侧部拉应力增大或出现局部高应力区,发生开裂折曲破坏;当顶部存在水平成层岩体时,在上覆层自重应力作用下,导致顶部岩层折曲破坏,甚至引发围压坍塌;当顶板岩层拉应力小于其抗拉强度时,不会发生折曲断裂破坏。

顶板强度评价依据为

$$\sigma_1 < \sigma_t$$ (7-5)

式中,σ_1 为顶板内拉应力;σ_t 为顶板岩层抗拉强度。

4. 围岩损伤

围岩在运营期间受到应力循环和温度循环作用,从而受到一定程度的损伤,此时可以采用本书提出的损伤量计算方法或假定围岩损伤不超过某一数值。由于围岩损伤需针对一定的工程地质条件,具体计算的损伤参数需经岩石试验确定,且本书给出的只是一个较为笼统的设计范围。此外,由于长期运营时温度效应明显,深部岩石受热膨胀效应有利于维持稳定,因此在给出稳定性设计准则计算时暂不考虑。

5. 最小埋深

最小埋深主要是降低压气储能洞室对地表的影响。压气储能洞室上部地表沉降主要与洞室体积大小(数量、形状、高度、直径、间距等)和埋深(包括上覆层岩性)有关。另外,运营期压气储能洞室内压的变化和上覆岩层及围岩应力作用,也将引起地表沉降。为保证压气储能洞室附近地表沉降满足要求,应保证洞顶具有足够的强度和稳定性,避免发生顶板折曲塌方引起的较大地面沉降。由于没有现成经验,参照国外一些方法,如国外盐丘储气库顶板预留厚度要求一般不小于 1 倍腔体直径和 30 m。压气储能内衬洞室的顶板

厚度需根据洞室形状和上覆层岩性（厚夹层）等综合确定，并应符合抗抬准则和第一主应力准则。

综上，稳定设计准则的制订以及安全控制的主要指标为塑性区、拉应变、安全系数、安全净距、顶板强度、围岩损伤和最小埋深，主要思路如图 7-1 所示。

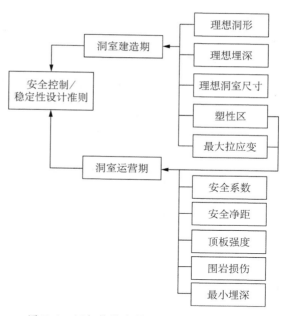

图 7-1　压气储能内衬洞室的安全控制指标

7.1.4　稳定性设计准则

Gnirk 和 PortKeller（1978）以及 Allen 等（1982）的研究认为，由于地下压气储能工程赋存于一定的地质环境中，在硬岩洞室中选址实行压气储能需考虑许多地质因素，如围岩类型、结构特性、水力学参数等。他们提出了以下设计观点。

（1）开挖后洞室必须保持稳定，洞形的选择需使开挖后的洞室具有最好稳定性。

（2）由于不能保证地下洞室的渗透性并且不能长期储存压缩空气，因此不考虑多裂隙、节理和断裂的岩体。

（3）为减小建设费用以及避免使节理裂隙增加，洞室的埋深要小（经济性考虑）。

（4）压气储能地下岩石洞室的围岩类型包括花岗岩、花岗闪长岩、闪长岩、辉长岩、石英岩、片麻岩、白云岩和石灰岩。这些围岩中，需要保证围岩强度大以及充足的埋深（稳定性考虑），同时岩体的渗透系数必须小于 10^{-8} m/s，以保证压气储能洞室的密封性能。

（5）暴露在温度、压力、氧气条件下，必须要求围岩不发生显著的强度降低或化学反应，不能发生大量的裂隙扩展，使空气泄漏增加、结构失稳。

这些设计观点也为本书制订稳定性设计准则（细则）提供了参考。围岩级别、地应力条件、洞室埋深、洞室布置和洞室形状的定量、定性分析见第 2 章。

对于其他因素，则采用本书提出的数值模拟计算方法和理论分析方法，对不同因素下围岩温度场和受力变形特征进行计算。从前述的指标和总原则出发，给出了压气储能内衬洞室初步设计时应考虑的具体参数范围。这些考虑的因素包括：①运营时间；②初始温度和空气注入温度；③初始压强；④围岩泊松比；⑤围岩热膨胀系数；⑥围岩导热系数；⑦换热系数；⑧围岩密度；⑨密封层材料形式和性质；⑩衬砌厚度；⑪围岩的黏聚力和内摩擦角；⑫空气的充放量和充放速率；⑬体积一定时，洞径的变化；⑭单洞总体积。

在前人的研究和规范资料的基础上，通过不同因素下的计算结果，以运营压力 10 MPa 为例，给出了高内气压作用下压气储能内衬洞室的稳定性设计准则（细则），如表 7-1 所示。对于这些因素的计算结果，与图 7-2 类似，这里不一一赘述，只给出供初步设计选择的参数范围以及一些细节上的说明。

表 7-1   高内气压作用下压气储能内衬洞室稳定性设计准则

序号	稳定性 影响因素	要求	说明
1	选址要求	应选择岩石强度高、岩体较完整、洞室稳定性好的位置布置压气储能洞室,避开不良地质构造。按《水利水电工程地质勘察规范》(GB 50487—2008),应选择Ⅰ~Ⅱ级围岩	压气储能洞室要承受较高的内压作用,且围岩是内压的主要承担者,因此对围岩质量要求较高
2	岩性	花岗岩,花岗闪长岩,闪长岩,辉长岩,橄榄岩,块状玄武岩,凝灰岩,石英岩,大理石,巨大的片麻岩,白云石,致密灰岩	要求岩体在高压下保持稳定性,渗透率低,强度足够;渗透系数必须小于 10^{-8} m/s
3	侧压力系数	应在 1/3~3 之间,宜取 2/3~2	侧压力系数小于 1/3 或大于 3 时,洞室开挖将出现张拉破坏。当侧压力系数在 2/3~2 之间时,能使埋深在满足设计准则时也能满足经济性要求
4	洞室埋深	满足最小主应力准则。若采用圆形洞室,应使自重应力为洞内最大内压的 1/2~1	最小主应力准则简便实用,相对保守,圆形洞室受力容易分析,其埋深可以按不出现围岩受拉为原则确定
5	洞室形状	建议选择隧道式圆形洞室或大罐式洞室,不应选择马蹄形洞室	在对不同洞形的洞室稳定性分析后发现,马蹄形洞室围岩会出现张拉破坏,对洞室稳定和密封十分不利。圆形洞室和大罐式洞室稳定性和密封性较好,而隧道式洞室的施工相对简单,经验更丰富
6	洞室直径	建议洞径在 6~15 m 之间选择	围岩塑性区与开挖直径大致成正比。洞径越大,影响稳定性的偶然因素越多,因此不推荐洞径过大;而洞径太小则影响施工,建议洞径在 6~15 m 之间选择。若采用大罐式,直径可按具体计算相应增加
7	洞室间距	多排洞室间距宜为 2 倍洞径以上。当侧压力系数小于 1 时,间距不能小于 1 倍洞径	经过数值分析验证,2 倍洞径间距对洞室塑性区影响不明显;1 倍洞径间距且在侧压力系数为 1/3 时,可能出现整体破坏
8	初始岩石温度	20~60 ℃	Allen(1982)
9	初始空气压力	2~7 MPa	初始空气压力太大,充气后压力过大;同时受空压机等设备的性能制约
10	空压机空气流动率	50~250 kg/s	
11	注入温度比	1~1.2	
12	t_1^*	6/24~12/24	Kushnir 等(2012a;2012b;2012c)
13	$t_2^* - t_1^*$	2/24~8/24	
14	$t_3^* - t_2^*$	2/24~10/24	

序号	稳定性影响因素	要求	说明
15	围岩弹性模量	>25 GPa	若太小，围岩和衬砌变形过大，不利于施工和维持洞室密封性能
16	围岩热膨胀系数	>5×10⁻⁶	围岩膨胀产生的压应力有助于减小径向受拉效应
17	围岩导热系数	0.8~4 W/(m·K)	对稳定性影响不大
18	换热系数	1~100 W/(m²·K)	对稳定性影响较大，换热系数大时稳定性较好
19	密封层	钢衬、气密性混凝土、高分子材料	从稳定性和气密性角度出发，优先采用钢衬；气密性混凝土衬砌作为密封层时需要加强；高分子材料可采用丁基橡胶等，由于传热到围岩内的热量少，衬砌拉应力较大
20	衬砌厚度	>200 mm	过小对密封性和受力均不利
21	围岩黏聚力	>1.5 MPa	经过计算确定
22	围岩内摩擦角	>50°	根据《水利水电工程地质勘察规范》（GB 50487—2008）中Ⅱ级岩体的建议取值，黏聚力大时可以经过计算适当减小
23	单洞体积	根据经济性和发电要求确定	单洞体积对稳定性影响不大

7.2　压气储能内衬洞室的密封性设计准则

压气储能内衬洞室密封结构（层）的主要功能是防止洞室内高压空气泄漏，保证洞室的密封性。因此，密封性是压气储能内衬洞室密封层最重要的性能。虽然压气储能内衬洞室承担荷载的主体是围岩，但是密封层也需要将高内压传递到围岩，与围岩协调变形，在此过程中承受一定的应力、应变，所以密封层还需要满足自身力学强度的要求。本节从密封性和力学强度这两方面提出密封层的设计准则。

7.2.1　空气泄漏比准则

压气储能洞室最重要的作用就是储存高压空气，任何空气泄漏都意味着储存气体的损失，也就意味着经济损失。因此，从经济方面来讲，压气储能洞室最好没有空气泄漏，但限于目前的工程技术水平，在实际工程中很难实现洞室的完全密封，只能将空气泄漏控制在一定范围内，认为当洞室空气泄漏小于某一个量值时，压气储能洞室的经济损失是可以接受的，洞室满足密封性要求。

目前，世界上普遍采用洞室每日空气泄漏比作为衡量洞室密封性的指标，而压气储能洞室的密封性设计准则可以表达为式（7-6）：当压气储能洞室的每日空气泄漏比小于允许泄漏比时，洞室满足密封性要求。

$$\delta \leqslant [\delta] \tag{7-6}$$

式中，δ 为压气储能洞室的每日空气泄漏比；$[\delta]$ 为允许空气泄漏比。

对于按照典型周期进行运营的压气储能洞室，即每日运营周期由"充气—储存—抽气—储存"组成，每日空气泄漏速率可按式(7-7)计算。一般来说，洞室空气泄漏速率在不同时间是不同的，因此，将式(7-7)中分子写成积分形式，而注入空气速率一般是固定的，所以式(7-7)中分母写成乘积的形式。

$$\delta = \frac{\int_0^{t_4} \dot{m}_1 \mathrm{d}t}{m_i t_1} \tag{7-7}$$

式中，$\dot{m}_1$ 为洞室的空气泄漏速率，kg/s；m_i 为注入空气速率，kg/s；t_1 为充气阶段时间，s；t_4 为一个运营周期的时间，s。

根据式(7-6)和式(7-7)就可以判定一个压气储能洞室的空气泄漏是否在允许范围内，是否满足密封性要求。在这两个公式中，最重要的数值是空气泄漏率 $\dot{m}_1$ 和允许空气泄漏比 $[\delta]$。对于 $\dot{m}_1$，可以使用第5章提出的空气泄漏率公式进行估算或使用多场耦合模型进行计算得到。而允许空气泄漏比 $[\delta]$ 则没有严格的确定方法，将在下文讨论。

7.2.2　允许空气泄漏比

压气储能技术将多余的能量以高压空气的形式(压力㶲)(杨启超 等，2013)存放在地下洞室中，待需要的时候再释放出来。储存过程中，高压空气若发生泄漏，则储存的能量就会损失，造成经济损失。因此，要确定空气泄漏比的允许值，首先要考察空气泄漏比与能量损失的关系。

1. 压气储能洞室空气泄漏的能量分析

将压气储能洞室视为一个常容系统，洞室的出口和洞壁就是该常容系统的边界。在运营过程中，空气周期性地被注入或抽出洞室。忽略空气的动能和势能，根据热力学第一定律，洞室内的能量是守恒的：洞室空气内能的变化量等于注入的能量减去抽出的能量再减去(有时是加上)与外界传递的能量，得到式(7-8)。为了方便表示，公式采用连加的形式并以变化率表示，规定使洞室空气内能增加的能量变化率为正。

$$\dot{E}_c = \dot{E}_i + \dot{E}_e + \dot{E}_Q \tag{7-8}$$

式中，$\dot{E}_c$ 为洞室空气内能的变换率；$\dot{E}_i$ 为注入空气的焓的变化率；$\dot{E}_e$ 为抽出空气的焓的变化率；$\dot{E}_Q$ 为外部与洞室空气的热交换速率。

对于理想气体来说，根据热力学原理，式(7-8)中的各项可以表示为式(7-9)—式(7-12)，式中各变量含义同前。

$$\dot{E}_c = V \frac{\mathrm{d}(\rho u)}{\mathrm{d}t} = V\left(u \frac{\mathrm{d}\rho}{\mathrm{d}t} + \rho \frac{\mathrm{d}u}{\mathrm{d}t}\right) = V c_v \left(T \frac{\mathrm{d}\rho}{\mathrm{d}t} + \rho \frac{\mathrm{d}T}{\mathrm{d}t}\right) \tag{7-9}$$

$$\dot{E}_i = \dot{m}_i(t) h_i = \dot{m}_i(t) c_p T_i \tag{7-10}$$

$$\dot{E}_e = \dot{m}_e(t)h_e = \dot{m}_e(t)c_pT \tag{7-11}$$

$$\dot{E}_Q = h_cA_c(T_{RW} - T) \tag{7-12}$$

将式(7-9)—式(7-12)代入式(7-8),得到 $Z=1$ 时的压气储能洞室的能量平衡方程。

$$Vc_v\left(T\frac{d\rho}{dt} + \rho\frac{dT}{dt}\right) = \dot{m}_i(t)c_pT_i + \dot{m}_e(t)c_pT + h_cA_c(T_{RW} - T) \tag{7-13}$$

将式(7-13)与质量守恒方程[式(5-1)]、热传导方程[式(5-3)]联立,就可以得到压气储能洞室的能量变化情况。

这里以内蒙古韩勿拉风场拟建洞室为例,分析一个典型运营工况下压气储能内衬洞室的能量变化,计算模型及参数见 6.3 节。

图 7-2 所示为典型运营工况下压气储能内衬洞室的能量变化率。在充气阶段,注入空气以近 10 kW 的功率增加洞室的能量,并且因为洞室温度上升,洞室向外界传热,能量损失;在抽气阶段,抽出空气以约 18 kW 的功率抽取洞室的能量,但此时因为洞室温度下降,外界向洞室传热,补充能量。在整个过程中,洞室空气持续泄漏并带来能量损失。由于空气泄漏引起的能量变化率较小,在图 7-2 中几乎呈一条直线,但在图 7-3(a)中则明显地表现出来,泄漏空气能量变化率曲线与空气泄漏率曲线[图 7-3(b)]形状相似、方向相反。在量值上,空气泄漏引起的能量变化率与空气泄漏率成正比,在充气阶段结束后达到最大,而在抽气阶段结束后达到最小。

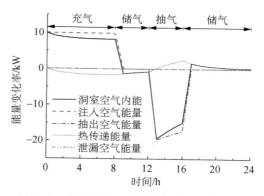

图 7-2 典型运营工况下压气储能内衬洞室能量随时间的变化

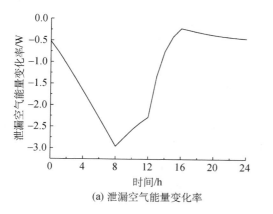

(a) 泄漏空气能量变化率

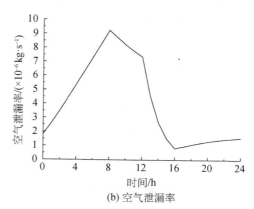

(b) 空气泄漏率

图 7-3 压气储能内衬洞室泄漏空气能量变化率和空气泄漏率随时间的变化

对图 7-2 中的能量变化率进行积分,得到典型运营工况下洞室能量总量的变化情况(表 7-2)。经历一个周期后,洞室总体能量是减小的,这与运营结束时洞室温度略微下降是一致的。注入空气为洞室增加的能量大部分被抽出用于发电,小部分以热传递和空气泄漏的形式散失。在整个运营周期过程中,空气泄漏造成了 0.11 MJ 的能量损失,占注入空气能量的 0.04%。

表 7-2　　　　　　　典型运营工况下压气储能内衬洞室的能量变化　　　　（单位:MJ）

洞室能量变化	注入空气	抽出空气	热传递	泄漏空气
-2.99	284.91	-271.37	-16.41	-0.11

下面进一步考察空气泄漏比与能量损失的关系,定义泄漏能量损失率 η 如下:

$$\eta = \frac{E_l}{E_i} \times 100\% \qquad (7\text{-}14)$$

式中,E_l 为空气泄漏造成的能量损失,J;E_i 为注入空气能量,J。

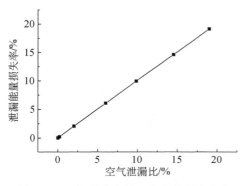

图 7-4　压气储能内衬洞室能量损失率与空气泄漏比的关系

图 7-4 所示为压气储能内衬洞室不同空气泄漏比对应的能量损失率。能量损失率与空气泄漏比基本呈线性正比的关系,空气泄漏比越大,其引起的能量损失也越大,并且两者在数值上相差不多。空气泄漏比为 0.005% 时,能量损失率为 0.005%;空气泄漏比为 19.01% 时,能量损失率为 19.12%。

2. 允许空气泄漏比的确定

因空气泄漏比与能量损失基本呈线性正比的关系,无法根据突变点来确定允许空气泄漏比。从经济方面来说,允许空气泄漏比越小越好,但若过小,工程实现难度又会增大,甚至无法实现,因此,$[\delta]$ 的确定必须兼顾经济性和目前技术水平两个方面。目前,国际上基本都是根据经验来确定允许泄漏比 $[\delta]$。Giramonti(1976)对水封式压气储能洞室的空气泄漏比进行估算,认为透过围岩的空气泄漏比 $[\delta]$ 大致在 1%~2%,再加上保守估计 2% 的空气会溶解到水中,因此,认为经济上可接受的空气泄漏比 $[\delta]$ 是 3%~4%。Allen 等(1985)在总结美国能源部资助的压气储能洞室项目之后,认为每个储存周期内洞室的空气泄漏比 $[\delta]$ 不能超过 1%。目前世界上仅有两个压气储能内衬试验洞室,分别位于日本和韩国。日本试验洞研究(Nishimoto 等,2000)提出,为满足洞室的日常运营,空气泄漏比应小于 1%/d。而韩国的试验洞室研究(Kim 等,2012e)也用 1%/d 的空气泄漏比作为参考。对目前世界上的空气泄漏比(表7-3)进行总结归纳后,推荐压气储能洞室的允许空气泄漏比 $[\delta]$ 为 1%/d。

表 7-3　　　　　　　　　　允许空气泄漏比 $[\delta]$ 的经验取值

来源	Giramonti	Allen	日本试验洞室	韩国试验洞室
经验取值	4%/d	1%/d	1%/d	1%/d

图 7-5 所示为高分子材料密封层在不同洞室压力下 1%/d 的允许空气泄漏比对应的临界渗透系数。为方便表示,图中采用的洞室压力为一个运营周期内的平均压力。从图中可以看出,只要高分子材料密封层的渗透系数位于曲线的下方,就能在对应的平均洞室压力下满足 1%/d 的密封性要求。随着洞室压力的增大,满足允许空气泄漏比的渗透系数也在增大,即对高分子材料密封层的密封性要求反而是降低的,这是因为随着洞室压力(注入空气速率)的增大,洞室注入空气质量的增速大于泄漏空气质量的增速,每日空气泄漏比越来越小(参考 6.3 节),对密封层的要求也就降低了。

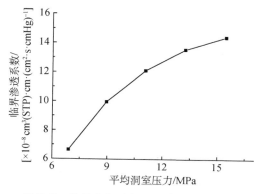

图 7-5 满足空气泄漏比 1%/d 的高分子材料密封层的临界渗透系数与平均洞室压力的关系

7.2.3 密封层强度准则

压气储能内衬洞室中的高内压主要是由围岩来承担,由于密封层的厚度、整体刚度非常小,密封层并不承担荷载,但仍会随着围岩一起协调变形,产生一定的应力、应变。因此,密封层也需要满足相应的应力、应变准则。

目前,钢结构设计中普遍采用 Mises 准则作为复杂应力条件下的强度准则。压气储能洞室采用钢衬作为密封层时也应满足 Mises 准则。Mises 准则认为,当材料某一点的应力状态对应的畸变能达到某一极限数值时,该点处便发生屈服,用应力分量可表示为

$$(\sigma_1 - \sigma_2)^2 + (\sigma_2 - \sigma_3)^2 + (\sigma_3 - \sigma_1)^2 = 2\sigma_s^2 \tag{7-15}$$

式中,σ_1,σ_2,σ_3 为各主应力;σ_s 为简单拉伸屈服应力。

对于高分子材料来说,多轴应力下的屈服、破坏理论仍在发展,但在工程设计中应用则较为复杂,因此,采用修正的 Mises 准则作为高分子材料的设计准则,该准则考虑了高分子材料抗压强度大于抗拉强度的情况,引入了静水压力修正项,认为当等效 Mises 应力大于抗拉强度时,高分子材料发生破坏。

除此之外,由于洞室内压的作用,密封层随着围岩变形时环向受拉,所受环向拉应变也不能超过其变形极限,因此,还应满足最大拉应变准则[式(7-16)]。

$$\varepsilon \leqslant \varepsilon_t \tag{7-16}$$

式中,ε 为密封层的环向拉应变;ε_t 为密封层的极限拉应变。

下面进一步根据最大拉应变准则来探讨高分子材料、钢衬密封层的适用范围。根据第 6 章的研究结果,密封层自身物理性质对环向应变的影响并不明显:在典型运营工况下,高分子材料、钢衬密封层的环向最大拉应变分别是 $5.5 \times 10^2 \ \mu\varepsilon$ 和 $3.9 \times 10^2 \ \mu\varepsilon$,两者非常接近;对密封层环向应变影响最大的是围岩的弹性模量和洞室内压(注入空气速率)。分析这两种因素影响下的密封层环向应变可以估算高分子材料、钢衬密封层的大概适用

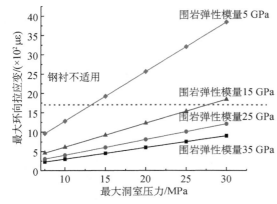

图 7-6 基于最大环向拉应变的高分子材料和
钢衬密封层的适用范围分析

范围。由于密封层厚度非常小,可以采用围岩内表面应变替代密封层环向应变进行分析,消除密封层物理性质的影响。图 7-6 所示为采用第 6 章模型计算得到的不同围岩弹性模量下围岩内表面最大环向拉应变与最大洞室压力的关系。图中虚线是钢衬的屈服应变,虚线上方的环向拉应变大于钢衬的屈服应变,因此钢衬只适用于虚线下方区域。而高分子材料的拉断伸长率远大于图中应变范围,因此在图中整个区域都是适用的。需要注意的是,环向拉应变还影响密封层的疲劳寿命,实际应用时还需要考虑耐久性准则。

7.3 压气储能内衬洞室的耐久性设计准则

耐久性是指在使用过程中,在内部的或外部的、人为的或自然的因素作用下,保持自身工作能力的一种性能,即抵抗由服役环境导致的性能下降的能力。压气储能内衬洞室应重点关注温度和压力反复作用引起的密封层耐久性问题。

密封结构的耐久性准则要求密封结构具备足够的耐久性,抵抗由服役环境导致的性能下降,保证在压气储能洞室的运营年限内正常使用,换言之,密封结构的正常使用寿命应大于洞室的运营年限,因此,密封结构的耐久性准则最基本的表达式为

$$n \leqslant N \tag{7-17}$$

式中,N 为压气储能洞室的运营年限,通常是 30 年;n 为密封层的使用寿命,取疲劳寿命与热老化寿命中的较小值。

疲劳寿命建议采用裂纹扩展分析方法进行计算,而热老化寿命可以根据老化试验结果进行推算。

除了式(7-17)外,耐久性准则还可以用结构性能的形式表示。《混凝土结构耐久性评定标准》(CECS 220:2007)认为,由耐久性损伤造成结构某项性能丧失而不能满足安全使用要求时,结构发生耐久性失效。也有研究认为,丧失承载力是耐久性失效的标志。以上主要是针对结构的力学性能来说的,而压气储能内衬洞室密封结构的主要功能是提供密封性能,自身的力学强度只是结构功能的一部分,因此,密封结构的耐久性指标必须要兼顾密封性能和力学性能。这里选取强度、极限应变、空气泄漏比以及裂纹尺寸作为耐久性指标,将耐久性准则表达如下:若长期(洞室运营年限)服役时,密封层的强度仍大于所受应力、极限应变仍大于所受应变、空气泄漏比仍小于允许空气泄漏比、裂纹尺寸仍小于允许裂纹尺寸,则压气储能洞室满足耐久性要求。因此,耐久性准则又可以表示为

$$\sigma_{m} \leqslant [\sigma] \tag{7-18}$$

$$\varepsilon_m \leqslant [\varepsilon] \tag{7-19}$$

$$\delta_m \leqslant [\delta] \tag{7-20}$$

$$a \leqslant a_f \tag{7-21}$$

式中，σ_m，ε_m，δ_m，a 分别为洞室运营年限内密封层所受到的最大应力、最大应变、最大每日空气泄漏比以及最大裂纹尺寸；$[\sigma]$，$[\varepsilon]$，$[\delta]$，a_f 分别为长期服役后的强度、极限应变、允许空气泄漏比以及允许裂纹尺寸。

需要说明的是，这里的应力、应变、强度和极限应变等力学指标都是广义的，可以是简单条件下的力学指标（如单轴抗拉强度），也可以是复杂条件下的力学指标（如 Mises 应力），应视强度准则而定。关于允许裂纹尺寸，钢衬可以参照 LRC 技术（Damjanac 等，2002）中建议的 4.6 mm，而高分子材料可以参照高分子工程经验（Mars 等，2005）取 1 mm。

7.4 压气储能内衬洞室密封性及耐久性设计程序

目前，国内还没有建成的压气储能地下岩石内衬洞室，也没有相应的工程设计方法。基于前面章节的研究成果，本节尝试提出一种压气储能内衬洞室密封层的设计方法，设计步骤主要分为以下六点（设计流程见图 7-7）。

1. 获取围岩参数

工程地质条件是一切工程设计的起点。为完成压气储能洞室的设计，必须进行完整、系统的工程地质勘察，查明工程区的工程地质条件。工程地质条件主要包括地形地貌、地层岩性、地质构造、水文地质条件、不良地质作用以及建筑材料六个方面。获取了详细的工程地质信息后，就可以对岩体（围岩）进行分级，获得围岩物理、力学参数。常用的方法包括国标法、Q 分类法、RMR 分类、GSI 法等。

压气储能洞室一般建于地质构造条件和水文地质条件简单、岩体结构完整的地方，其围岩条件一般较好，基本处于

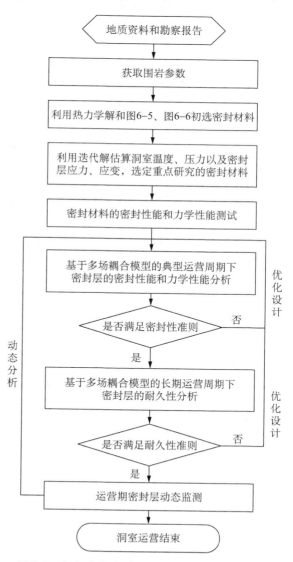

图 7-7 压气储能内衬洞室密封结构设计流程图

Ⅱ级围岩的范围,围岩参数可以参照Ⅱ级围岩进行选取(表7-4—表7-6)。当压气储能洞室在衬砌外围布置排水系统时,密封层设计时一般不考虑地下水的作用。

表7-4　《工程岩体分级标准》(GB/T 50218—2014)中Ⅱ级岩体的物理力学参数

岩体基本质量级别	重力密度 γ /(kN·m^{-3})	抗剪断峰值强度		变形模量 E/GPa	泊松比 μ
		内摩擦角 φ/(°)	黏聚力 c/MPa		
Ⅱ	>26.5	50~60	1.5~2.1	16~33	0.25~0.2

表7-5　《水利水电工程地质勘察规范》(GB 50487—2008)中Ⅱ类岩体的力学参数

岩体分类	抗剪断强度摩擦系数 f'	抗剪断强度黏聚力 c'/MPa	抗剪强度摩擦系数 f	岩体变形模量 E/GPa
Ⅱ	1.20~1.40	1.50~2.00	0.70~0.80	10~20

表7-6　《公路隧道设计规范》(JTG D70—2004)中Ⅱ级围岩的物理力学指标标准值

围岩级别	重度 γ /(kN·m^{-3})	弹性抗力系数 k/(MPa·m^{-1})	变形模量 E/GPa	泊松比 μ	内摩擦角 φ/(°)	黏聚力 c/MPa	计算内摩擦角 φ_c/(°)
Ⅱ	25~27	1 200~1 800	20~33	0.2~0.25	50~60	1.5~2.1	70~78

2. 选择密封材料

取得压气储能洞室的围岩参数之后,就可以根据洞室运营条件进行洞室内衬密封层材料的比选。

洞室的运营条件取决于整个压气储能系统的热力学设计,压气储能系统设计者通常会提供注入空气速率、温度,洞室最大、最小运营压力等运营参数。但有时候仅提供注入空气速率、温度两个运营参数,此时,就可以利用5.1节的热力学解来估算洞室温度、压力。另外,如果压气储能系统设计者提供的洞室最大、最小运营压力是采用绝热、等温洞室热力学模型计算,则压力值会有一定的误差,需要采用5.1节的热力学解重新计算、验证。

根据最大洞室压力和围岩弹性模量估算密封层的最大环向拉应变,根据平均洞室压力估计密封层需要满足的渗透系数。再按照密封层的最大环向拉应变和渗透系数选择合适的密封材料。若最大环向拉应变大于钢衬的屈服应变,则可以排除钢衬,只在高分子材料中选择合适的类型。在众多高分子材料中,丁基橡胶是唯一在压气储能试验洞室中使用过的材料,三元乙丙橡胶作为防水密封垫在盾构隧道中也多有应用,这两种高分子材料可以优先考虑。

用上述办法初步选择2~3种合适的密封材料后,再运用5.2节的迭代解分别估算使用各密封材料时的洞室温度、压力、空气泄漏率以及密封层应力、应变,对密封材料进行比较,最终确定1~2种重点研究的密封材料。

3. 密封材料的密封性能及力学性能测试

对重点研究的密封材料进行室内试验,测试密封材料的密封性能和力学性能,为下一步计算提供数据。

设计试验方案时,按照迭代解估算的洞室温度和压力、环向拉应变的最大值和最小值设计试验,测试条件的范围。力学性能测试主要是进行单轴拉伸试验,测定密封材料的弹性模量、泊松比、拉伸强度以及拉断伸长率(极限拉应变)。根据设计需要还可以进行其他应力路径下的力学测试。

密封性能测试主要是在洞室温度、压力和拉伸率范围内测试高分子材料的高压密封性。鉴于目前国内没有高压密封性测试的规范、仪器设备,可采用 6.1 节的测试方法进行测试,获取高分子材料的渗透系数(方程)。

除密封性能和力学性能测试外,有条件时还可以进行密封材料的疲劳试验,测定密封材料的疲劳参数。

4. 典型运营工况下密封层的性能分析及设计优化

将测试得到的密封材料的渗透系数及力学参数代入 5.3 节的压气储能洞室的多场耦合数学模型,对典型运营工况下密封层的密封性能及力学性能进行计算,掌握典型运营工况下洞室温度和压力、空气泄漏率以及密封层应力和应变的变化规律,根据密封性设计准则评价密封层的适用性。对不同工况、厚度等条件下的密封层性能进行计算,结合 6.3 节的敏感性分析,对密封层的设计进行优化,对压气储能整体系统的运营提出建议。

5. 长期运营条件下密封层的耐久性分析及设计优化

利用压气储能洞室的多场耦合数学模型进行长期计算,获取长期运营条件下密封层的密封性能及力学性能。由于计算模型涉及多个物理场的耦合,计算时间会比较长,在条件允许的情况下计算尽量长的运营时间。

根据长期运营条件下洞室温度和压力、密封层的应力和应变等计算结果,运用热老化耐久性和疲劳耐久性的分析方法计算密封层的热老化寿命和疲劳寿命,根据耐久性设计准则评价密封层的适用性,并对密封层的设计进行优化。

6. 运营条件下密封层的监测及动态分析

通过以上步骤完成压气储能洞室的密封层设计,在洞室实际运营之后还应根据实际运营中监测的洞室温度、压力等数据修正多场耦合计算模型,对密封层的密封性能及力学性能进行动态分析,保证密封层的正常使用。

参 考 文 献

[1] ADEWOLE J K, JENSEN L, AL-MUBAIYEDH U A, et al. Transport properties of natural gas through polyethylene nanocomposites at high temperature and pressure[J]. Journal of Polymer Research, 2012, 19(2): 1-11.

[2] ALLEN R D, DOHERTY T J, FOSSUM A F. Geotechnical issues and guideline for storage of compressed air in excavated hard rock caverns[R]. Springfield: Pacific Northwest Laboratory, 1982a.

[3] ALLEN R D, DOHERTY T J, KANNBERG L D. Summary of selected compressed air energy storage studies[R]. Springfield: Pacific Northwest Laboratory, 1985.

[4] ALLEN R D, DOHERTY T J, THOMS R L. Geotechnical factors and guidelines for storage of compressed air in solution mined salt cavities[R]. NASA STI/Recon Technical Report N, Richland: Pacific Northwest Laboratory, 1982b.

[5] BROWN R. Physical testing of rubber[M]. 4th edition. New York: Springer US, 2006.

[6] BUI H V, HERZOG R A, JACEWICZ D M, et al. Compressed-air energy storage: Pittsfield aquifer field test[R]. EPRI-GS-6688, Electric Power Research Inst., Palo Alto, CA(USA), ANR Storage Co., Detroit, MI(USA), 1990.

[7] CADWELL S M, MERRILL R A, SLOMAN C M, et al. Dynamic fatigue life of rubber[J]. Industrial & Engineering Chemistry Analytical Edition, 1940, 12(1): 19-23.

[8] DAMJANAC B, CARRANZA-TORRES C, DEXTER R. Technical review of lined rock cavern (LRC)-concept and design methodology-steel liner response final[R]. Itasca Consulting Group, Inc, 2002.

[9] DONATO G H B, BIANCHI M. Pressure dependent yield criteria applied for improving design practices and integrity assessments against yielding of engineering polymers[J]. Journal of Materials Research and Technology, 2012, 1(1): 2-7.

[10] FLACONNECHE B, MARTIN J, KLOPFFER M H. Transport properties of gases in polymers: experimental methods[J]. Oil & Gas Science & Technology, 2006, 56(3): 245-259.

[11] GENT A N, CAMPION R, ELLUL M D, et al. Engineering with rubber: how to design rubber component[M]. 3rd edition. Cincinnati: Hanser Publications, 2012.

[12] GIRAMONTI A J. Preliminary feasibility evaluation of compressed air storage power systems[R]. Connecticut: United Technologies Research Center, 1976.

[13] GNIRK P F, PORT-KELLER. Preliminary design and stability for CAES hard rock caverns[C]// Proceedings of the 1978 Mechanical and Magnetic Energy Storage Contractors' Review Meeting, 363-373.

[14] GORBACHEV B N, NIKIFOROV N N, CHEBANOV V M. Air permeability of polymers subjected to high pressures[J]. Mechanics of Composite Materials, 1976, 12(6): 969-972.

[15] GRAZZINI G, MILAZZO A. Thermodynamic analysis of CAES/TES systems for renewable energy

plants[J]. Renewable Energy, 2008, 33(9): 1998-2006.

[16] HARTMANN N, VÖHRINGER O, KRUCK C, et al. Simulation and analysis of different adiabatic compressed air energy storage plant configurations[J]. Applied Energy, 2012, 93: 541-548.

[17] HORI M, GODA Y, ONISHI H. Mechanical behaviour of surrounding rock mass and new lining structure of air-tight pressure cavern[C]//10th ISRM Congress. Johannesburg: 2003: 529-532.

[18] HUANG Z Y, WAGNER D, BATHIAS C, et al. Cumulative fatigue damage in low cycle fatigue and gigacycle fatigue for low carbon—manganese steel[J]. International Journal of Fatigue, 2011, 33:115-121.

[19] INADA Y, KINOSHITA N, EBISAWA A, et al. Strength and deformation characteristics of rocks after undergoing thermal hysteresis of high and low temperatures[J]. International Journal of Rock Mechanics and Mining Sciences, 1997, 34:3-4.

[20] JOHANSSON J. High pressure storage of gas in lined rock caverns[Licentiate Dissertation][D]. Sweden: Royal Institute of Technology, 2003.

[21] KATZ D L V, CORNELL D, VARY J, et al. Handbook of natural gas engineering[M]. New York: McGraw-Hill, 1959.

[22] KIM H M, RUTQVIST J, RYU D W, et al. Exploring the concept of compressed air energy storage(CAES) in lined rock caverns at shallow depth: a modeling study of air tightness and energy balance[J]. Applied Energy, 2012e, 92: 653-667.

[23] KREVELEN D W V, NIJENHUIS K T. Properties of polymers[M]. 4th edition.Springer, 2009.

[24] KUSHNIR R, DAYAN A, ULLMANN A. Temperature and pressure variations within compressed air energy storage caverns[J]. International Journal of Heat and Mass Transfer, 2012c, 55(21-22): 5616-5630.

[25] KUSHNIR R, ULLMANN A, DAYAN A. Thermodynamic and hydrodynamic response of compressed air energy storage reservoirs: a review[J]. Reviews in Chemical Engineering, 2012a, 28(2-3): 123-148.

[26] KUSHNIR R, ULLMANN A, DAYAN A. Thermodynamic models for the temperature and pressure variations within adiabatic caverns of compressed air energy storage plants[J]. Journal of Energy Resources Technology, 2012b, 134(2): 021901.

[27] LAKE G J, LINDLEY P B. Ozone cracking, flex cracking and fatigue of rubber[J]. Rubber Journal, 1964b, 146(10): 24-30.

[28] LEMAITRE J. How to use damage mechanics[J]. Nuclear Engineering and Design, 1984, 80: 233-245.

[29] LI X, CAO W G, SU Y H. A statistical damage constitutive model for softening behavior of rocks [J]. Geology Engineering, 2012, 143-144: 1-17.

[30] LUND H, SALGI G, ELMEGAARD B, et al. Optimal operation strategies of compressed air energy storage(CAES) on electricity spot markets with fluctuating prices[J]. Applied Thermal Engineering, 2009, 29(5-6): 799-806.

[31] MAHMUTOGLU Y. Mechanical behavior of cyclically heated fine grained rock[J]. Rock Mechanics and Rock Engineering, 1998, 31(3): 169-179.

[32] MARS W V, FATEMI A. A literature survey on fatigue analysis approaches for rubber[J].

International Journal of Fatigue, 2002, 24(9): 949-961.

[33] MARS W V, FATEMI A. Factors that affect the fatigue life of rubber: a literature survey[J]. Rubber Chemistry and Technology, 2004, 77(3): 391-412.

[34] MORGAN G J, CAMPION R P. High pressure gas permeation and liquid diffusion studies of coflon and tefzel thermoplastics(Revision)[R]. 1997.

[35] NAJJAR Y S H, ZAAMOUT M S. Performance analysis of compressed air energy storage (CAES) plant for dry regions[J]. Energy Conversion and Management, 1998, 39(15): 1503-1511.

[36] NAKATA M, YAMACHI H, HAYASHI T, et al. Experimental study on the tightness of lining systems for pressurized gas storage[J]. Doboku Gakkai Ronbunshu, 1998a, 1998(588): 21-35.

[37] NAKATA M, YAMACHI H, NAKAYAMA A, et al. Thermo-dynamical approach to compressed air energy storage system[J]. Proceedings of JSCE, 1998b, 610: 31-42.

[38] NAKAYAMA A, YAMACHI H. Thermodynamic analysis of efficiency and safety of underground air energy storage system[J]. Kobe University Research Center for Urban Safety and Security Report, 1999, 3: 247-254.

[39] NISHIMOTO Y, TAKAGI S, KOHJIYA S, et al. Performance and characteristics of air-tight sealing material used in CAES -G/T air storage cavern[J]. Journal Society of Rubber Industry Japan, 2000, 73(5): 225-232.

[40] ORTIZ M. A constitutive theory for the inelastic behavior of concrete[J]. Mechanics of Materials, 1985, 4(1): 67-93.

[41] PARIS P C, ERDOGAN F. A critical analysis of crack propagation laws[J]. Journal of Basic Engineering, 1963, 85(4): 528-533.

[42] PEREZ E V, BALKUS K J, FERRARIS J P, et al. Instrument for gas permeation measurements at high pressure and high temperature[J]. Review of Scientific Instruments, 2013, 84(6): 065107.

[43] QUAST P, CROTOGINO F. Initial experience with the compressed-air energy storage(CAES) project of Nordwestdeutsche Kraftwerke AG(NWK) at Huntorf/West Germany[J]. Erdoel Erdgas Zeitschrift, 1979, 95(9): 310-314.

[44] RAJU M, KUMAR KHAITAN S. Modeling and simulation of compressed air storage in caverns: a case study of the Huntorf plant[J]. Applied Energy, 2012, 89(1): 474-481.

[45] RENSHAW C E, SCHULSON E M. Limits on rock strength under high confinement[J]. Earth & Planetary Science Letters, 2007, 258(s1-2):307-314.

[46] ROTTLER J, ROBBINS M O. Yield conditions for deformation of amorphous polymer glasses[J]. Physical Review E, 2001, 64(5).

[47] RUTQVIST J, KIM H M, RYU D W, et al. Modeling of coupled thermodynamic and geomechanical performance of underground compressed air energy storage in lined rock caverns[J]. International Journal of Rock Mechanics and Mining Sciences, 2012, 52: 71-81.

[48] SAE-OUI P, FREAKLEY P K, OUBRIDGE P S. Determination of heat transfer coefficient of rubber to air[J]. Plastics, Rubber and Composites, 1999, 28(2): 65-68.

[49] SALTER M de G, MACFARLANE I M, WILLETT D C, et al. Design aspects for an underground compressed air energy storage system in hard rock [C]//ISRM Symposium: Design and Performance of Underground Excavation.British Geotechnical Soc, 1984: 37-44.

[50] SHIDAHARA T, NAKAGAWA K, IKEGAWA Y, et al. Demonstration study for the compressed

air energy storage technology by the hydraulic confining method at the Kamioka testing site[R]. Japan: Abiko Research Laboratory, 2001.

[51] SIPILA K, WISTBACKA M. Compressed air energy storage in an old mine[J]. Modern Power Systems, 1994, 14(7):19.

[52] SONG W K, RYU D W, LEE Y K. Stability analysis of concrete plugs in a pilot cavern for compressed air energy storage[C]//Harmonising Rock Engineering and the Environment. Beijing: Taylor & Francis Group, 2012: 1813-1816.

[53] SONG W. Pilot test of compressed air storage in underground rock cavern[G]//Rock Mechanics and Rock Engineering: From the Past to the Future. CRC Press, 2016: 1017-1021.

[54] TADA S, YOSHIDA H, ECHIGO R, et al. Thermo-fluidal behavior of the air in a cavern for the CAES-G/T[C]//Proceedings of TEJC'99. USA: 1999: 1-8.

[55] TERASHITA F, TAKAGI S, KOHJIYA S, et al. Airtight butyl rubber under high pressures in the storage tank of CAES-G/T system power plant[J]. Journal of Applied Polymer Science, 2005, 95(1): 173-177.

[56] TOMER N S, DELOR-JESTIN F, SINGH R P, et al. Cross-linking assessment after accelerated ageing of ethylene propylene diene monomer rubber[J]. Polymer Degradation and Stability, 2007, 92(3): 457-463.

[57] ULUSAY R, HUDSON J A. Suggested methods for rock failure criteria: general introduction[J]. Rock Mechanics & Rock Engineering, 2012, 45(6):971-971.

[58] WANG Z L, LI Y C, WANG J G. A damage-softening statistical constitutive model considering rock residual strength[J]. Computers & Geosciences, 2007, 33: 1-9.

[59] XIAO J Q, DING D X, JIANG F L, et al. Fatigue damage variable and evolution of rock subjected to cyclic loading[J]. International Journal of Rock Mechanics and Mining Sciences, 2010, 47(3): 461-468.

[60] YANG Z W, WANG Z, RAN P, et al. Thermodynamic analysis of a hybrid thermal-compressed air energy storage system for the integration of wind power[J]. Applied Thermal Engineering, 2014, 66(1-2): 519-527.

[61] YOSHIDA H, TADA S, OISHI Y, et al. Thermo-fluid behavior in the cavern for the compressed air energy storage gas turbine system[C]//The Eleventh International Heat Transfer Conference. South Korea: Taylor & Francis, ltd. London, 1998, 6: 523-528.

[62] ZHANG Y, YANG K, LI X, et al. The thermodynamic effect of air storage chamber model on advanced adiabatic compressed air energy storage system[J]. Renewable Energy, 2013, 57: 469-478.

[63] ZHOU S W, XIA C C, DU S G, et al. An analytical solution for mechanical responses induced by temperature and air pressure in a lined rock cavern for underground compressed air energy storage [J]. Rock Mechanics and Rock Engineering, 2014, 48(2): 749-770.

[64] ZHOU Y, XIA C, ZHANG P, et al. Air leakage from an underground lined rock cavern for compressed air energy storage through a rubber seal[C]//ISRM Congress 2015 Proceedings — International Symposium on Rock Mechanics. Montreal: International Society for Rock Mechanics, 2015: 392.

[65] ZIMMELS Y, KIRZHNER F, KRASOVITSKI B. Design criteria for compressed air storage in hard rock[J]. Energy & Environment, 2002, 13(6): 851-872.

[66] 蔡晓鸿,蔡勇斌,蔡勇平.水工压力隧洞与坝下涵管结构应力计算[M].北京:中国水利水电出版社,2013.

[67] 蔡晓鸿,蔡勇平.水工压力隧洞结构应力计算[M].北京:中国水利水电出版社,2004.

[68] 陈剑文,蒋卫东,等.储气库注、采气过程热工分析研究[J].岩石力学与工程学报,2007,26(S1):2887-2893.

[69] 程时杰,文劲宇,孙海顺.储能技术及其在现代电力系统中的应用[J].电气应用,2005,4:1-2,4-6,8-19.

[70] 方荣.温度周期变化作用下大理岩宏细观力学变形试验研究[D].南京:河海大学,2006.

[71] 葛修润.周期荷载作用下岩石疲劳破坏及变形发展规律研究[C]//第八次全国岩石力学与工程学术大会论文集.北京:科学出版社,2004:23-31.

[72] 黄远红,张凯,梅军,等.丁基橡胶密封材料的老化研究[J].润滑与密封,2009(7):44-49.

[73] 黄志标.断裂力学[M].广州:华南理工大学出版社,1988.

[74] 李树春,许江,陶云奇,等.岩石低周疲劳损伤模型与损伤变量表达方法[J].岩土力学,2009,30(6):1611-1614.

[75] 李仲奎,马芳平,刘辉.压气储能电站的地下工程问题及应用前景[J].岩石力学与工程学报,2003,22(增1):2121-2126.

[76] 梁星宇.丁基橡胶应用技术[M].北京:化学工业出版社,2004.

[77] 秦世陶,刘蓉,杨喜华.强风化岩石长期稳定性试验研究[C]//第一届中国水利水电岩土力学与工程学术讨论会论文集(上册),2006:41-48.

[78] 孙景林.白山水电站1号引水隧洞上平段的素混凝土高压灌浆衬砌[J].水力发电,1983,9:25-29.

[79] 藤本邦彦,手塚悟.橡胶的本体模量和泊松比[J].吴绍吟.橡胶译丛,1987(4):1-15.

[80] 田源.盐穴型地下储气库溶腔形态变化规律及安全控制技术研究[D].成都:西南石油大学,2014.

[81] 王保群.盐岩地下储气库风险评估与调控方法研究[D].济南:山东大学,2013.

[82] 王者超,赵建纲,李术才,等.循环荷载作用下花岗岩疲劳力学性质及其本构模型[J].岩石力学与工程学报,2012,9:1888-1900.

[83] 王志奎.化工原理[M].4版.北京:化学工业出版社,2005.

[84] 吴鸿遥.损伤力学[M].北京:国防工业出版社,1990.

[85] 夏才初,张平阳,周舒威,等.大规模压气储能洞室稳定性和洞周应变分析[J].岩土力学,2014,35(5):1391-1398.

[86] 谢和平,彭瑞东,鞠杨.岩石变形破坏过程中的能量耗散分析[J].岩石力学与工程学报,2004,23(21):3565-3570.

[87] 谢和平.岩石、混凝土损伤力学[M].徐州:中国矿业大学出版社,1990.

[88] 许江,鲜学福,王鸿,等.循环加、卸载条件下岩石类材料变形特性的实验研究[J].岩石力学与工程学报,2006,25(S1):3040-3045.

[89] 许锡昌,刘泉声.高温下花岗岩基本力学性质初步研究[J].岩土工程学报,2000,22(3):332-335.

[90] 张平阳.高内压地下压气储能洞室稳定性研究[D].上海:同济大学,2015.

[91] 张全胜,杨更社,任建喜.岩石损伤变量及本构方程的新探讨[J].岩石力学与工程学报,2003,22(1):30-34.

[92] 郑颖人,朱合华,方正昌,等.地下工程围岩稳定分析与设计理论[M].北京:人民交通出版社,2012.

[93] 周舒威,夏才初,张平阳,等.地下压气储能圆形内衬洞室内压和温度引起应力计算[J].岩土工程学报,2014,36(11):2025-2035.

[94] 朱建峰.宝泉抽水蓄能电站下平洞高压固结灌浆的应用[C]//抽水蓄能电站工程建设文集,2011.

[95] 朱珍德,方荣,朱明礼,等.高温周期变化与高围压作用下大理岩力学特性试验研究[J].岩土力学,2007,28(11):2279-2284.

[96] 左建平,谢和平,周宏伟.温度压力耦合作用下的岩石屈服破坏研究[J].岩石力学与工程学报,2005,24(16):2917-2921.

后　记

　　拙作是我们研究团队参与国家高技术研究发展计划（863计划）项目"适用于风电的大规模压缩空气储能电站成套技术开发与工程示范（2012AA052501）"和主持完成的国家自然科学基金面上项目"压缩空气储能岩石地下内衬洞室的稳定性和密封性研究（51278378）"等的科研成果，在专著付梓之际，对国家高技术研究发展计划办公室、国家自然科学基金委员会的资助表示衷心的感谢！

　　2010年春，同济大学叶为民教授从科技部获悉中国工程物理研究院正在筹划申报"高性能物理储能"的国家高技术研究发展计划（863计划）项目，大唐集团新能源有限公司负责大规模压缩空气储能方面的课题需要地下工程专业的专家参与，并把这个信息告诉了同济大学隧道与地下工程学科学术带头人朱合华教授（现中国工程院院士），朱老师把我推荐给该项目及其课题的负责人，我这才有机会参与筹划申报这个很有意义的科研项目。经过半年多的努力，于2011年底获得批准。感谢叶为民教授和朱合华教授为我参与这个863项目提供了宝贵的机会！也感谢课题牵头单位大唐新能源有限公司以及合作单位西安交通大学、内蒙古电网、内蒙古电力（集团）有限责任公司参与该课题的同仁的精诚合作！

　　地下储气构筑物的建设成本是大规模压缩空气储能电站是否有经济价值和推广前景的决定因素，为控制成本，起初考虑利用内蒙古自治区矿山中丰富的井巷和采空区，收集了巴彦淖尔市几个矿山的资料并进行了实地考察，发现这几个矿山围岩条件差、埋深浅、采矿区小而分散，对井巷和采空区进行修整和封堵的成本会高于新开挖地下洞室的成本。所以，根据我国岩石地下洞室开挖成本较低的具体情况，采用新开挖的地下洞室作为地下储气构筑物也不失为一条经济合理的途径。压缩空气储能洞室在运行过程中要经受高内压（高达10 MPa）和温度循环（0 ℃以下到80 ℃）作用，并且对密封要求高。压缩空气储能地下内衬洞室在高气压作用下的稳定性和密封性以及在高气压和温度循环耦合作用下的长期稳定性、在应力和温度循环作用下围岩的力学性质和密封层的耐久性等都是迫切需要解决的科学问题，由此我们申请了国家自然科学基金面上项目并于2012年获得资助（项目编号：51278378）。

　　2012年11月19日在北京出席第十二届国际岩石力学大会期间，我向中南勘测设计研究院科研所所长赵海滨高工介绍了我们在做的压缩空气储能的研究，因中国电建集团对这类有发展前景的新能源项目非常重视，于是他牵头联合申报了中国电建集团的科研项目,并在平江市开展了国内首个压缩空气储能地下洞室的现场高压储气试验,该项目于2017年5月通过验收。2019年9月与中煤能源研究院有限责任公司合作完成了中煤集团科研项目"新集三矿井巷用于压缩空气储能的适用性和稳定性评估",并通过验收。2019年10月完成了北京启迪华腾科技有限公司委托的"大同云冈矿井巷用于压缩空气储能地下洞库的可行性研究"。2020年5月与清华大学联合中标了山西省科学技术厅揭榜招标科研项目"基于废弃矿井的压缩空气储能风光储一体化系统关键技术",该科研项目正在为大同云冈矿压缩空气储能工程项目的建设提供有力的技术支撑,计划将于2022年底并网发电。此外,大规模压缩空气储能的863项目课题的合作者西安交通大学王焕然教授一直致力于利用废弃矿井的无坝抽水蓄能与压缩空气储能电站联合系统和技术的攻关和推广工作,我们也一直在矿井利用及其稳定性和密封性等方面给予技术支撑,在河南已有多个矿井在积极推进中。

2020年9月22日,国家主席习近平在第七十五届联合国大会上承诺"中国二氧化碳排放力争于2030年前达到峰值,努力争取2060年前实现碳中和",同年12月12日,习主席在气候雄心峰会上又明确指出,到2030年,中国风电、太阳能发电总装机容量将达到12亿kW以上。实现碳达峰目标的首要措施就是减少化石能源的使用,增加风电、光伏电等绿色可再生能源的利用,然而其具有的间歇性和波动性导致发电的稳定性和持续性相对不足,需要配置大规模储能系统。抽水蓄能和压缩空气储能是成熟的大规模储能技术。中共中央国务院在2021年9月22日的《关于完整准确全面贯彻新发展理念做好碳达峰碳中和工作的意见》中指出,加快推进抽水蓄能和新型储能规模化应用。加强压缩空气等新型储能技术攻关、示范和产业化应用。2030年非化石能源消费比重达到25%左右,2060年达到80%以上。根据国家能源局发布的《抽水蓄能中长期发展规划(2021—2035年)》,要加快抽水蓄能电站核准建设,到2025年,抽水蓄能投资总规模较"十三五"翻一番,达到6 200万kW以上;到2030年,抽水蓄能投资总规模较"十四五"再翻一番,达到1.2亿kW左右。但抽水蓄能电站的建设要依靠特殊的地理条件且要求水资源充沛。预计到2030年,能开发的抽水蓄能电站均基本投产,但光靠抽水蓄能电站不能满足国务院《关于印发2030年前碳达峰行动方案的通知》(国发〔2021〕23号)中"省级电网基本具备5%以上的尖峰负荷响应能力"的要求。所以,需要加强地质适宜性强、对环境影响小、建设周期短的压缩空气等新型储能技术攻关、示范和产业化应用。国内最大规模的压缩空气储能电站示范项目装机功率100 MW,储气容积10 000 m³,但由于储气库采用钢罐,建设成本高、经济价值小。只有利用地下岩石储气库并达到一定的规模,才能使压缩空气储能电站的建设成本降低到使其具有经济价值。小规模的地下岩石储气库压缩空气储能电站经济效益不显著，导致国内有几个拟建和立项项目推进缓慢并在谋求政策支持，跨过小规模、中规模而直接建设大规模地下岩石储气库压缩空气储能电站也有一定的技术风险，这一技术和经济的矛盾必将随着国家"加强压缩空气等新型储能技术攻关、示范和产业化应用"政策的落实而解决，迎来压缩空气储能技术规模化推广应用的美好前景。

科研成果能下决心形成专著，要感谢同济大学出版社杨宁霞副编审的支持，也非常感谢李杰编辑在书稿编辑过程中的认真和细心。

2021 年 11 月 20 日于东源丽晶